21世纪高等学校计算机专业实用系列教材

Java程序设计案例教程

石 玲 陈 祥 主 编
宋杰鹏 徐 欢 闵 玄 王天舒 副主编

清华大学出版社
北京

内 容 简 介

本书注重理论与实践的结合，以深入浅出的方式引领读者探索 Java 程序设计的奥秘。全书内容系统全面，涵盖 Java 入门，Java 基础，流程控制，数组与字符串，类和对象，继承、抽象类和接口，异常处理，Java 中的常用类，泛型与集合，I/O 流，图形界面，多线程，网络编程和综合案例等。书中包含丰富的案例分析和详尽的代码实现，并精心设计了示例、习题等内容，旨在助力读者巩固 Java 知识体系，循序渐进地掌握 Java 编程的精髓，提升编程实战能力，并在此过程中培养良好的职业素养。

本书是为计算机类专业本科生所编写的"Java 程序设计"课程教材，也可作为 Java 编程开发人员的学习参考用书。

版权所有，侵权必究。举报：010-62782989，beiqinquan@tup.tsinghua.edu.cn。

图书在版编目（CIP）数据

Java 程序设计案例教程 / 石玲，陈祥主编. -- 北京：清华大学出版社，2025.3.
(21 世纪高等学校计算机专业实用系列教材). -- ISBN 978-7-302-68886-0

Ⅰ. TP312.8

中国国家版本馆 CIP 数据核字第 2025VP9260 号

责任编辑：陈景辉
封面设计：刘　键
责任校对：徐俊伟
责任印制：宋　林

出版发行：清华大学出版社
网　　址：https://www.tup.com.cn，https://www.wqxuetang.com
地　　址：北京清华大学学研大厦 A 座　　邮　编：100084
社 总 机：010-83470000　　邮　购：010-62786544
投稿与读者服务：010-62776969，c-service@tup.tsinghua.edu.cn
质量反馈：010-62772015，zhiliang@tup.tsinghua.edu.cn
课件下载：https://www.tup.com.cn，010-83470236

印 装 者：涿州市般润文化传播有限公司
经　　销：全国新华书店
开　　本：185mm×260mm　　印　张：20.75　　字　数：501 千字
版　　次：2025 年 5 月第 1 版　　印　次：2025 年 5 月第 1 次印刷
印　　数：1～1500
定　　价：59.90 元

产品编号：092840-01

前言

随着信息技术的飞速发展，Java 作为一种功能强大、广泛应用的编程语言之一，已在全球软件开发领域占据举足轻重的地位。为了积极响应国家关于提升全民信息技术素养、加强软件开发人才培养的政策号召，《Java 程序设计案例教程》编写团队推出了这本全面而深入的 Java 教程。

Java 面向对象程序设计语言具有简单易学、面向对象、平台无关性、安全性、性能优异等特点，深受编程人员的青睐。Java 技术应用非常广泛，从大型的企业级开发到小型移动终端设备开发都应用到 Java 技术。本书的每章中都配置了精心挑选的实用程序设计案例和思想启迪坊，在帮助读者理解 Java 理论知识的同时，又将理论应用于实际开发中，帮助读者树立正确的人生观、世界观和价值观。本教程设计的案例由简单到复杂，内容逐步深入，利于读者掌握 Java 编程的技巧。

本书主要内容

本书以案例学习为导向，提供了适合零基础的读者学习 Java 编程所需要的知识和技术。读者通过学习可以快速地掌握本书所介绍的 Java 编程知识。

全书共有 14 章。第 1 章 Java 入门，包括 Java 简介、工作原理、搭建 Java 程序开发环境、第一个 Java 程序案例、IDEA 开发工具；第 2 章 Java 基础，包括引言、标识符与关键字、变量与常量、运算符与表达式、基本数据类型数据的输入、输出；第 3 章流程控制，包括语句与复合语句、顺序结构、选择结构、循环结构、跳转语句；第 4 章数组与字符串，包括数组的概念、一维数组、多维数组、字符串、StringBuffer 类；第 5 章类和对象，包括面向对象概述、类、构造方法与对象的创建、参数传递、方法的重载、this 关键字、static 关键字、包与权限访问；第 6 章继承、抽象类和接口，包括类的继承、final 关键字、抽象类和接口、多态、内部类和匿名内部类；第 7 章异常处理，包括程序中的错误、Java 的错误和异常类、Java 的异常处理机制、try-with-resources 语句、自定义异常；第 8 章 Java 中的常用类，包括 System 类、Runtime 类、Math 类和 Random 类、BigInteger 类和 BigDecimal 类、日期和时间类、正则表达式、包装类。第 9 章泛型与集合，包括泛型、集合框架、List 接口、Set 接口、Map 接口、Collections 类。第 10 章 I/O 流，包括 File 类与 Files 类、I/O 流概述、字节流、字符流、序列化与反序列化；第 11 章图形界面，包括 Swing 概述、Swing 顶级容器、常用组件和布局、事件处理；第 12 章多线程，包括线程概述、线程的创建、线程同步；第 13 章网络编程，包括网络基础、URL 网络编程、TCP 网络编程、UDP 网络编程；第 14 章综合案例——人事管理系统，包括系统分析、系统设计、开发环境、数据库与数据库表设计以及 JDBC。

本书特色

(1) 案例丰实,实践导向:本书由长期在一线从事Java教学的资深教师精心编纂,他们深知学生的学习需求与接受能力,所选案例紧密贴合现实应用,既具代表性又易于理解,旨在通过丰富的实践机会,有效提高学生的编程技能与问题解决能力。

(2) 智慧启迪,立德树人:本书致力于将传统文化的智慧与现代信息技术领域的专业知识相融合,通过精心设计的程序设计案例,巧妙地穿插其间。旨在让读者在研习Java编程的同时,汲取智慧的滋养,引导读者树立积极向上的人生观、价值观与世界观,达成专业知识教育与人格培养的和谐共生。

(3) 内容全面,通俗易懂:本书的每一章均实现了理论与实践的紧密结合,图文并茂,内容编排由浅入深、循序渐进,不仅有助于读者系统掌握Java编程知识,还在边学边练的过程中,逐步培养其编程思维与解决问题的能力,实现Java知识的内化与升华。

(4) 学以致用,强化应用:本书高度重视知识的应用与实践,通过每个知识点后的案例及每章的综合案例(示例学习),引导读者将所学知识应用于实际项目中。这种"学以致用"的教材编写模式,不仅能够有效提升读者的实践能力,还能激发其创新思维,培养解决复杂问题的能力。

(5) 更新及时,紧跟潮流:本书基于JDK 23进行编写,紧密结合Java技术的最新发展动态,对Java知识内容体系进行了全面更新和优化,旨在为读者呈现最前沿、最实用的Java编程精髓。通过对本书的深入学习,读者不仅能够紧跟Java编程的潮流趋势,还能在学习过程中充分利用AI大模型工具的智能辅助,实现自主、高效的学习体验。

配套资源

为便于教与学,本书配有源代码、教学课件、教学大纲、教学进度表、教案、案例集、习题题库、期末考试试卷及答案。

(1) 获取源代码、案例集和全书网址方式:先刮开并用手机版微信App扫描本书封底的文泉云盘防盗码,授权后再扫描下方二维码,即可获取。

　　　源代码　　　　　　　　案例集　　　　　　　　全书网址

(2) 其他配套资源可以扫描本书封底的"书圈"二维码,关注后回复本书书号,即可下载。

读者对象

本书主要面向广大从事计算机科学与技术、软件工程、数据科学与大数据技术等计算机类相关领域的Java编程开发人员,从事高等教育工作的专任教师,全国高等学校相关专业在读学生,以及对Java编程有浓厚兴趣并希望深入学习的自学者。

本书得到江苏师范大学科文学院教材建设项目的支持,由从事计算机教学工作的一线教师参与编写,石玲、陈祥任主编,宋杰鹏、徐欢、闵玄、王天舒任副主编。具体编写分工为:石玲负责第 1~4 章的编写,徐欢负责第 5~6 章的编写,陈祥负责第 7~10 章的编写,闵玄负责第 11 章和第 14 章的编写,宋杰鹏负责第 12~13 章的编写,王天舒负责习题的编写和代码校对工作。曹天杰教授负责本书的指导和主审工作,全书由张永平教授负责审阅,并提出了许多宝贵意见,在此表示感谢。

在本书编写过程中,参考了许多相关书籍和网上资源等,在此向这些书和资源的作者表示衷心的感谢!

本书的出版得到清华大学出版社的大力支持,感谢各位编审老师为本书出版所进行的认真细致的工作。

由于时间仓促和作者水平有限,书中难免存在疏漏之处,敬请读者批评指正。

作　者

2025 年 1 月

目　录

第1章　Java入门 ······ 1

1.1　Java简介 ······ 1
1.1.1　Java概述 ······ 1
1.1.2　Java的特点 ······ 2
1.2　工作原理 ······ 3
1.2.1　Java虚拟机 ······ 3
1.2.2　Java的运行机制 ······ 4
1.3　搭建Java程序开发环境 ······ 4
1.3.1　下载JDK ······ 4
1.3.2　安装JDK ······ 5
1.3.3　配置系统环境变量 ······ 6
1.4　第一个Java程序案例 ······ 12
1.4.1　编写Java源文件 ······ 12
1.4.2　编译 ······ 13
1.4.3　运行 ······ 13
1.5　开发工具——IDEA开发工具 ······ 14
1.5.1　IDEA开发工具的下载、安装与启动 ······ 14
1.5.2　使用IDEA开发Java程序 ······ 18
1.6　示例学习 ······ 20
1.7　本章小结 ······ 21
习题1 ······ 21

第2章　Java基础 ······ 23

2.1　引言 ······ 23
2.1.1　编码的艺术 ······ 23
2.1.2　基本语法 ······ 26
2.2　标识符与关键字 ······ 27
2.2.1　标识符 ······ 27
2.2.2　标识符命名规则 ······ 27
2.2.3　关键字 ······ 28

2.3 变量与常量 ·· 28
  2.3.1 数据类型 ··· 28
  2.3.2 变量概念及声明 ·· 30
  2.3.3 变量的类型转换 ·· 31
  2.3.4 变量的作用域 ··· 33
  2.3.5 常量 ·· 35
  2.3.6 var 的使用 ··· 38
2.4 运算符与表达式 ·· 38
  2.4.1 算术运算符 ·· 39
  2.4.2 赋值运算符 ·· 41
  2.4.3 关系运算符 ·· 42
  2.4.4 逻辑运算符 ·· 43
  2.4.5 位运算符 ··· 45
  2.4.6 条件运算符 ·· 45
  2.4.7 表达式及运算符的优先级 ·· 45
2.5 基本数据类型数据的输入、输出 ··· 46
  2.5.1 标准输入语句 ··· 46
  2.5.2 标准输出语句 ··· 48
2.6 示例学习 ·· 49
  2.6.1 判断是否闰年 ··· 49
  2.6.2 计算圆柱体的体积 ·· 50
2.7 本章小结 ·· 51
习题 2 ·· 51

第 3 章 流程控制 ·· 54

3.1 语句与复合语句 ·· 54
3.2 顺序结构 ·· 55
3.3 选择结构 ·· 56
  3.3.1 if 条件语句 ·· 56
  3.3.2 switch 选择语句 ··· 61
3.4 循环结构 ·· 64
  3.4.1 while 循环语句 ·· 64
  3.4.2 do-while 循环语句 ··· 65
  3.4.3 for 循环语句 ·· 67
  3.4.4 foreach 循环语句 ··· 70
  3.4.5 循环嵌套 ··· 71
3.5 跳转语句 ·· 73
  3.5.1 break 语句 ·· 73
  3.5.2 continue 语句 ·· 75

3.5.3　return 语句 ··· 75
3.6　示例学习 ·· 76
　　　3.6.1　求最大公约数 ·· 76
　　　3.6.2　判断回文数 ··· 77
3.7　本章小结 ·· 78
习题 3 ··· 78

第4章　数组与字符串 ·· 81

4.1　数组的概念 ·· 81
4.2　一维数组 ·· 82
　　　4.2.1　一维数组的定义 ·· 82
　　　4.2.2　数组的使用 ··· 83
　　　4.2.3　数组的常见操作和 Arrays 工具类 ··· 87
4.3　多维数组 ·· 91
　　　4.3.1　二维数组 ·· 91
　　　4.3.2　三维以上的多维数组 ··· 94
4.4　字符串 ·· 96
　　　4.4.1　字符串声明与赋值 ··· 96
　　　4.4.2　字符串的常见操作 ··· 98
4.5　StringBuffer 类 ··· 101
4.6　示例学习 ·· 103
　　　4.6.1　从身份证号中截取出生日期 ··· 103
　　　4.6.2　翻译摩尔斯电码 ·· 103
4.7　本章小结 ·· 104
习题 4 ··· 104

第5章　类和对象 ·· 107

5.1　面向对象概述 ··· 107
5.2　类 ··· 107
　　　5.2.1　类声明 ·· 108
　　　5.2.2　类体 ··· 108
　　　5.2.3　成员变量 ·· 108
　　　5.2.4　成员方法 ·· 109
　　　5.2.5　对象的创建 ··· 109
　　　5.2.6　类的封装 ·· 110
5.3　构造方法与对象的创建 ··· 112
　　　5.3.1　构造方法 ·· 112
　　　5.3.2　对象的内存布局 ·· 114
5.4　参数传递 ·· 116

5.4.1　基本数据类型参数的传值 ·· 116
　　5.4.2　引用数据类型参数的传值 ·· 117
5.5　方法的重载 ··· 118
　　5.5.1　重载的特点 ·· 118
　　5.5.2　重载的注意事项 ·· 119
5.6　this 关键字 ··· 120
　　5.6.1　this 关键字调用成员变量 ·· 120
　　5.6.2　this 关键字调用成员方法 ·· 121
　　5.6.3　this 关键字调用构造方法 ·· 122
5.7　static 关键字 ··· 123
　　5.7.1　静态变量 ·· 123
　　5.7.2　静态方法 ·· 125
5.8　包与权限访问 ··· 125
　　5.8.1　包的声明 ·· 125
　　5.8.2　类的导入 ·· 126
　　5.8.3　包的命名规范 ·· 126
　　5.8.4　包的作用域 ·· 126
5.9　示例学习 ··· 127
5.10　本章小结 ··· 129
习题 5 ··· 130

第 6 章　继承、抽象类和接口 ·· 132

6.1　类的继承 ··· 132
　　6.1.1　子类的创建 ·· 133
　　6.1.2　在子类中访问父类的成员 ·· 134
　　6.1.3　重写父类方法 ·· 137
　　6.1.4　super 关键字 ·· 138
　　6.1.5　Object 类 ·· 141
6.2　final 关键字 ··· 143
　　6.2.1　final 类 ·· 143
　　6.2.2　final 方法 ·· 144
　　6.2.3　常量 ·· 144
6.3　抽象类和接口 ··· 145
　　6.3.1　抽象类 ·· 145
　　6.3.2　接口 ·· 147
6.4　多态 ··· 150
　　6.4.1　多态概述 ·· 150
　　6.4.2　对象的类型转换 ·· 151
6.5　内部类和匿名内部类 ··· 154

    6.5.1 内部类 ································· 154
    6.5.2 匿名内部类 ····························· 154
  6.6 示例学习 ··· 156
  6.7 本章小结 ··· 160
  习题 6 ·· 160

第 7 章 异常处理 ·· 163

  7.1 程序中的错误 ···································· 163
  7.2 Java 的错误和异常类 ··························· 164
  7.3 Java 的异常处理机制 ··························· 165
    7.3.1 try-catch-finally ······················ 166
    7.3.2 throws ·································· 167
    7.3.3 throw ···································· 169
  7.4 try-with-resources 语句 ····················· 170
  7.5 自定义异常 ······································· 172
  7.6 示例学习 ··· 173
    7.6.1 索引越界异常 ·························· 173
    7.6.2 finally 和 return ····················· 173
  7.7 本章小结 ··· 175
  习题 7 ·· 175

第 8 章 Java 中的常用类 ································ 177

  8.1 System 类 ·· 177
    8.1.1 in、out 和 err ·························· 178
    8.1.2 currentTimeMillis() ················· 178
    8.1.3 getProperties() 和 getProperty(String key) ····· 179
    8.1.4 arraycopy(Object src, int srcPos, Object dest, int destPos, int length) ····· 180
  8.2 Runtime 类 ······································· 180
    8.2.1 获取运行时信息 ······················· 181
    8.2.2 执行外部命令 ·························· 181
  8.3 Math 类和 Random 类 ························ 182
    8.3.1 科学计算 ································ 182
    8.3.2 产生随机数 ····························· 183
  8.4 BigInteger 类和 BigDecimal 类 ············· 184
    8.4.1 BigInteger 类 ·························· 184
    8.4.2 BigDecimal 类 ························ 186
  8.5 日期和时间类 ···································· 187
    8.5.1 Date 类 ·································· 187
    8.5.2 日期格式化 ····························· 188

　　　　8.5.3　Calendar 类 190
　　　　8.5.4　日期与时间新 API 191
　8.6　正则表达式 196
　　　　8.6.1　正则表达式语法 196
　　　　8.6.2　Pattern 类和 Matcher 类 199
　8.7　包装类 201
　8.8　示例学习 203
　　　　8.8.1　计算母亲节日期 203
　　　　8.8.2　获取网址参数 204
　8.9　本章小结 204
习题 8 204

第 9 章　泛型与集合 207

　9.1　泛型 207
　　　　9.1.1　泛型类 207
　　　　9.1.2　泛型方法 209
　　　　9.1.3　类型通配符 210
　9.2　集合框架 212
　9.3　List 接口 214
　　　　9.3.1　List 接口简介 214
　　　　9.3.2　ArrayList 类 215
　　　　9.3.3　LinkedList 类 216
　　　　9.3.4　集合遍历 217
　9.4　Set 接口 218
　　　　9.4.1　Set 接口简介 218
　　　　9.4.2　HashSet 类 219
　　　　9.4.3　TreeSet 类 220
　9.5　Map 接口 222
　　　　9.5.1　Map 接口简介 222
　　　　9.5.2　HashMap 类 223
　　　　9.5.3　TreeMap 类 224
　9.6　Collections 类 225
　9.7　示例学习 228
　　　　9.7.1　统计字母频率 228
　　　　9.7.2　模拟扑克牌 229
　　　　9.7.3　计算平均成绩排名 230
　9.8　本章小结 232
习题 9 232

第 10 章 I/O 流 ··· 235

- 10.1 File 类与 Files 类 ··· 235
  - 10.1.1 File 类 ··· 235
  - 10.1.2 Files 类 ··· 237
- 10.2 I/O 流概述 ··· 239
- 10.3 字节流 ··· 240
  - 10.3.1 InputStream 类与 OutputStream 类 ··· 240
  - 10.3.2 FileInputStream 类与 FileOutputStream 类 ··· 241
  - 10.3.3 DataInputStream 类与 DataOutputStream 类 ··· 242
- 10.4 字符流 ··· 243
  - 10.4.1 Reader 类与 Writer 类 ··· 244
  - 10.4.2 InputStreamReader 类与 OutputStreamWriter 类 ··· 244
  - 10.4.3 FileReader 类与 FileWriter 类 ··· 246
  - 10.4.4 BufferedReader 类与 BufferedWriter 类 ··· 246
- 10.5 序列化与反序列化 ··· 248
- 10.6 示例学习 ··· 249
  - 10.6.1 文件加密解密 ··· 249
  - 10.6.2 处理文本文件中的学生信息 ··· 250
- 10.7 本章小结 ··· 252
- 习题 10 ··· 252

第 11 章 图形界面 ··· 255

- 11.1 Swing 概述 ··· 255
- 11.2 Swing 顶级容器 ··· 256
- 11.3 常用组件和布局 ··· 257
  - 11.3.1 常用组件 ··· 257
  - 11.3.2 常用容器 ··· 260
  - 11.3.3 常用布局 ··· 261
  - 11.3.4 选项卡窗格 ··· 262
- 11.4 事件处理 ··· 263
  - 11.4.1 事件处理机制 ··· 263
  - 11.4.2 Swing 常用事件处理 ··· 264
- 11.5 示例学习 ··· 264
  - 11.5.1 仿 QQ 登录界面 ··· 264
  - 11.5.2 计算器 ··· 266
- 11.6 本章小结 ··· 270
- 习题 11 ··· 270

第 12 章　多线程 … 271

12.1　线程概述 … 271
12.1.1　程序、进程、多任务与线程 … 271
12.1.2　线程的状态和生命周期 … 272
12.1.3　线程的优先级与调度 … 273

12.2　线程的创建 … 274
12.2.1　继承 Thread 类创建多线程 … 274
12.2.2　通过实现 Runnable 接口来创建多线程 … 275
12.2.3　通过实现 Callable 接口来实现多线程 … 276
12.2.4　线程的常用方法 … 277

12.3　线程同步 … 281
12.3.1　同步方法 … 281
12.3.2　重入锁 … 283

12.4　示例学习：生产者/消费者 … 284
12.5　本章小结 … 287
习题 12 … 287

第 13 章　网络编程 … 289

13.1　网络基础 … 289
13.1.1　网络通信协议 … 289
13.1.2　IP 地址和端口号 … 290
13.1.3　InetAddress 类 … 292

13.2　URL 网络编程 … 293
13.2.1　创建 URL 对象 … 293
13.2.2　使用 URL 类访问网络资源 … 294

13.3　TCP 网络编程 … 296
13.3.1　Socket 通信 … 296
13.3.2　服务端程序设计 … 296
13.3.3　客户端程序设计 … 297

13.4　UDP 网络编程 … 298
13.4.1　数据报通信 … 298
13.4.2　UDP 网络实例 … 299

13.5　本章小结 … 300
习题 13 … 300

第 14 章　综合案例——人事管理系统 … 302

14.1　系统分析 … 302
14.1.1　需求分析 … 302

14.1.2　可行性分析 …………………………………………………… 302
　　　14.1.3　编写项目计划书 ……………………………………………… 303
　14.2　系统设计 …………………………………………………………………… 304
　　　14.2.1　系统目标 ……………………………………………………… 304
　　　14.2.2　系统功能结构 ………………………………………………… 304
　14.3　开发环境 …………………………………………………………………… 305
　14.4　数据库与数据库表设计 …………………………………………………… 305
　　　14.4.1　数据字典 ……………………………………………………… 305
　　　14.4.2　E-R关系图 …………………………………………………… 306
　　　14.4.3　关系模型 ……………………………………………………… 306
　　　14.4.4　关系实现 ……………………………………………………… 307
　14.5　JDBC ………………………………………………………………………… 308
　14.6　本章小结 …………………………………………………………………… 311
　习题14 ……………………………………………………………………………… 311

参考文献 ………………………………………………………………………………… 313

第1章　Java 入门

学习目标
- 了解 Java 的特点和发展历程。
- 掌握 Java 工作原理和运行机制。
- 掌握 Java 程序开发环境的搭建。
- 掌握 IDEA 开发工具的使用。
- 熟悉 Java 程序的基本结构并能开发简单的程序。

　　Java 是面向对象程序设计语言,于 1995 年 5 月 23 日由 Sun 公司(该公司于 2009 年 4 月 20 日被 Oracle 公司收购)正式发布。作为一种完全面向对象、跨平台、安全可靠且支持多线程的编程语言,Java 在计算机网络编程、消费电子产品开发、移动终端设备及嵌入式家电等多个领域展现出广泛的应用价值。

　　本章将系统介绍 Java 的发展历程、Java 的特点,并指导读者搭建 Java 运行环境,包括环境变量的配置,解析 Java 的运行机制。此外,本章还将介绍 Java 的规范、应用程序接口(API)、Java 开发工具包(JDK)与 Java 运行时环境(JRE)的含义及其相互关系。最后,本章将引导读者运用目前流行的开发工具进行 Java 程序的编写与调试,为深入学习 Java 打下坚实的基础。

1.1　Java 简介

1.1.1　Java 概述

　　Java 是一种计算机语言,它充当了人类与计算机之间交流的工具之一。在深入探讨 Java 程序设计语言的发展历程之前,首先须对计算机语言的发展概况进行简要了解。

　　计算机语言,也称为编程语言,包括机器语言、汇编语言以及高级语言。机器语言是由二进制代码构成的内嵌式指令集,是计算机能够直接理解和执行的语言形式。汇编语言则通过使用简短的描述性单词(即助记符)来代表每条机器语言指令,从而提高了编程的可读性和便捷性。而高级语言则是一种独立于具体机器、面向过程或对象的编程语言,其设计灵感来源于数学语言,并力求接近日常会话的表达方式,Java 便是高级程序设计语言的一种。计算机语言作为连接人类与计算机的信息传递媒介,要求构建一种人类与计算机均能识别的符号组合体系,该体系涵盖数字、字符以及相关的语法规则。由这些字符和语法规则所构成的计算机指令,既能够被人类理解,又能够被计算机执行,这便是计算机语言的本质。

　　Java 是 Java 程序设计语言与 Java 平台的总称。追溯 Java 的起源,其前身名为 Oak,由詹姆斯·高斯林(James Gosling)等几位工程师于 1995 年 5 月共同研发而成。Java 自 1995

年5月23日诞生以来,经历了多个版本的迭代与发展。1998年12月8日,Java 1.2企业平台J2EE的发布标志着Java在企业级应用领域的初步探索。1999年6月,Sun公司正式推出了Java的三个主要版本:标准版(J2SE)、企业版(J2EE)和微型版(J2ME),为不同应用场景提供了针对性的解决方案。2002年,随着J2SE 1.4的发布,Java的计算能力得到了显著提升。2004年9月30日,J2SE 1.5(后更名为Java SE 5.0)的发布成为Java发展史上的重要里程碑,标志着Java平台向更加成熟和强大的方向迈进。

从2005年开始,Java的各种版本进行了更名,取消了名称中的数字"2",J2EE、J2SE和J2ME分别更名为Java EE(Java Enterprise Edition,即企业版)、Java SE(Java Standard Edition,即标准版)和Java ME(Java Micro Edition,即微型版)。在此之后,Oracle公司陆续发布了多个Java SE版本,从2011年的Java SE 7到2024年的Java SE 23,每个版本都在前一个版本的基础上进行了改进和优化,引入了新的特性和功能。特别是在2014年发布的Java SE 8中,引入了Lambda表达式和流API等关键特性,为Java注入了新的生命力。

Java在设计上汲取了C++语言的诸多优点,同时摒弃了C++中较为复杂且不易理解的多继承机制及指针操作等概念。这些设计革新使得Java的核心特征体现为功能强大且易于使用。作为面向对象编程语言的典范,Java出色地实践了面向对象理论,为程序员提供了一种清晰而优雅的思维方式,以应对复杂的网络编程挑战。

Java技术平台分为Java EE、Java SE和Java ME三大类,每一类技术平台的特点概述如下。

(1) Java EE专注于企业级应用开发的需求。除了包含Java SE的全部API组件外,Java EE还扩展了包括Web组件、事务管理组件、分布式计算组件、Enterprise JavaBeans (EJB)组件以及消息传递组件等在内的多项企业级技术。这些技术的综合应用,使得开发者能够构建出高性能、结构严谨的企业级应用。此外,Java EE还是构建面向服务架构的首选平台,广泛应用于企业级开发领域,是Java技术中使用最广泛的版本之一。

(2) Java SE提供了全面的Java核心应用程序接口(API),构成了Java技术的基石。该版本主要适用于桌面应用开发领域,涵盖了完整的Java API组件集,支持开发者进行桌面应用程序或网络程序的构建。

(3) Java ME则专注于嵌入式系统的应用开发。为了适应嵌入式设备的资源限制,Java ME仅保留了Java API中的部分核心组件,并增加了针对硬件设备特性的特有组件,如与设备硬件交互的API、网络通信API等。这一设计使得Java ME能够高效地在嵌入式设备上运行,满足嵌入式领域应用开发的需求。

1.1.2 Java的特点

相对于其他程序设计语言,Java具有以下8个特点。

(1) 简单:相较于C++语言,Java更简单易学、方便使用。它摒弃了C++中容易引发程序出错的特性,使得编程过程更加直观和易于掌握。

(2) 面向对象:Java是一种纯粹的面向对象编程语言,其核心概念是类。Java强调设计的原则,通过封装、继承和多态等特性,实现了代码的模块化、复用性和可扩展性。

(3) 跨平台性:Java具有高度的一致性,其"一次编写,到处运行"的理念得以实现,得益于Java虚拟机(JVM)的屏蔽作用。JVM能够屏蔽底层操作系统的差异,使得Java代码能够在不同平台上无缝运行。

(4) 编译性：Java 源代码（即人类可读的代码）在编写完成后，需要经过编译过程，将其转换为字节码而非直接转换为机器码。这种设计使得 Java 程序在运行时能够获得较快的执行速度，同时保持了跨平台的特性。

(5) 安全性：由于 Java 程序运行在 JVM 中，这一环境提供了严格的安全控制机制，能够在很大程度上防止恶意代码的入侵，使得 Java 成为众多企业首选的开发语言之一。

(6) 动态性：Java 具有动态性，其基本组成单元是类。在 Java 虚拟机加载类时，会进行动态初始化，这一特性使得 Java 程序能够在运行时灵活应对各种变化。

(7) 分布式：Java 提供了一套完整的网络类库，支持开发者利用网络类库进行网络开发。这使得 Java 程序能够轻松实现数据的分布式存储和操作分布处理，满足现代应用对高性能和可扩展性的需求。

(8) 多线程支持：Java 内置对多线程的支持，允许 CPU 同时执行程序中的多个执行单元（即线程）。虽然实际上是多个线程交替并发执行，但由于处理器的处理速度极快，远远超出了人类接收信息的速度，因此让人感觉是多个任务在并行处理。在 Java 中，线程是程序执行流的最小单元，也是处理器调度和分派的基本单位。

【思想启迪坊】 Java 发展进程——共享发展创新。

Java 起源于 20 世纪 90 年代初，由高斯林等合作启动的"绿色计划"项目演变而来。经过不懈努力，项目团队创造了一种名为 Oak 的全新语言，后更名为 Java。Java 在 C++ 的基础上进行了诸多改进，实现跨平台兼容性，并逐步发展成为全球范围内极为流行的编程语言，广泛应用于企业级应用开发、Web 开发、移动应用开发等多个领域。

Java 的发展历程彰显了勇于探索未知、挑战传统、持续创新的精神。面对内存管理、垃圾回收等技术难题，Java 团队通过不断创新和优化，逐步克服了这些挑战。这启示人们，在日常生活、学习和工作中，应勇于探索未知、挑战传统、持续创新。创新是推动社会进步的重要动力，唯有不断探索、挑战与创新，方能取得更为卓越的成就。

1.2 工作原理

1.2.1 Java 虚拟机

JVM 是 Java 虚拟机（Java Virtual Machine）的英文缩写。Java 虚拟机是一种通过软件技术模拟出的计算机运行环境。它扮演着翻译的角色，使得操作系统能够直接识别并执行 Java 程序，从而实现了 Java 程序"一次编写，到处运行"的跨平台特性。

Java 虚拟机负责确保 Java 程序设计语言的安全性和平台无关性。它屏蔽了与具体操作系统平台相关的信息，使得 Java 编译器只需生成在 Java 虚拟机上运行的字节码，即可在多种平台上无须修改地运行。这一特性使得 Java 能够摆脱具体机器的束缚，实现了程序在不同平台间编写和运行。

目前，主流的 Java 虚拟机多为 JDK 自带的 HotSpot 虚拟机，该虚拟机在商用虚拟机市场中占据了较大的份额。用户可以通过在命令行程序中输入 java-version 命令来查看当前安装的 Java 版本及对应的虚拟机信息。Java 版本及对应的虚拟机信息，如图 1-1 所示。

当前，还存在多款卓越的虚拟机产品。Sun 公司（现为 Oracle 公司的一部分）不仅开发了广为人知的 HotSpot 虚拟机，还推出了 KVM、SquawkVM、MaxineVM 等虚拟机。此外，

图 1-1　Java 版本及对应的虚拟机信息

BEA 公司(现已被 Oracle 公司收购)提供了 JRockitVM 虚拟机,而 IBM 公司则开发了 J9VM 虚拟机。这些虚拟机各具特色,在各自的领域内展现出了出色的性能。

1.2.2　Java 的运行机制

在进行 Java 程序设计时,深入理解 Java 程序的运行机制至关重要。Java 程序的运行过程涵盖编译与执行两个阶段。具体流程如下：首先,编写 Java 源代码文件；接着,利用 Java 编译器对这些源代码进行编译,生成以".class"为后缀的字节码文件；随后,Java 虚拟机(JVM)负责将这些字节码文件加载至内存中；在内存中,Java 解释器对字节码进行解析并执行,将其转换为计算机能够识别的机器码；最后,程序运行结果得以展现。

从上述运行流程中可以看出,Java 虚拟机扮演着举足轻重的角色。注意,不同操作系统上的 Java 虚拟机实现是有所差异的。Java 的运行机制如图 1-2 所示。

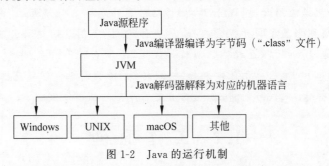

图 1-2　Java 的运行机制

1.3　搭建 Java 程序开发环境

1.3.1　下载 JDK

Java Development Kit(JDK)是 Sun 公司提供的一套全面的 Java 开发环境。作为 Java 技术的核心组成部分,JDK 包含 Java 编译器、Java 运行时工具、Java 文档生成工具以及 Java 打包工具等一系列关键工具,为开发者提供了完整的解决方案以构建、测试和部署 Java 应用程序。

除了 JDK 外,Sun 公司还推出了 Java Runtime Environment(JRE)。JRE 是 Java 程序的运行环境,它包含运行已编译 Java 程序所必需的所有组件,但不包含用于编译 Java 源代码的编译器。因此,JRE 适用于只需要运行 Java 程序而不需要进行 Java 程序开发的用户。

为了方便开发者的使用,JDK 发行版中内置了 JRE,开发者只需在计算机上安装 JDK,即可同时获得开发环境和运行环境,无须再单独安装 JRE。目前,JDK 的下载需要通过注册Oracle账号并从Oracle官方网站（网址详见前言二维码）进行下载。

截至2024年9月，最新的长期支持（LTS）版本为JDK 23。LTS版本是Oracle为Java平台特别设计的一种版本，旨在为企业级用户提供更持久、更全面的支持与维护。对于开发者而言，深入了解并掌握最新的Java版本及其特性至关重要。这不仅有助于提升开发效率和质量，还能够为企业带来更具竞争力的解决方案和产品。因此，建议开发者密切关注Oracle Java的发布动态，根据实际需求选择合适的Java版本进行开发，以充分利用Java平台的最新技术和特性。

1.3.2　安装JDK

本节将以安装JDK 23版本为例，为读者详细介绍安装过程。下载JDK 23的Windows x64版本，即jdk-23_windows-x64_bin.exe安装文件，双击该文件，开始安装。JDK安装开始界面如图1-3所示。

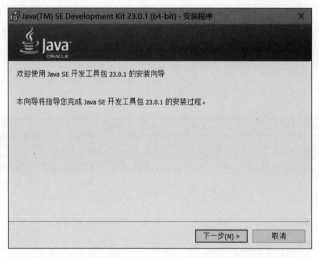

图1-3　JDK安装开始界面

单击"下一步"按钮，出现JDK安装目录界面如图1-4所示。

图1-4　JDK安装目录界面

单击该界面中的"更改"按钮,可以更改 JDK 的安装目录。确定安装路径之后(本次安装使用默认安装目录),单击"下一步"按钮进行 JDK 的安装,出现 JDK 安装过程界面如图 1-5 所示。JDK 安装成功界面如图 1-6 所示。

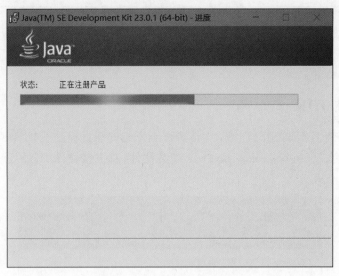

图 1-5　JDK 安装过程界面

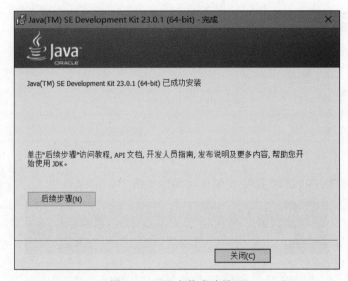

图 1-6　JDK 安装成功界面

1.3.3　配置系统环境变量

配置系统环境变量是在操作系统的系统属性中配置 PATH 和 CLASSPATH 两个变量,具体步骤以下。

1. JDK 的安装目录

JDK 安装成功后,用户可以在安装目录中找到 JDK 的安装路径。通常,JDK 23 的安装路径为 C:\Program Files\Java\jdk-23。用户需要复制此安装路径,为后续配置环境变量做准备。JDK 23 安装目录如图 1-7 所示。

图 1-7　JDK 23 安装目录

JDK 主要目录如下。

- bin——包含 JDK 提供的可执行文件。例如，编译器(javac)、解释器(java)和其他各种工具(如 jar、javadoc 等)。这些工具用于编译、运行、打包和管理 Java 应用程序。
- conf——包含一系列配置文件，它们的主要作用是设置和管理 JDK 的运行时环境。这些配置文件涵盖安全策略设置、系统属性配置等多个方面，以确保 JDK 能够在正确的参数和策略下运行。
- include——包含 Java 平台的头文件和 C 语言接口，这些文件对于使用 Java Native Interface(JNI)进行 Java 与 C/C++之间交互的开发者来说非常重要。
- jmods——存储 Java 模块(jmod 文件)。这些模块是 Java 9 及以后版本中引入的新特性，用于更好地组织和管理 Java 类库。
- legal——包含与 JDK 相关的法律声明和许可证信息，如版权声明、开源软件的许可证等。
- lib——包含 JDK 运行时所需的库文件，如工具库(tools.jar)、核心库(rt.jar)等。这些库文件为 Java 应用程序提供必要的功能和类。

2. 环境变量设置流程

打开"文件资源管理器"，右击"此电脑"选项，在弹出的快捷菜单中选择"属性"选项，如图 1-8 所示。打开"高级系统设置"界面，如图 1-9 所示。

在"设置"界面中选择"高级系统设置"选项，打开"系统属性"对话框，选择"高级"属性页，如图 1-10 所示。单击"环境变量"按钮，打开"环境变量"对话框，如图 1-11 所示。

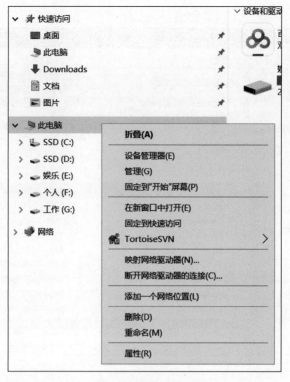

图 1-8 "属性"选项

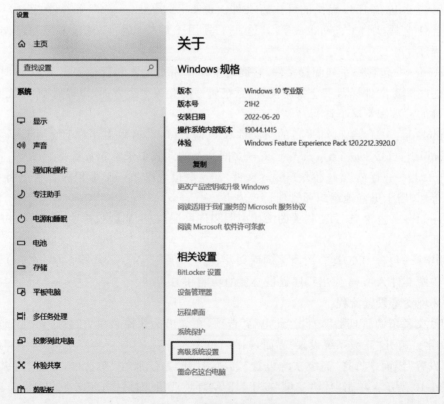

图 1-9 "高级系统设置"界面

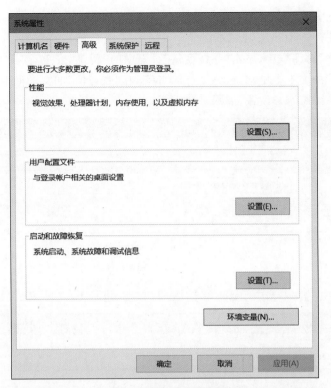

图 1-10 "系统属性"对话框

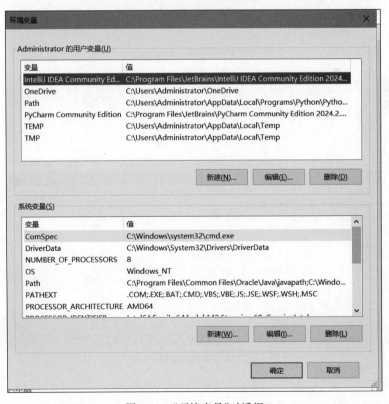

图 1-11 "环境变量"对话框

3. 设置环境变量

（1）新建 JAVA_HOME 系统变量。

在"环境变量"对话框中，单击"系统变量"页面中的"新建"按钮，打开"新建系统变量"对话框，在"变量名"的文本框中输入 JAVA_HOME，在"变量值"的文本框中输入 JDK 的安装目录，完成 JAVA_HOME 设置，如图 1-12 所示。

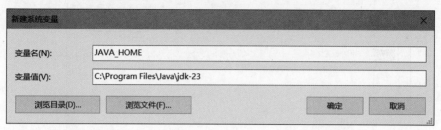

图 1-12　JAVA_HOME 设置

（2）设置 PATH 变量。

在系统变量栏列表中选中 Path，单击"编辑"按钮，进行 PATH 编辑，如图 1-13 所示。

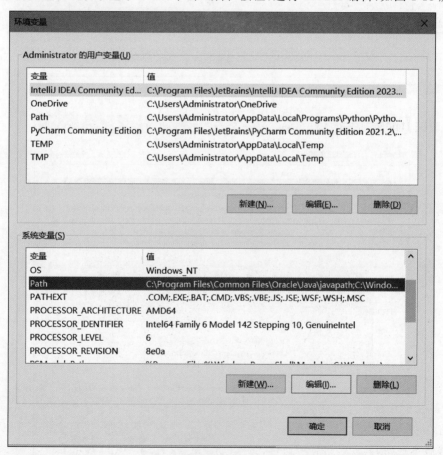

图 1-13　编辑 PATH 变量

在"编辑环境变量"对话框中，单击"新建"按钮，输入％JAVA_HOME％\bin，单击"确定"按钮，完成 PATH 环境变量的设置。"编辑环境变量"对话框如图 1-14 所示。

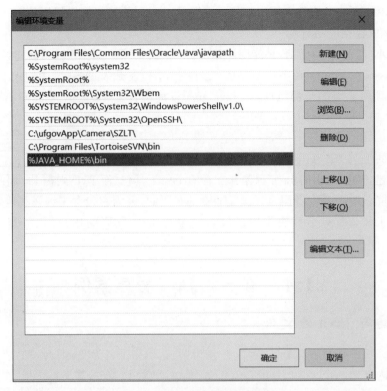

图 1-14 "编辑环境变量"对话框

(3) 验证 JDK 是否安装成功。

验证 JDK 是否已成功安装并配置正确,请按照以下步骤操作:首先,按下 Win+R 组合键启动"运行"窗口。在打开的窗口中输入 CMD 命令并按 Enter 键,打开命令行提示符界面,在命令行提示符下输入 javac -version 命令并观察其输出结果。该命令会显示当前系统中 Java 编译器的版本号。如果显示的版本号与 JDK 安装版本相匹配,表明 JDK 已经成功安装并配置正确。验证安装成功显示信息界面如图 1-15 所示。

图 1-15 验证安装成功显示信息界面

(4) Java 环境配置与优化及 JDK 与 JRE 的区别。

当前,Java 的类加载机制已经得到了显著优化。自 JDK 8 起,包括 JDK 23、JDK21、JDK17 等版本在内,其安装过程中通常无须手动设置 CLASSPATH 环境变量,因为系统能够自动处理大多数类路径的相关问题。

如果需要确认 Java 编译器(javac)与 Java 运行时环境(java)这两个命令的具体安装位置,用户可以在命令行界面输入 where javac 和 where java 命令进行查询。这两个命令会分别显示 javac 和 java 可执行文件所在的目录路径。Java 的功能模块根据其不同的用途被精心组织,并存放在相应的目录中。

关于 JDK 与 JRE 的区别,具体阐述如下。

JDK(Java Development Kit),是用于支持 Java 程序开发的核心工具包。它包含进行 Java 程序设计所必需的全部组件,由 Java 程序设计语言、Java 虚拟机、Java API 类库三部分组成。

JRE(Java Runtime Enviroment),是支持 Java 程序运行的标准环境。它主要包括 Java API 类库中的 Java SE API(Java 标准版 API)和 Java 虚拟机(JVM)两部分。

综上所述,JDK 是面向 Java 程序开发者的全面工具包,而 JRE 则是 Java 程序运行时所需的基本环境。对于开发者而言,安装 JDK 是必要的,因为它包含了编译和运行 Java 程序所需的所有工具;而对于普通用户或仅需要运行 Java 程序的用户而言,安装 JRE 就足够了。

1.4 第一个 Java 程序案例

1.4.1 编写 Java 源文件

请在计算机的任意磁盘分区中(以 E 盘为例)新建一个名为 TestJava 的文件夹。然后,在该文件夹内新建一个名为"HelloJava.java"的文本文档。双击该文本文档,在打开的记事本编辑器中,编写例 1-1 的 Java 代码。

【例 1-1】 运行并输出"我的第一个 Hello Java 语句!"。

```
1   public class HelloJava {
2       //本程序的入口位置
3       public static void main(String[] args) {
4           System.out.println("我的第一个 Hello Java 语句!");
5       }
6   }
```

例 1-1 程序代码的说明:

① 第 1 行代码定义了一个公开的类(public class),这是 Java 程序的基本单位。一个 Java 源文件中,只能有一个被 public 修饰的类,通常称为主类。此处的类名为 HelloJava。

② 类名 HelloJava 后紧跟一对花括号({ }),它们定义了 HelloJava 类的作用范围。类名与 public class 等关键字之间用空格或制表符分隔。

③ 第 2 行是程序的注释,用于解释后续代码的含义。注释以"//"开头,程序在编译时会忽略这部分内容。Java 提供多种注释方法,将在后续章节介绍。

④ 第 3 行代码定义了程序的主方法(main 方法),它是程序的入口点。主方法的编写方法是固定的:public static void main(String[] args)。

⑤ 主方法后的一对花括号({ })表示主方法的语句块或作用范围。程序将从这里开始执行。

⑥ 第 4 行代码是一条输出语句,使用 System.out.println()方法输出括号内的内容,并在输出后换行。输出内容是:"我的第一个 Hello Java 语句!"。注意,语句以英文分号(;)结尾。

⑦ 花括号({})在 Java 代码中成对出现并嵌套,不能交叉。第 5、6 行的右花括号(})分

别对应第3、1行的左花括号({),确保了代码结构的清晰和正确。

⑧ 在编写Java程序时,所有的符号都应使用英文半角格式,并严格区分大小写。这是Java的基本编写规范之一。

1.4.2 编译

编译HelloJava.java源程序的过程:首先,通过按下Win+R组合键启动"运行"窗口,在输入框中输入CMD命令并按Enter键,以打开命令行提示符界面。接着,在命令行提示符下输入"E:"并按Enter键,切换到E盘根目录。然后,输入cd TestJava并按Enter键,进入位于E盘根目录下的TestJava文件夹。此时,在命令行提示符下输入javac HelloJava.java命令,Java编译器(javac)将会开始编译名为HelloJava.java的Java源文件。如果编译成功,将在"E:\TestJava"文件夹中生成一个名为HelloJava.class的字节码文件,该文件是Java虚拟机(JVM)可以执行的代码形式。整个编译源文件过程如图1-16所示。

图1-16 编译源文件过程

1.4.3 运行

程序通过编译,运行结果如下所示。

> 我的第一个 Hello Java 语句！

1.5 开发工具——IDEA 开发工具

例 1-1 中的 Java 程序代码虽然可以通过记事本进行编写，但在实际的编程实践及项目开发流程中，使用记事本进行代码编辑并不常见。这是因为记事本在代码编写方面存在效率低下、错误排查困难等局限性。为了提高软件开发的效率和质量，开发者普遍采用专门的集成开发环境（IDE）编写 Java 程序。目前，Eclipse 和 IntelliJ IDEA 是两款广受欢迎的免费 Java 集成开发工具（本书将以 IntelliJ IDEA 为例进行说明），二者提供了丰富的功能，有助于提升编码速度、简化调试流程，并促进团队协作。

IntelliJ IDEA，简称 IDEA，是一款备受软件开发者青睐的 Java 开发工具，以其高效的开发效率、友好的用户界面等特点而广受好评。它凭借在智能代码处理、代码自动提示、JavaEE 支持以及创新的 GUI 界面设计等方面的强大功能，成为了较为流行的 Java 开发工具之一。

1.5.1 IDEA 开发工具的下载、安装与启动

用户可以登录 IDEA 的官方网站进行软件安装包的下载，获取 IDEA 开发工具，官方网址详见前言二维码，该网站提供无须注册即可直接免费下载的服务。在 IDEA 的官方首页界面，用户可以获取关于产品的最新信息及相关的下载链接。IDEA 官方首页界面如图 1-17 所示。

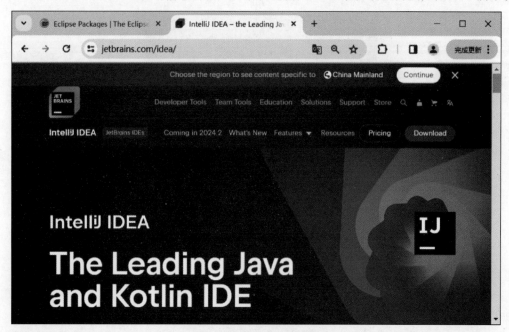

图 1-17　IDEA 官方首页界面

打开官网后，在首页界面上单击 Download 按钮，进入 IDEA 下载界面。IDEA 下载界面如图 1-18 所示。

图 1-18　IDEA 下载界面

在 IDEA 的下载界面中,用户可以发现提供有两个版本:Ultimate(旗舰版)和 Community(社区版)。旗舰版功能更为全面,但免费试用期仅为 30 天;而社区版则是一款完全免费使用的软件,对于学习需求而言已足够满足,因此本书选用的是社区版。用户单击社区版 Download 按钮即可下载 IDEA 社区版。下载完成后,安装包将以".exe"文件格式(如 ideaIC-2024.1.4.exe)保存在下载目录中,用户可通过双击该安装包来启动软件安装程序。安装过程中用户将看到 IDEA 的安装首页界面,如图 1-19 所示。

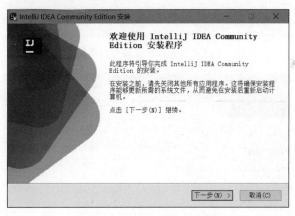

图 1-19　IDEA 安装首页界面

在 IDEA 的安装首页界面中,用户可单击"下一步"按钮,进入安装路径的选择界面。若选择使用默认的安装路径,则无须进行任何修改,直接继续单击"下一步"按钮即可;若需自定义安装路径,则应单击"浏览"按钮,以便选择所需的安装目录。IDEA 安装路径选择界面如图 1-20 所示。

在 IDEA 安装路径选择界面中,选择默认安装路径,单击"下一步"按钮,进入安装配置界面,选择 IDEA 安装配置界面上的四个选项,如图 1-21 所示。

在安装配置界面中,单击"下一步"按钮,进入选择开始菜单目录界面,选择开始菜单目录界面如图 1-22 所示。

图 1-20　IDEA 安装路径选择界面

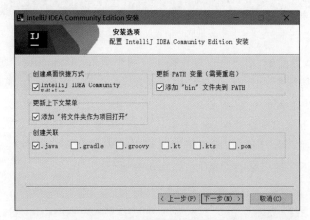

图 1-21　IDEA 安装配置界面

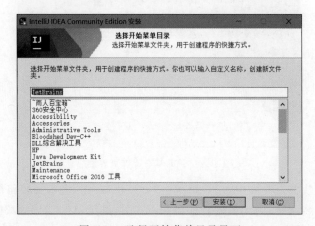

图 1-22　选择开始菜单目录界面

　　单击"安装"按钮启动 IDEA 的安装过程。IDEA 安装过程界面如图 1-23 所示。
　　安装完成后,单击"关闭"按钮,随即进入安装成功提示界面,该界面会询问用户何时重启计算机。用户可选择"是,立即重新启动",可以立即重启计算机;或选择"否,我会在之后重新启动",可以在稍后时间重启计算机。最后,单击"完成"按钮,即可完成 IDEA 的安装。IDEA 安装成功提示界面如图 1-24 所示。

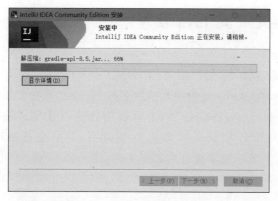

图1-23　IDEA安装过程界面

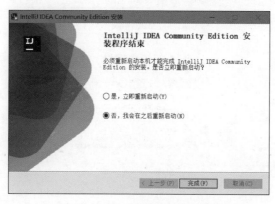

图1-24　IDEA安装成功提示界面

双击桌面上的 "IntelliJ IDEA Community Edition 2024.1.4"快捷方式图标，即可启动 IntelliJ IDEA。启动后用户将进入 IDEA 首页欢迎界面，如图 1-25 所示。

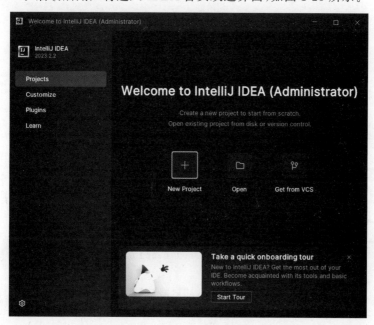

图1-25　IDEA首页欢迎界面

1.5.2 使用 IDEA 开发 Java 程序

1. 创建 Java 项目

在 IDEA 首页欢迎界面中,用户需单击 New Project 选项,启动新项目创建流程。然后,在弹出的对话框中,在 Name 域中输入项目名称 Demo2,并在 Location 域中指定项目的保存路径,本书将以"D:\JavaProject"作为示例路径进行说明。完成这些设置后,单击 Create 按钮即可创建一个名为 Demo2 的 Java 新项目,并启动开发环境界面。创建 New Project 对话框、IDEA 开发环境界面分别如图 1-26、图 1-27 所示。

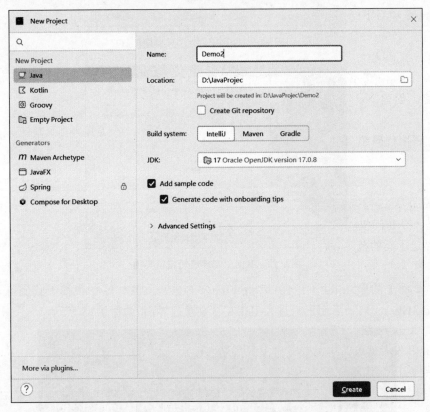

图 1-26 创建 New Project 对话框

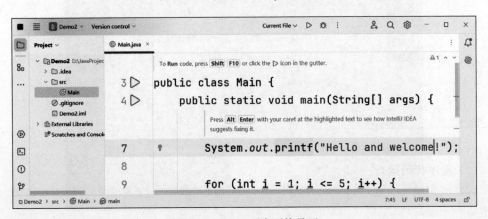

图 1-27 IDEA 开发环境界面

2. 编写并运行 Java 程序代码

在完成使用 IDEA 创建 Java 工程项目后,接下来进行 Java 程序的创建、代码编写及运行。具体步骤如下。

(1) Java 程序类的创建。

方法一:在 IDEA 的菜单栏中,依次选择 File→New→Java Class 选项,进入 New Java Class 对话框向导。在 Name 域中,输入类名 NewJavaClass,然后按 Enter 键确认。至此,Java 类的创建完成。

方法二:在 IDEA 的开发环境界面中,找到并右击 Demo2 项目下的 src 文件夹,在弹出的上下文菜单中,选择 New→Java Class 选项,进入 New Java Class 对话框向导。同样在 Name 域中输入类名 NewJavaClass,并按 Enter 键确认,至此完成了 Java 类的创建。创建 New Java Class 的界面如图 1-28 所示。

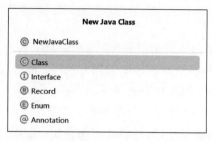

图 1-28 创建 New Java Class 界面

(2) 程序代码编写。

在成功创建 Java 类之后,IDEA 的包资源管理区域会自动生成一个名为 NewJavaClass.java 的源文件。此时,代码编辑区域会自动填充一个基础的类定义结构,即 public class NewJavaClass{}。其中,NewJavaClass 是类的名称;class 是 Java 中用于定义类的关键字;public 是一个访问权限修饰符,表明这个类是公开的,也称为"公有类"或"主类";而花括号({})则界定了类的范围,所有的类成员(包括变量、方法等)都应当在这个范围内进行定义。

在正式开始编写代码之前,开发者需要在类的花括号内部输入 main,然后按 Enter 键。IDEA 会智能地根据输入自动补全 Java 程序的基本开发框架,包括一个主方法(main)。在 Java 程序中,有一个且仅有一个 public 类,同时有一个且仅有一个 public static void main (String[] args)方法,这个方法被称为主方法,是 Java 程序的入口点。

最后,开发者就可以在主方法的代码块内部编写具体的业务逻辑代码了。NewJavaClass 类定义结构、Java 代码编写如图 1-29、图 1-30 所示。

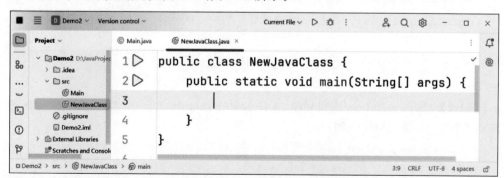

图 1-29 NewJavaClass 类定义结构

(3) 程序代码运行。

程序代码编写完成后,可以通过以下几种方式启动程序的编译和运行。首先,可以直接单击集成开发环境(IDE)工具栏上的运行按钮,该操作将触发程序的编译及运行流程;其

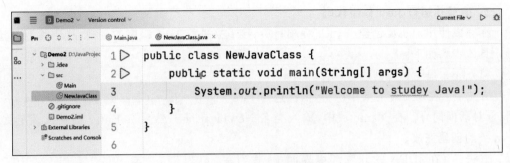

图 1-30　Java 代码编写

次,还可以通过在代码编辑区域上右击,在弹出的快捷菜单中选择 Run NewJavaClass.main() 选项,启动程序的编译与执行;最后,使用菜单栏中的 Run 菜单选项,通过单击 Run 菜单,从下拉菜单中选择 Run NewJavaClass 选项,完成程序的编译及运行。

程序的运行结果将会被显示在 IDE 的控制台窗口中。控制台是 IDE 中用于显示程序输出信息(如打印语句的输出、错误信息等)的区域。Java 控制台显示运行结果如图 1-31 所示。

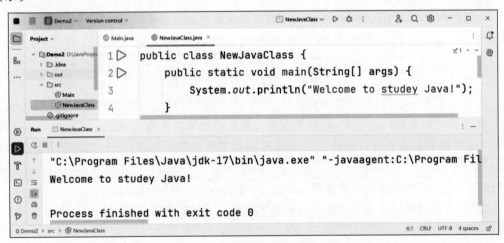

图 1-31　Java 控制台显示运行结果

1.6　示 例 学 习

【例 1-2】　编写一个 Java 应用程序,文件名为"Example02.java",其功能是在 Java 控制台显示各种图形(以三角形为例)。

```
1  public class Example02 {
2      public static void main(String[] args) {
3          System.out.println("   *   ");
4          System.out.println("  ***  ");
5          System.out.println(" ***** ");
6          System.out.println("*******");
7      }
8  }
```

运行例 1-2,结果如下所示。

```
    *
   ***
  *****
 *******
```

Java 控制台所显示的信息表明,开发者能够通过使用 System.out.println()方法实现信息的输出。在运用此方法时,需将待输出的信息内容置于双引号(" ")内,这些信息会以其原有的格式精确地被输出到控制台。具体而言,双引号所界定的文本内容,无论是文字、数字还是符号(格式化控制符除外),都将保持原样在控制台显示区域中展现出来。开发者也可以尝试运用 System.out.println()方法进行多种图形案例的输出。

1.7 本章小结

本章主要介绍了 Java 程序设计语言的入门知识。首先介绍了计算机语言、Java、Java 版本的发展以及 Java 的特性;其次介绍了 Java 的工作原理、JDK 的概念,在 Windows 10 系统中下载安装了 JDK23,并进行相应的系统环境变量的配置;然后带领读者编写了一个简单的 Java 程序,并进行编译运行;最后向读者介绍了两款 Java 开发工具 Eclipse 和 Intelli IDEA,其中以开发工具 Intelli IDEA 为例进行了详细说明,包括 IDEA 的特点、下载、安装以及程序的编写和调试,并进行了相关案例的学习。希望通过本章的学习,读者能够对 Java 有一定的认识,为以后的 Java 学习打下良好的基础。

习 题 1

一、填空题

1. Java 是一门面向对象的_____语言。

2. JDK 是 Sun 公司提供的一套 Java 开发环境,它是整个 Java 的核心,其中包括_____、Java 运行工具、Java 文档生成工具、Java 打包工具等。

3. 将".java"源文件编译为".class"文件的是_____命令。

4. 用于支持 Java 程序开发的最小环境是_____。

二、选择题

1. 最初开发 Java 的公司是(   )。
   A. IBM   B. Microsoft
   C. Sun Microsystems   D. Oracle

2. 以下选项中为 Java 特点的是(   )。
   A. 平台依赖性   B. 编译型语言   C. 面向对象   D. 低性能

3. Java 虚拟机(JVM)的主要作用是(   )。
   A. 解释执行 Java 字节码   B. 编译 Java 源代码
   C. 管理操作系统资源   D. 提供图形用户界面

4. 下列工具中不是 Java 开发工具的是(   )。
   A. Eclipse   B. IntelliJ IDEA   C. Visual Studio   D. NetBeans

5. Java 的种类包括(　　)。
   A. Java SE、Java EE、Java ME
   B. Java Script、Java Applet、Java Application
   C. Java Swing、Java AWT、Java FX
   D. Java Bean、Java Servlet、Java Panel

三、简答题

1. 什么是计算机语言？什么是 Java？
2. 简述 Java 的发展历程和特点。
3. Java 有哪几种技术平台，每类平台的特点是什么？
4. 简述 JDK 与 JRE 的区别。
5. 简述 Java 运行机制的具体过程。

四、编程题

1. 使用 Eclipse、IDEA 中的一种方式，编写一个"个人简介"的程序，编译运行并输出结果。
2. 编写一个自己喜欢的图形程序，编译运行并输出结果。

第 2 章 Java 基础

学习目标
- 了解 Java 的基本语法格式。
- 熟悉 Java 的标识符和关键字。
- 熟悉 Java 数据类型以及转换规则。
- 掌握 Java 常量、变量。
- 掌握 Java 运算符与表达式。
- 掌握通过键盘输入、输出数据。

本章主要介绍 Java 程序编写所需的基本语法格式、数据类型、常量、变量、运算符及表达式等核心知识，为读者后续深入学习 Java 编程奠定坚实基础。只有熟练掌握这些基础知识，才能编写出正确、规范的 Java 程序。

2.1 引　　言

2.1.1 编码的艺术

每一种计算机语言都有严格的编码规范艺术。在编写程序时，唯有严格遵守这些编码规范，计算机才能准确、高效地执行程序。Java 的编码规范主要由编程风格规范、注释规范等一系列标准所构成。遵循这些规范，不仅能显著提升代码的质量，还能有效降低程序的维护成本，并进一步促进软件开发团队之间的协作与沟通。

1. 编码风格

在编写 Java 程序代码时，应注重适当的缩进与空格的使用，以提高代码的可读性。通常情况下，一行代码的长度不宜过长，一般应控制在 80 个字符以内，以便于后续的阅读与编辑。此外，为了保持代码风格的一致性，编写者应严格遵循 Java 开发工具所提供的代码格式化规范。例如，Java 程序中常有许多由一对花括号（{}）括起的一条或多条语句，这被称为"代码块"。根据花括号位置的不同，形成了 Allmans 和 Kernighan 两种代码编写风格。本书的代码将以 Kernighan 代码编写风格为标准进行编写，以下是对这两种风格代码的详细描述。

（1）Allmans 代码编写风格。

Allmans 代码编写风格称为"独行"风格，指代码块的左、右花括号都单独占一行，示例如下：

```
1   public class StudentGPA
2   {
```

```
3        public static void main(String[] args)
4        {
5            ……
6        }
7    }
```

(2) Kernighan 代码编写风格。

Kernighan 代码编写风格称为"行尾"风格,指代码块的左花括号在上一行代码的结尾部分,示例如下。

```
1    public class StudentGPA{
2        public static void main(String[] args){
3            ……
4        }
5    }
```

在代码编写风格的选择上,当代码量相对较少时,可以采用 Allmans 代码编写风格;而当代码量较大时,则更倾向于使用 Kernighan 代码编写风格。这两种风格均有助于使程序代码结构层次分明、布局清晰,提升代码的可读性。

2. 注释规范及分类

在程序中恰当地添加代码注释,能够提升代码的可读性、可维护性以及清晰度。这些注释的主要目的在于精确解释代码的具体含义、功能、参数以及返回值等关键信息,从而协助开发者及其他相关人员更加迅速且准确地理解代码的功能、目的及内在逻辑。在编写代码的过程中,应遵循以下注释规范。

(1) 注释应与代码同步编写,确保其一致性,并且应当力求简洁、精准。代码本身应具有一定的自解释性,即通过代码的结构、命名及逻辑能够清晰地传达其功能和目的。

(2) 对复杂的算法、关键的逻辑节点或难以直观理解的代码段,应当添加注释来详细阐述其工作原理和实现目的。

(3) 注释应当随着代码的更迭而保持更新。一旦代码发生变化,相关的注释也应及时进行修改或删除,以保持注释与代码之间的一致性。

(4) 使用富有描述性的变量名和函数名,有助于提升代码的可读性,进而降低对注释的过度依赖。

在 Java 编程语言中,注释共分为三种类型,分别是单行注释、多行注释以及文档注释。以下将对这三种注释进行详细的阐述。

(1) 单行注释。

单行注释使用两个正斜杠(//)进行标注,其主要用途是对一行代码或特定的代码片段提供简短的说明性文字。当编译器解析到单行注释时,会忽略该行注释符号之后的所有内容。单行注释的应用场景通常包括以下三种情况。

① 单独行注释:在代码中单独占据一行进行注释,为了提高可读性,通常在注释前保留一行空行,并且该注释行的缩进层级应与其后跟随的代码行保持一致,示例如下。

```
1    public static void main(String[] args) {
2
3        //定义一个整型的变量,变量名为num1,值为10
4        int num1 = 10;
5
```

```
6              //定义一个浮点型的变量,变量名为num2,值为20.5
7              double num2 = 20.5;
8
9              //向控制台输出num1和num2的值,运行结果是:10   20.5
10             System.out.println(num1 + " " + num2);
11      }
```

② 代码行首注释:在程序代码行的起始位置添加注释,这种做法通常用于临时使某行代码失效。实现这一操作,可以通过选中待注释的代码行,然后使用快捷键"Ctrl+/"进行注释,示例如下。

```
1    public static void main(String[] args) {
2           //int num1 = 10;
3           //double num2 = 20.5;
4           //System.out.println(num1 + " " + num2);
5           //向控制台输出结果是:不需要上面的三行代码运行
6           System.out.println("不需要上面的三行代码运行");
7    }
```

③ 行尾注释:在代码行的行尾进行注释,一般与代码行后空8(至少4)个格,在同一个代码块中所有注释应对齐,示例如下。

```
1    public static void main(String[] args) {
2           String name = "程小序";          //定义一个字符串型变量name,赋值为程小序
3           char ch = 'a';                   //定义一个字符型变量name,赋值为a
4    }
```

(2) 多行注释。

多行注释在Java编程语言中使用符号"/*"和"*/"进行标注,位于这一对标识符之间的所有内容均会被编译器忽略。这种注释方式通常用于对多行代码块进行详细的说明,或者临时性地屏蔽某个代码块的执行。多行注释内部不允许嵌套另一个多行注释,但可以在其内部嵌套单行注释,示例如下。

```
1    /*
2     * 计算学生成绩绩点的类,包括如下方法:
3     * 计算每门课程的绩点方法;
4     * 计算平均绩点方法;              //需要在每门课程的绩点之后计算
5     */
6    public class StudentGPA {
7           public static void main(String[] args) {
8                  ……
9           }
10   }
```

上述示例展示了如何运用多行注释对StudentGPA类进行全面且详细的描述,涵盖了类的核心功能及其所包含的方法。这种做法对于后续代码的维护与阅读工作大有裨益。

(3) 文档注释。

文档注释是特殊形式的多行注释,通过"/**"和"*/"进行标注,专门用于对类、属性、方法等进行说明。Java文档注释可以通过JDK自带的javadoc工具生成HTML格式的Java API文档。文档注释的结构通常由描述部分和块标记部分组成,块标记部分包含如@author、@version、@param、@return、@throws、@see等多种标签,示例如下。

```
1    /**
2     * 计算课程绩点的方法:
```

```
3      *  @param grade 课程成绩；
4      *  @return 课程绩点；
5      */
6     public double calculateGradePoint(double grade) {
7             double gpa = (grade - 50) / 10;
8             return gpa;
9     }
```

【多学一招】 多行注释中更多块标注的含义。

@author：指定类的作者或方法的作者。

@version：指定类或方法的版本信息。

@param：描述方法的参数。每个@param 标记对应一个方法参数，并给出参数的名称和描述。

@return：描述方法的返回值。它给出返回值的类型（如果不在方法签名中明确）和描述。

@throws：描述方法可能抛出的异常。每个@throws 标记对应一个异常类，并给出异常的描述。

@see：在文档中添加对其他类或方法的引用。这可以是类、接口、方法或字段的引用。

2.1.2 基本语法

Java 是一种纯粹面向对象的编程语言，其所有程序代码均组织在类中。类通过 class 关键字进行定义，在 class 关键字之前，可以存在用于修饰类的修饰符，这些修饰符被称为类修饰符。常见的类修饰符包括 public（公有）、default（若不显式写出，则为默认修饰符，也称为包级私有）、abstract（抽象）等。类的声明格式如下所示。

```
修饰符 class 类名{
        Java 程序代码
}
```

在类的声明格式中，Java 程序代码依据其语法和功能特性，可分为结构化语句（Structural Statements）与功能性语句（Functional Statements）两大类。

(1) 结构化语句主要承担控制程序流程的职责，包括以下 7 方面。

① class：用于声明类。

② if、else、else if：实现条件判断。

③ switch：提供多条件选择功能。

④ for、while、do-while：构建循环结构。

⑤ break、continue：用于中断或跳过循环流程。

⑥ return：实现从方法中的返回值操作。

⑦ try catch finally：构成异常处理机制。

(2) 功能性语句是执行具体功能或操作的语句，如变量声明、赋值、方法调用等。具体而言，包括以下 5 方面。

① 变量声明与初始化：例如，int num = 10；。

② 打印输出语句：例如，System.out.println("Hello, My Java World!")；。

③ 对象创建与初始化：例如，StudentGPA obj = new StudentGPA();。
④ 表达式求值：例如，double sum = num1 + num2;。
⑤ 其他操作：例如，赋值、自增、自减等操作。

2.2 标识符与关键字

2.2.1 标识符

在编写程序代码的过程中，需要定义一系列符号来标识常量、变量、类、对象、包、方法、参数及数组等元素，这些符号统称为标识符。在命名标识符时，应具有一定的描述性（即能够通过名称理解其含义），同时应避免使用语言中的关键字和保留字。此外，还需严格遵守标识符的命名规则，以下将对这些规则进行详细介绍。

2.2.2 标识符命名规则

1. 标识符的组成

标识符由大小写字母（A~Z,a~z）、数字（0~9）、美元符号（$）和下画线（_）组成，长度不限。在实践过程中，考虑程序的可读性标识符不宜过长或过短。标识符的第一个字符不能是数字，而是字母、美元符号或下画线。

2. 严格区分字母大小写

Java 是严格区分字母大小写的语言，比如 myProject 和 Myproject 是两个不同的标识符。

3. 关键字和保留字不能命名为标识符

标识符不能是 Java 的关键字或保留字。例如，int、for、while 等关键字不能命名为标识符，true、false、null 等虽然不是关键字，但因其有特殊含义，也不能用作标识符。

4. 标识符的命名约定

（1）类名与接口名需遵循大驼峰命名法，即每个单词的首字母均需大写。例如，JavaProject、MyJavaProgram。

（2）变量名与方法名则采用小驼峰命名法，即首个单词以小写字母开头，自第二个单词起，每个单词的首字母大写。例如，myProgram、userName、userNameProgram。

（3）常量名须使用全大写字母，且单词之间以下画线（_）分隔。例如，JAVA_NAME、PI_1。

（4）包名应统一使用小写字母，若包名包含多个层次结构，则每层或每个目录之间用点号（.）分隔，以形成清晰的命名空间。例如，cn.kwnu.example.package，此包名表示一个包含四个层次的命名空间，其中 cn 代表中国（China），kwnu 代表科文学院的缩写，example 指示例项目的名称，而 package 指该项目中的一个具体包。这种命名方式既清晰又便于理解。

合法的标识符示例：

myJava、MyProject、Height_1、$ myCalendarName、_youUnderscoreVariable。

非法的标识符示例：

1minute、2date（以数字开头）、while、if、Calendar、class（Java 关键字）、#age（包含非法字符#）、Hello World（包含非法空格字符）。

【小提示】 关于单个字符一般不作为标识符使用。

单个字符一般不作为标识符,除非在特殊情况下。例如,循环计数器 i。虽然技术上单个字母或下画线可以作为标识符(关键字除外),但在实际编程中,为了代码的清晰性和可读性,通常建议使用更具描述性的标识符名称。使用单个字符作为变量名或函数名可能会导致代码难以理解和维护,尤其是在大型项目中。

2.2.3 关键字

在 Java 编程语言中,关键字是属于预先定义且保留的标识符,用于定义类的结构、控制程序的流程、处理异常及实现各种功能,它是编译器理解和执行 Java 代码的关键。因此,关键字不能被用作变量名、方法名、类名、包名或参数名。

截至目前,Java 中共计有 50 个关键字,包括 48 个正式的关键字及 2 个保留字。关键字的详细内容如下。

(1) 数据类型关键字(8 个):byte、short、int、long、float、double、char、boolean。

(2) 语句控制关键字(12 个):if、else、switch、case、default、while、do、for、break、continue、return、instanceof。

(3) 访问修饰符关键字(3 个):public、private、protected。

(4) 类、方法和变量修饰符关键字(11 个):abstract、final、static、synchronized、transient、volatile、strictfp、native、assert、enum、interface。

(5) 错误处理关键字(5 个):try、catch、finally、throw、throws。

(6) 类和接口定义关键字(5 个):class、extends、implements、import、package。

(7) 基本数据类型相关关键字(2 个):void、new。

(8) 引用类对象关键字(2 个):this、super。

(9) 保留字(2 个):goto、const。

【小提示】 关于 true、false 和 null。

在 Java 中,尽管 true、false 和 null 被视为特殊直接量而非严格意义上的关键字,但它们承载着独特的含义。这些直接量无法像普通变量那样重新赋值,从而确保了其值的不可变性。因此,它们通常被归类为特殊直接量或字面量,在 Java 编程中发挥着重要的作用。

【思想启迪坊】 遵守文明法规——做新时代的优秀大学生。

在编程学习中,遵守标识符命名规则不仅是一种技术要求,更是一种文明素养的体现。正如在现实生活中需要遵守法律法规和社会公德一样,在编程领域也需要遵守一定的规则和约定。这不仅是对自己负责,也是对他人负责,更是对团队和社会负责。

作为新时代的大学生,应该具有高度的责任感和使命感,将遵守文明法规的理念融入学习和生活的各个方面。在编程过程中,更应该严格遵守标识符命名规则等编程规范,确保代码的可读性、可维护性和可扩展性。

2.3 变量与常量

2.3.1 数据类型

Java 中的数据类型被划分为两大类,分别是基本数据类型和引用数据类型。其中,基本数据类型是 Java 内置的数据类型,其大小在任何操作系统中都是一致的,并且这些数据可以直接在内存的"栈"区域中访问和存储。而引用数据类型则是通过引用来访问对象,而不是直接存储值。引用数据类型在内存的"栈"区域中存储的是对实际数据的引用(即数据的存储地址)。通过引用,程序可以间接地访问和操作存储在内存"堆"区域中的数据。

1. 基本数据类型

Java 提供了 8 种基本数据类型,具体包括:byte、short、int、long(整数类型)、float、double(浮点型)、char(字符型),以及 boolean(布尔型)。这些基本数据类型构成了 Java 编程中数据操作的基础。

(1)整数类型。

byte 型是字节型数据类型,占 8 位(即 1 字节)的存储空间,其取值范围限定在 $-128 \sim 127$(包含两个端点值),即 $-2^7 \sim 2^7-1$。

short 型是短整型数据类型,占 16 位(即 2 字节)的存储空间,其取值范围限定在 $-32\,768 \sim 32\,767$(包含两个端点值),即 $-2^{15} \sim 2^{15}-1$。

int 型是标准整型数据类型,占 32 位(即 4 字节)的存储空间,其取值范围限定在 $-2\,147\,483\,648 \sim 2\,147\,483\,647$(包含两个端点值),即 $-2^{31} \sim 2^{31}-1$。在 Java 编程语言中,如果一个整数在代码中没有被显式地赋予其他数据类型(如 long、short、byte),将被默认为 int 类型。

long 型是长整型数据类型,占 64 位(即 8 字节)的存储空间,其取值范围限定在 $-9\,223\,372\,036\,854\,775\,808 \sim 9\,223\,372\,036\,854\,775\,807$(包含两个端点值),即 $-2^{63} \sim 2^{63}-1$。在使用长整型数据类型时,应在数字后添加字母 L 或 l(为避免与数字 1 混淆,推荐使用大写 L)。

(2)浮点型。

float 型是单精度浮点型数据类型,占 32 位(即 4 字节)的存储空间,主要用来表示实数。在书写单精度浮点型数值时,通常需在数字后添加字母 F 或 f 以示区分。例如,3.143f 和 5.4625F。

正 float 型浮点数的取值范围介于 $1.4E-45 \sim 3.402\,823\,5E+38$(包含两个端点值)。

负 float 型浮点数的取值范围介于 $-3.402\,823\,5E+38 \sim -1.4E-45$(包含两个端点值)。

double 型是双精度浮点型数据类型,占 64 位(即 8 字节)的存储空间,其精度相较于 float 型更高。在使用双精度浮点型数值时,通常会在数字后面加上字母 D 或 d 来表示(可以省略此标记)。例如,8.867D、7.12d、0.0561(此处 0.0561 虽未显式标注,但仍被识别为 double 类型)。在 Java 编程语言中,如果一个浮点型数值在代码中没有被显式地赋予其他数据类型(如 float),将被默认为 double 类型。

正 double 型浮点数的取值范围介于 $4.9E-324 \sim 1.797\,693\,134\,862\,315\,7E+308$(包含两个端点值)。

负 double 型浮点数的取值范围介于 $-1.797\,693\,134\,862\,315\,7E+308 \sim -4.9E-324$(包含两个端点值)。

(3)字符型。

char 型是字符型数据类型,占 16 位(即 2 字节)的存储空间,用于存储 Unicode 字符,其取值范围为 $0 \sim 65\,535$。取值范围代表了 Unicode 字符集中各个字符的排序位置。需要注意的是，Unicode 字符集的前 128 个字符与 ASCII 码表中的字符相对应。

（4）布尔型。

boolean 型是布尔型数据类型，只有两个值，true 和 false，用于条件判断。

2. 引用数据类型

除了基本数据类型，Java 还引入了引用数据类型。基本数据类型定义的变量直接存储相应类型的数据值，而引用数据类型则是对对象的引用，存储对象在内存中的地址。引用数据类型涵盖类、接口、数组、字符串、枚举类型及注解等。在声明引用数据类型时，仅需指定其类型，而无须声明大小（因为引用数据占用的空间大小是动态的，会在程序运行时发生变化）。

以下是一些引用数据类型的具体声明示例。

声明一个名为 Student 的类，并定义类对象 stu：

```
public class Student {
        //类的成员变量和成员方法定义在此处
}
Student stu = new Student();
```

声明一个名为 array 的整型数组，其长度为 100：

```
int[ ] array = new int[100];
```

声明一个名为 str 的字符串变量，并为其赋值：

```
String str;
str = "Hello My Java Program!";
```

2.3.2 变量概念及声明

在 Java 程序运行过程中，其值可以改变的量被称为变量。变量是用于存储数据的空间，而该空间内所存储的数据类型则由定义变量时指定的数据类型决定。这些数据可以是数字、文本、字符、布尔值等。变量名是一个标识符，在程序中，通过变量名可以引用该变量的存储内容。Java 是一种强类型程序设计语言，因此，在使用变量之前，需要在编程语句中预先声明变量的类型和变量名称。

变量声明语法格式：

```
变量类型 变量名[ = 初始值(initialValue)];
```

说明：

变量声明包括定义变量的类型、变量名称以及初始值（可选的）。

变量类型用于明确变量的数据类型，如 short、char、int、double、float、String 等。

变量名是作为变量空间的命名，应遵循小驼峰命名规范，并确保其为合法的标识符。

初始值（可选项）为变量赋予的起始值。若此部分被省略，且变量为基本数据类型，则系统不能自动初始化。对于引用类型而言，若未进行显式初始化，其默认值将为 null。

下面通过例 2-1 展示变量相关的使用。

【例 2-1】 变量的声明、赋值及输出。

```
1    public class Example01 {
2        public static void main(String[] args) {
```

```
3              int intNum = 2200;                    //声明 标准整型变量 intNum,赋值为 2200
4              short shortNum = 500;                 //声明 短整型变量 shortNum,赋值为 500
5              byte byteNum = 8;                     //声明 字节整型变量 byteNum,赋值为 8
6              long longNum;                         //声明 长整型变量 longNum
7              longNum = 12250L;                     //后缀可以为大写 L,也可以为 l,建议大写
8              float floatNum = 12.5F;               /*声明 浮点型变量 floatNum,赋值为 12.5,后
                                                       缀可以为大写 F,也可以为 f,建议大写*/
9              double doubleNum;                     //声明 浮点型变量 doubleNum
10             doubleNum = 15004.1524;               //赋值为 15004.1524
11             char chNum = 'a';                     //声明 字符型变量 chNum,赋值为'a'
12             String strCh;                         //声明 字符串型变量 strCh
13             strCh = "Hello My JavaProgram!";      //赋值为"Hello My JavaProgram!"
14             boolean boolNum = true;               //声明 浮点型变量 doubleNum,赋值为 true
15             boolNum = false;                      //重新赋值,boolNum 变量中数据最终为 false
16             System.out.println("输出整型变量的值:");
17             System.out.println(intNum + ":" + shortNum);
18             System.out.println(byteNum + "," + longNum);
19             System.out.println("输出浮点型变量的值:");
20             System.out.println(floatNum + "、" + doubleNum);
21             System.out.println("输出字符型变量的值:");
22             System.out.println(chNum);
23             System.out.println("输出字符串型变量的值:");
24             System.out.println(strCh);
25         }
26     }
```

运行例 2-1,运行结果如下所示。

```
输出整型变量的值:
2200:500
8,12250
输出浮点型变量的值:
12.5、15004.1524
输出字符型变量的值:
a
输出字符串型变量的值:
Hello My JavaProgram!
```

通过程序运行结果可以看到,输出变量名能够直接输出变量中存储的数据。特别注意 System.out.println()输出语句中的连接符(+)号,用于字符串与字符串的连接以及字符串 与变量之间的连接。分号(;)只作为语句的结束标识,并不输出。

【小提示】 关于单精度变量。

在 float 变量存储 float 型浮点数时,有效数字位数为 8 位。例如,float f=123.123456789f, 输出 f 的值为 123.12345。

2.3.3 变量的类型转换

在 Java 程序中,数据类型之间进行相互转换是常见操作之一,数据类型转换可以分为 自动类型转换(也称为隐式类型转换)和强制类型转换(也称为显式类型转换)。

1. 自动类型转换

自动类型转换是一种数据类型的数据或变量在程序运行的过程中自动转换成另一种数 据类型的值,此类转换经常出现在赋值操作或各类表达式计算中,当赋值操作数或表达式的 操作数数据类型不同时,根据目标类型与源类型之间的兼容性进行自动转换。当取值范围

小的数据赋值给取值范围大的变量时,会自动进行数据类型的转换。具体示例如下。

```
1    double doubleNum = 12;              //doubleNum 中的值自动为 12.0
2    char ch = 'A';
3    int intNum = 15 + ch;               //ch自动转换为整型参与加法运算
4    System.out.println(intNum);         //输出结果为:80
```

基本数据类型之间进行自动类型转换,精度由低到高排序如下:

$$byte \rightarrow short \rightarrow int \rightarrow long \rightarrow float \rightarrow double$$
$$char \nearrow$$

低 ——————————————————————→ 高

2. 强制类型转换

强制类型转换是显式地将一种数据类型的数据转换为另一种数据类型的数据。这种数据类型的转换通常在数据类型的范围不兼容或精度不一致的情况下使用,可能会导致数据丢失或溢出,因此在使用时需要特别注意。

强制类型转换的语法格式:

(目标数据类型)数据;

强制类型转换的示例如下。

```
1    byte b = (byte)789.25;
2    int intNum = 97;
3    char ch = (char) intNum;            //把整型的变量 intNum 强制转换成字符型
4    System.out.println(ch);             //输出结果为:a
```

下面通过例 2-2 展示强制类型转换的具体应用。

【例 2-2】 强制类型转换。

```
1    public class Example02 {
2        public static void main(String[] args) {
3            byte b1, b2 = 8;
4            short s = 10;
5            char ch = 'A';
6            int i = 40;
7            long l = 998L;
8            float f = 1234.23f;
9            double d = 1357911.12345d;
10
11           System.out.println("b2 = " + b2);
12           System.out.println("s = " + s);
13           System.out.println("ch = " + ch);
14           System.out.println("i = " + i);
15           System.out.println("l = " + l);
16           System.out.println("f = " + f);
17           System.out.println("d = " + d);
18
19           b1 = (byte) d;
20           System.out.println("b1 = " + b1);
21           int num1 = b2 + ch;          /*字节型变量 b2 与字符型变量 ch 进行加运算,ch 会自动
                                             转换为整型,以字符 A 的 ASCII 值 65 参与加法运算*/
22           System.out.println("num1 = " + num1);
23           long l1 = l - i;             //整型变量 i 自动转换为长整型,参与减法运算
24           System.out.println("l1 = " + l1);
25           float f1 = s * f;            //短整型变量 s 自动转换为单精度浮点型,参与乘法运算
26           System.out.println("f1 = " + f1);
```

```
27            double d1 = d / ch;      /*字符型变量 ch 以字符 A 的 ASCII 值自动转换为双精度
                                         浮点型,参与除法运算*/
28            System.out.println("d1 = " + d1);
29        }
30    }
```

运行例 2-2,运行结果如下所示。

```
b2 = 8
s = 10
ch= A
i = 40
l = 998
f = 1234.23
d = 1357911.12345
b1 = 1357911.12345
num1 = 73
l1 = 958
f1 = 12342.3
d1 = 20890.940360769233
```

在例 2-2 程序中,第 19 行的语句完成了将高精度的 double 型数据强制转换为低精度的 byte 型数据的操作,并将转换结果赋值给变量 b1。注意,此转换过程中,原始的 double 型变量 d 的内容保持原样,仅 d 中的数值被用于转换。通过观察程序的运行结果可以发现,当双精度浮点型数据转换为字节型数据时,其整数部分和小数部分均会经历变化。

在第 21 行至第 28 行的语句中,涉及低精度数据参与的算术运算。在进行这些运算时,低精度的数据被系统自动提升为高精度的数据类型,然后再执行运算。此外,程序中所有的输出语句均通过输出变量名来直接展示变量中存储的数据内容。

【小提示】 关于类型转换的注意事项。

数据丢失:高精度类型的数据强制转换成低精度数据类型(例如,从 double 到 byte)时,会丢失数据(小数部分会被截断,整数部分可能会保留一部分)。

数据溢出:当取值范围大的数据类型强制转换为取值范围小的数据类型时,存储位数变小,取值会超出目标类型的表示范围(例如,从 int 到 byte),发生溢出,导致结果不正确。

精度降低:从高精度数据类型(如 double)转换为低精度数据类型(如 float)时,可能会降低数值的精度。

数据类型自动提升:在进行算术运算时,低精度的数据类型会被隐式地提升为高精度的数据类型(例如,同时有 byte 型数据和 double 型数据参与运算时,byte 型数据自动提升为 double),避免数据溢出。

2.3.4 变量的作用域

在 Java 中,变量遵循先定义后使用的原则,变量的作用域指变量能够被访问的有效范围。这一范围通常从变量的声明语句开始,一直延续到当前程序块的右花括号为止。根据变量的声明位置及其访问方式的不同,变量主要可以分为局部变量、成员变量以及代码块变量等几种类型。

1. 局部变量

局部变量通常声明在方法内部、代码块内部或者初始化代码块中。其作用域范围限定在声明该变量的代码块、方法或初始化代码块所涵盖的代码区域内。例 2-3 展示了局部变量作用域的问题。

【例 2-3】 变量作用域。

```
1   public class Example03 {
2       public static void main(String[] args) {
3           double d1 = 123.56;                    //声明变量 d1,并赋值 123.56
4           {
5               char ch = 'F';                     //声明变量 ch,并赋值 'F'
6               System.out.println("d1 = " + d1);  //输出变量 d1 的值
7               System.out.println("ch = " + ch);  //输出变量 ch 的值
8           }                                      //变量 ch 作用域结束
9           int i1 = (int) d1;
10          System.out.println("d1 = " + d1);
11          System.out.println("i1 = " + i1);
12          System.out.println("ch = " + ch);      //变量 ch 超出作用域范围
13      }                                          //变量 d1、i1 作用域结束
14  }
```

运行例 2-3,运行结果如下所示。

```
D:\Javabook\java-book\src\chapter02\Example03.java:12:23
java: 找不到符号:12
符号:    变量 ch
位置:    类 chapter02.Example03
```

在编译 Java 源文件 Example03.java 时,出现了错误。具体来说,变量 d1 的作用域始于第 3 行的变量声明语句,并延续至第 13 行当前代码块的结束。变量 ch 的作用域从第 5 行的变量声明语句开始,直至第 8 行的当前代码块结束。变量 i1 的作用域则自第 9 行的变量声明语句起始,至第 13 行的当前代码块结束。注意,在第 12 行的语句中尝试输出变量 ch 的值,这一操作超出了 ch 变量的作用域。为解决编译错误,应将文件中第 12 行的代码删除(或在该行代码前添加注释符号以禁用它)。执行修改后的文件,运行结果如下所示。

```
d1 = 123.56
ch = F
d1 = 123.56
i1 = 123
```

当然,存在其他修改方法以解决编译错误。例如,可以将第 5 行的变量声明语句提升至第 4 行语句之前,从而改变变量 ch 的作用域,使程序能够正确调试。读者可以根据实际需求,自行选择对程序代码进行相应的修改。

2. 成员变量

成员变量是在类中声明的变量(不包括方法内部所声明的变量)。若变量在声明时使用了 static 关键字进行修饰,则被称为静态成员变量,也称作类变量。此类变量在类加载之时即被初始化。静态成员变量的作用域与成员变量的作用域一致,均能被类中的所有方法所访问。此外,静态成员变量(即类变量)可通过类名直接进行访问(关于此部分的详细说明,将在第 5 章中展开)。关于成员变量的示例如下。

```
1   class Student {                 //Student 类声明语句
2       int age = 18;               //声明成员变量 age
```

```
3        double score = 88;                  //声明成员变量score
4        static String school = "科文学院";    //声明静态成员变量school
5
6        public void myMethod() {             //声明无参方法myMethod
7            String name = "张三";            //声明局部变量name,不是成员变量
8            System.out.println("age = " + age + " " + "score = " + score);
9            System.out.println("name = " + name + " " + "school = " + school);
10       }
11   }
```

3. 代码块变量

代码块变量是指在特定代码块(例如,if语句、for循环等)内部声明的变量。其作用域仅限于声明该变量的代码块内。例如,在之前的示例中,局部变量name也是一个典型的代码块变量。以下提供一个关于定义代码块变量的具体示例。

```
1   int  sum = 0;
2   for(int i = 0; i <= 10; i++){       //声明代码块变量,也是循环变量i,初始化值为0
3       sum =  sum + i
4   }
```

2.3.5 常量

在Java中,常量指一个具有固定值的量,该值在程序执行期间不可更改。例如,3.15f、5、1284L、1234.235、'a'、"string"等均为常量,涵盖整型常量、浮点型常量、字符型常量、字符串型常量及布尔型常量。此外,常量还可以通过使用关键字final来声明变量进行定义,这类变量在初始化后其值不可改变,因此也被称为常变量或不可变变量。以下将对各类常量进行详细介绍。

1. 整型常量

在Java中,整型常量指直接以整数形式出现的量,一般用于整型变量赋值,可以是正数、负数或零。常见的整型常量有以下四种:

十进制数:十进制数以非0数字开头(0数字除外),由0至9共10个数字构成,遵循逢十进一的计数规则,其基数为10。例如,1579、-786、0、1010。

二进制数:二进制数以0b或0B为前缀,由0和1两个数字组成,采用逢二进一的计数方式,基数为2。例如,0b1010、0B110、0b1010111。

八进制数:八进制数则以0为起始标记,由0至7共8个数字构成,遵循逢八进一的计数原则,基数为8。例如,0561、-0352、017。

十六进制数:十六进制数以0x或0X为前缀,由0至9以及A至F(其中A、B、C、D、E、F分别代表十进制中的10、11、12、13、14、15)共16个数字或字符组成,采用逢十六进一的计数规则,基数为16。例如,0x1F、0X158A、0x1001。

【多学一招】 进制之间的转换。

(1) 十进制整数转换为二进制数、八进制数、十六进制数。

将十进制整数转换为二进制数的方法为:反复将十进制整数除以2并取余数,直至商为0,随后将所得的余数逆序排列。

将十进制整数转换为八进制数的方法为:不断将十进制整数除以8并取余数,直至商为0,然后将所得的余数进行逆序排列。

将十进制整数转换为十六进制数的方法为：持续将十进制整数除以16并取余数，直至商为0，之后将所得的余数逆序排列。

以十进制数29为例，进行各种进制转换的具体运算过程如下。

29 = 0B11101

29 = 035

29 = 0X1D

29 转换成二进制数：0B11101　29 转换成八进制数：035　29 转换成十六进制数：0X1D

(2) 二进制数、八进制数、十六进制数转换成十进制数。

将二进制数、八进制数和十六进制数转换为十进制数的方法，是直接将每一位上的数字乘以对应基数的幂次方。具体转换规则如下所述。

十进制数：$29 = 2 \times 10^1 + 9 \times 10^0 = 29$

二进制数：$0B11101 = 1 \times 2^4 + 1 \times 2^3 + 1 \times 2^2 + 0 \times 2^1 + 1 \times 2^0 = 29$

八进制数：$035 = 3 \times 8^1 + 5 \times 8^0 = 29$

十六进制数：$0X1D = 1 \times 16^1 + 13 \times 16^0 = 29$

(3) 二进制数和八进制数、十六进制数之间的转换。

二进制数、八进制数与十六进制数之间的相互转换遵循一定的规则。由于二进制数的基数是2，而八进制数的基数是8(8等于2的3次方)，因此，二进制数与八进制数之间存在对应关系，即3位二进制数可转换为1位八进制数。在进行二进制整数到八进制整数的转换时，应从低位开始，每3位二进制数转换为1位八进制数，若高位不足3位，则需补0。反之，将八进制数转换为二进制数时，可从高位开始转换，并去除高位可能存在的用以补位的0。同理，由于二进制数与十六进制数的关系是4位二进制数对应1位十六进制，因此二者之间的转换规则与上述二进制数与八进制数之间的转换规则相似，具体转换方法如下所述。

二进制数与八进制数之间的对应关系如下：

二进制数：000　001　010　011　100　101　110　111

八进制数：0　　1　　2　　3　　4　　5　　6　　7

转换示例如下。

0B1010111010 可拆分为 0B001 010 111 010，对应八进制数为 01272；
0357 可转换为二进制 0B011 101 111，亦可写作 0B11101111。

二进制数与十六进制数之间的对应关系如下：

二进制数：0000　0001　0010　0011　0100　0101　0110　0111

十六进制数：0　　1　　2　　3　　4　　5　　6　　7

二进制数：1000　1001　1010　1011　1100　1101　1110　1111

十六进制数：8　9　A　B　C　D　E　F

转换示例如下。

0B1010111010 可拆分为 0B0010 1011 1010,对应十六进制数为 0X2BA；
0X357F 可转换为二进制 0B0011 0101 0111 1111,亦可写作 0B110101011111111。

2. 浮点型常量

浮点型常量是计算机编程语言中用于表示具有小数部分的数值的一种数据类型,它通常被用来表示实数,包括整数部分、小数部分及可能存在的正负号。浮点型常量主要分为单精度浮点常量(通常以 F 或 f 作为后缀)和双精度浮点常量(通常以 D 或 d 作为后缀,但在实际应用中后缀常可省略,若不特别指明,小数默认被视为 double 型)。其中,double 类型提供了更高的数据精度和更广泛的数据范围。

浮点型常量有两种表示形式,即一般表示法和科学记数法。

(1) 一般表示法：由整数部分和小数部分组成。例如,3.1234f、0.000 121、-14 523.456 78、0.5、8.9722f 及 0.0f 等,均为合法的浮点型常量表示形式。

(2) 科学记数法：对于极大或极小的数值,通常采用科学记数法来表示。其形式为 mEn 或 me±n,其中 m 为浮点数(通常为 1~10 的实数,但不必严格限制在此范围内),n 为指数(整数),E 或 e 代表 10 的幂次。例如,1.2681E2 表示 1.2681×10^2,即 126.81；-1.23456E-4 表示 -1.23456×10^{-4},即 0.000123456。科学记数法在处理极大或极小的数值时,能够提供更为简洁和直观的表达方式。

3. 字符型常量

字符型常量用于表示单个字符,通常由一对英文单引号(' ')括起。该字符可以是字母、数字、特殊符号,或是通过转义字符表示的特定序列。具体形式如下。

(1) 用英文的一对单引号括起单个字符来表示,如 'a'、'A'、'5'、'#' 等。

(2) 转义字符用于表示那些无法直接通过字面量呈现的字符或序列。转义字符以反斜杠(\)为起始,后接一个或多个字符。在 Java 中,常见的转义字符及其功能如下。

\n：换行符,用于在文本中插入新行。

\t：水平制表符(Tab),用于文本的对齐。

\\：表示反斜杠字符本身。

\"：表示双引号字符。

\'：表示单引号字符。

\r：回车符,常与\n 结合使用(\r\n),以实现换行效果。

\b：退格符,使光标向左移动一个位置。

\uXXXX：Unicode 字符表示法,其中 XXXX 为十六进制数,如 '\u0000' 表示空白字符。

4. 字符串型常量

字符串型常量用于表示一个或多个连续的字符,由一对英文双引号(" ")括起。一旦字符串被创建,其内部的字符序列便不可更改。若需修改,通常需创建一个新的字符串。字符串亦可不包含任何字符,此时其长度为 0,称为空字符串。以下是一些字符串型常量的示例："Hello Java!"、"12456"、"Hello\nJava!"、""(空字符串),以及" "(仅包含空格的字符串)。

5. 布尔型常量

布尔型常量用于表示真和假两种逻辑状态，其取值有两个，分别是真（true）和假（false）。布尔型常量在条件判断、逻辑运算及流程控制中发挥着重要作用。

2.3.6 var 的使用

在 Java 中，var 作为保留类型名称使用是从 Java11 开始才得到正式支持。var 用于声明局部变量，并同时进行变量的初始化，编译器会根据赋值号右侧的表达式类型，自动推断变量的数据类型。用 var 声明局部变量时不需要显式地指定变量的类型。示例如下。

```
1    var intNum = 100;              //声明了 int 型变量 intNum,赋值为 1000
2    var d1 = 3.356;                //声明了 double 型变量 d1,赋值为 3.356
3    var boNum = true;              //声明了 boolean 型变量 boNum,赋值为 true
4    var stringNum = "Hello";       //声明了 String 型变量 stringNum,赋值为 Hello
```

【小提示】 关于 var 作为保留类型名称使用时的注意事项。

var 只能用于声明局部变量，不能用于声明成员变量、方法参数、返回类型或泛型参数等。用 var 声明的变量需要在声明时并初始化，编译器需要根据初始化表达式来推断局部变量的类型。var 可以使代码更简洁，但不能过度使用，在复杂的表达式或大型项目中过度使用可能会降低代码的可读性。

【思想启迪坊】 常量坚守，变量前行：编程智慧引领人生价值追求。

在 Java 编程的学习历程中，变量与常量不仅是基础概念，更蕴含着深刻的人生哲理。常量，在编程中其值在程序执行期间恒定不变，映射至人生，则体现为对价值观、信仰及道德底线的坚守。

人生之路充满变数，个人目标、职业规划、人际关系等皆需随时间、经验及外部环境的变化而调整。变量在此扮演着重要角色，它启示我们应具有适应性和灵活性。面对生活的种种变迁，拥有开放的心态、对新事物的接纳以及对策略的适时调整至关重要。同时，从变化中捕捉机遇，实现个人成长与进步，亦是变量赋予我们的智慧。如此，方能实现个人价值与社会价值的和谐统一。

2.4 运算符与表达式

在 Java 中，存在功能较为完善的运算符体系。运算符是用于执行各类运算的符号，包括算术运算符、关系运算符、逻辑运算符以及位运算符等。而表达式则是由若干操作数和运算符有机组合而成，且符合 Java 语法规则的式子。根据参与运算的操作数个数，运算符可以分为以下几类：一元运算符（拥有一个操作数。例如，++、−−）、二元运算符（拥有两个操作数。例如，+、−、*、/)及三元运算符（拥有三个操作数。例如，？:)。根据运算符的功能差异，可以将其划分为以下 7 类。

(1) 算术运算符：加(＋)、减(−)、乘(＊)、除(/)、取模(％)、自增(＋＋)、自减(−−)。

(2) 关系运算符：大于(＞)、大于或等于(＞＝)、小于(＜)、小于或等于(＜＝)、等于(＝＝)、不等于(！＝)。

(3) 逻辑运算符：逻辑与(＆)、逻辑或(｜)、逻辑非(！)、逻辑异或(^)、短路与(＆＆)、和短路或(｜｜)。

(4) 位运算符：按位与(&)、按位或(|)、按位异或(^)、按位取反(~)、左移(<<)、右移(>>)和无符号右移(>>>)。

(5) 赋值运算符：=、+=、-=、*=、/=、%=等。

(6) 条件运算符：?:。

(7) 其他运算符：实例运算符(instanceof)、点运算符(.)、下标运算符([ ])、内存分配运算符(new)等。

2.4.1 算术运算符

在Java中，算术运算符是用于执行基本的算术运算的符号，主要用于整型和浮点型数计算。常用算术运算符的功能及用法示例如表2-1所示。

表2-1 常用算术运算符的功能及用法示例

运算符	主要功能	用法示例

+	加运算，或连接两个字符串	int a = 7,b = 2,c;
		c = a + b; //先计算a+b,赋值给c,变量c内容为9
		String s1 = "ABC",s2 = "def";
		String s3 = s1 + s2; //变量s3所指向的字符串即为"ABCdef"

-	减运算	int a = 7, b = 2,c; c = a-b; //先计算a-b,然后赋值给变量c,变量c内容为5
*	乘运算	int a = 7, b = 2,c; c = a * b; //先进行a*b运算,然后赋值给变量c,变量c内容为14

/	除运算	int a = 7 , b = 2,c;
		c = a/b; //先计算a/b,然后赋值给变量c,变量c内容为3
		double a = 7.0, b = 2.0,c;
		c = a/b; //先计算a/b,然后赋值给变量c内容为3.5

%	取模(取余)运算	int a = 7 , b = 2,c;
		c = a%b; //先计算a%b,然后赋值给变量c,变量c内容为1
		double a = 7.3, b = 2.5,c;
		c = a%b; //先计算a%b,然后赋值给c
		System.out.println(c); //运算结果为: 2.3(浮点数)

++	自增	int a = 7, b = 2,c1,c2;
		c1 = a++; //先赋值给c1,然后 a = a+1,a++称为后增1
		c2 = ++b; //先 b = b+1,然后赋值给c2,++b称为前增1

--	自减	int a = 7, b = 2,c1,c2;
		c1 = a--; //先将变量a的值赋值给c1,然后进行a = a-1运算
		c2 =-- b; //先进行b = b-1运算,然后赋值给变量c2

算术运算符中的＋、－、*、/、%属于二元运算符，而＋＋、－－则属于一元运算符。在计算过程中，需特别注意以下几点：＋＋和－－运算符的操作数是整型或浮点型变量，运算符与操作数之间允许有空格。＋＋和－－运算符既可以置于操作数之前(称为前增或前减)，也可以置于操作数之后(称为后增或后减)。当运算符"/"和"％"的两个操作数均为整型数据时，其结果也为整型，且除数不得为零(否则将抛出除数为零的异常)。若两个操作数

中至少有一个为浮点数,则运算结果为浮点数。运算符"%"所得结果的正负取决于其左侧操作数的符号。例如,9/2 的结果为 4,8%3 的结果为 2,7/−2.0 的结果为 −3.5,7%−2.0 的结果为 1.0,−5.3%2 的结果为 −1.3。例 2-4 展示了各类算术运算的具体应用。

【例 2-4】 利用算术运算符,完成基本数据类型变量与字符串变量的运算操作。

```java
1   public class Example04 {
2       public static void main(String[] args) {
3           int a = 7, b = 2, c;
4           c = a + b;                    //先计算 a+b,然后赋值给变量 c
5           System.out.println(c);        //运算结果为:9
6
7           String s1 = "ABC", s2 = "def";
8           String s3 = s1 + s2;
9           System.out.println(s3);       //运算结果为:ABCdef
10
11          c = a - b;                    //先计算 a-b,然后赋值给变量 c
12          System.out.println(c);        //运算结果为:5
13
14          c = a * b;                    //先计算 a*b,然后赋值给变量 c
15          System.out.println(c);        //运算结果为:14
16
17          c = a / b;                    //先计算 a/b,然后赋值给变量 c
18          System.out.println(c);        //运算结果为:3(整数)
19          System.out.println(7 / 2.0);  //运算结果为:3.5(浮点数)
20
21          System.out.println(a % b);
22          System.out.println(7.3 / -2.0);
23          System.out.println(-5 / 3.3);
24
25          int a1 = 7, b1 = 2, c1, c2;
26          c1 = a1++ + 10;               //先进行 a1+10 运算,然后 a1 自减 1
27          c2 = ++b1 + 10;               //b1 先自增 1,然后再用自增后的 b1 值进行
                                          //b1 + 10 运算
28          System.out.println(a1);       //运算结果为:8
29          System.out.println(b1);       //运算结果为:3
30          System.out.println(c1);       //运算结果为:17
31          System.out.println(c2);       //运算结果为:13
32
33          double a2 = 7.5, c3, c4;
34          int b2 = 2;
35          c3 = a2-- + 10;               //先进行 a2+10 运算,然后 a2 自减 1
36          c4 = --b2 + 5                 //先将 b2 自减 1,然后使用自减后的 b2 值进行
                                          //加法运算,即 b2 + 5
37          System.out.println(a);        //运算结果为:6
38          System.out.println(b);        //运算结果为:1
39          System.out.println(c1);       //运算结果为:7
40          System.out.println(c2);       //运算结果为:1
41
42          System.out.println(5.5 / 0);  //运算结果为:Infinity
43          System.out.println(-5.2 / 0); //运算结果为:-Infinity
44          System.out.println(-5.5 % 0); //运算结果为:NaN
45          System.out.println(5.5 % 0);  //运算结果为:NaN
46
47          System.out.println(6 % 0);    //出现除数为 0 的异常 by zero
48      }
49  }
```

运行例 2-4,运行结果如下所示。

```
9
ABCdef
5
14
3
3.5
1
-3.65
-1.5151515151515151
8
3
17
13
7
2
17
13
Infinity
-Infinity
NaN
NaN
Exception in thread "main" java.lang.ArithmeticException: / by zero
    at chapter02.Example04.main(Example04.java:43)
```

2.4.2 赋值运算符

赋值运算符"="在前面的章节中已多次提及,它是一种二元运算符。赋值运算符的作用是将右侧变量值、常量值或表达式的结果赋给左侧的变量。当在赋值运算符"="前添加其他运算符时,便构成了复合赋值运算符。例如,"int a = 2; a += 5;",这段代码等价于"a = a + 5;",执行后变量a的结果为7。因此,所有赋值运算符的左侧操作数为变量,不能是常量或表达式。常用赋值运算符的功能及用法示例如表 2-2 所示。

表 2-2　常用赋值运算符的功能及用法示例

运算符	主要功能	用法示例
=	赋值	int a = 6,b = 1,c ; c = 3 * (a + b);　　　　　　//先计算3*(a+b),然后赋值给c System.out.println(c) ;　　　//运算结果为: 21
+=	加赋值	double d1 = 2.5 , d2 = 3.2 ; d1 += d2　　　　　　　　　　//先计算d1 + d2,然后赋值给d1 System.out.println(d1 + "　" +d2); //运算结果为: 5.7 3.2
-=	减赋值	double d1 = 2.5, d2 = 3.2 ; d1 -= d2　　　　　　　　　　//先计算d1 - d2,然后赋值给d1 System.out.println(d1 + "　" +d2); //运算结果为: -0.7 3.2
*=	乘赋值	int a = 6 , b = 3 ; a *= b;　　　　　　　　　　　//先计算a*b,然后赋值给a System.out.println(a+ "　" +b);　//运算结果为: 18 3
/=	除赋值	int a = 6 , b = 3 ; a /= b;　　　　　　　　　　　//先计算a/b,然后赋值给a System.out.println(a+ "　" +b);　//运算结果为: 2 3

运算符	主要功能	用 法 示 例	

%=	取模（取余）赋值	int a = 7, b = 2;
		a % = b;
		System.out.println(a+ " " +b);
		double a = 7.3, b = 2.5,c ;
		a % = b;
		System.out.println(a+ " " +b);
			//先计算a%b,然后赋值给a
			//运算结果为: 1 2
			
			//先计算a%b,然后赋值给a
			//运算结果为: 2.3 2.5

在变量赋值的过程中,运算遵循从右至左的顺序。在Java编程语言中,支持同时给多个变量进行赋值。例如,"int i1, i2, i3; i1 = i2 = i3 = 6;",其赋值流程是首先将数值6赋给变量i3,随后使用i3的值(即6)赋给i2,最后再用i2的值(仍为6)赋给i1。因此,经过这样的赋值操作后,变量i1、i2和i3的值均为6。更多关于赋值的示例将在例2-5中详细展示。

【例 2-5】 利用赋值运算符,完成变量的赋值操作。

```
1    public class Example05 {
2        public static void main(String[] args) {
3            int a = 7, b = 3;
4            System.out.println(a + " " + b);
5            System.out.println(a += b);
6            System.out.println(a -= b);
7            System.out.println(a * = b);
8            System.out.println(a / = b);
9            System.out.println(a % = b);
10       }
11   }
```

运行例2-5,运行结果如下所示。

```
7 3
10
7
21
7
1
```

2.4.3 关系运算符

关系运算符属于二元运算符,其主要作用是对比两个值的大小关系,其运算结果呈现为布尔类型的值,即true或false。关系运算符的功能及用法示例如表2-3所示。

表 2-3 关系运算符的功能及用法示例

运算符	主要功能	用 法 示 例	
>	大于	System.out.println(10 > 15); System.out.println(10 > 19 - 15);	//结果为 false //结果为 true,相当 10 >(19 - 15)
>=	大于或等于	System.out.println(10 > = 15); System.out.println(10 > = 19 - 9);	//结果为 false //结果为 true,相当 10 > = (19 - 9)

续表

运算符	主要功能	用法示例

<	小于	System.out.println(10 < 15); //结果为 true
		System.out.println(10 < 19 - 9); //结果为 false,相当 10 <(19 - 9)

<=	小于或等于	System.out.println(10 <= 15); //结果为 true
		System.out.println(10 <= 19 - 9); //结果为 true,相当 10 <= (19 - 9)

==	等于	System.out.println(10 == 15); //结果为 false
		System.out.println(5 == 10 - 5); //结果为 true,相当 10 == (10 - 5)

!=	不等于	System.out.println(10!= 15); //结果为 true
		System.out.println(5!= 10 - 5); //结果为 false,相当 10!= (10 - 5)

在程序设计过程中,应当注意避免使用"=="运算符直接对浮点数进行数值大小的比较。由于浮点数存在精度误差,因此通常不推荐使用"=="进行浮点数的比较操作。

2.4.4 逻辑运算符

逻辑运算符主要用于对布尔型数据进行运算,同样适用于结果为布尔型的变量或表达式,其运算结果依然为布尔值,即 true 或 false。在逻辑运算符中,逻辑非(!)属于一元运算符,而其他逻辑运算符则均为二元运算符。逻辑运算符的功能及用法示例如表 2-4 所示。

表 2-4 逻辑运算符的功能及用法示例

运算符	主要功能	用法示例	
&	逻辑与	System.out.println(a & b);	//当两个操作数据的值都为 true,结果为 true //其他情况结果都为 false
|	逻辑或	System.out.println(a | b);	//当两个操作数的值都为 false,结果为 false //其他情况结果都为 true
!	逻辑非(取反)	System.out.println(!a);	//当操作数 a 的值为 false,结果为 true //当操作数 a 的值为 true,结果为 false
^	异或	System.out.println(a ^ b);	//当两个操作数的值相等时,结果为 false //当两个操作数的值不相等时,结果为 true
&&	短路与	System.out.println(a && b);	//当两个操作数的值都为 true,结果为 true //其他情况结果都为 false
||	短路或	System.out.println(a || b);	//当两个操作数的值都为 false,结果为 false //其他情况结果都为 true

具体的逻辑运算规则如表 2-5 所示。

表 2-5 逻辑运算规则

A	B	A & B	A | B	! A	A ^ B	A && B	A || B
true	true	true	true	false	false	true	true
true	false	false	true	false	true	false	true
false	true	false	true	true	true	false	true
false	false	false	false	true	false	false	false

在逻辑运算符的应用中,需明确区分逻辑与(&)和短路与(&&)以及逻辑或(|)和短路或(||)之间的运算差异。逻辑与(&)和逻辑或(|)在运算时会无条件地计算运算符两侧操作数的值,进而完成整个逻辑表达式的评估,得出最终结果。相反,短路与(&&)和短路或(||)运算符则具有短路特性,即当左侧操作数的值已足以确定整个逻辑表达式的值时(对于短路与,左侧为 false;对于短路或,左侧为 true),将不再计算右侧操作数的值。

以下通过例 2-6 展示逻辑运算符的应用。

【例 2-6】 利用逻辑运算符,完成逻辑操作数的逻辑运算操作。

```
1   public class Example06 {
2       public static void main(String[] args) {
3           boolean op1 = true, op2 = false;
4           int a1 = 25, a2 = 3, a3 = 5;
5
6           System.out.println(op1 & op2);
7           System.out.println(op1 && op2);
8
9           System.out.println(op1 | op2);
10          System.out.println(op1 || op2);
11
12          System.out.println(!op1);
13          System.out.println(!op2);
14
15          System.out.println(op1 ^ op2);
16          System.out.println(op1 ^ op1);
17
18          System.out.println(a1 < a2 & a3++> 0);     //a1 < a2 为 false,计算 a3++
19          System.out.println(a3);
20          System.out.println(a1 < a2 && a3 -- > 0);  //输出 a3 结果为:6
21          System.out.println(a3);
22
23          System.out.println(a1 > a2 | a3++> 0);     //a1 < a2 为 false,不计算 a3 --
24          System.out.println(a3);                    //输出 a3 结果仍为:6
25          System.out.println(a1 > a2 || a3 -- > 0);  //a1 > a2 为 true,计算 a3++
26          System.out.println(a3);                    //输出 a3 结果为:7
27      }
28  }
```

运行例 2-6,运行结果如下所示。

```
false
false
true
true
false
true
true
false
false
6
false
6
true
7
true
7
```

2.4.5 位运算符

位运算符用于对以二进制位形式存在的操作数进行运算,包括按位运算和移位运算两大类。其中,按位取反(~)运算符是一元运算符,其余位运算符均为二元运算符。位运算符的功能及用法示例如表 2-6 所示。

表 2-6 位运算符的功能及用法示例

运算符	主要功能	用法示例
~	按位取反	//0 取反为 1,1 取反为 0 ~ 10101011 = 01010100
&	按位与	//当两个二进制位都为 1 时,结果为 1,其他为 0 10101011& 00011111 = 00001011
|	按位或	//当两个二进制位都为 0 时,结果为 0,其他为 1 10101011| 00011111 = 10111111
^	按位异或	//当两个二进制位的数相同时结果为 0,不同时结果为 1 10101011 ^ 00011111 = 10110100

>>	右移	//右移,负数补 1,正数补 0
		//带符号位的二进制数最高位为 1 表示负数,0 表示正数
		11110000 >> 1 = 11111000
		01110000 >> 1 = 00111000

<<	左移	//左移,左边二进制位溢出,右边末位补 0 11110000 << 1 = 11100000
>>>	无符号右移	//左边空出的二进制位补 0 11110000 >>> 1 = 01111000

表 2-6 中所有的"="符号均表示等于关系,而非赋值运算符。

2.4.6 条件运算符

条件运算符"?:"是 Java 中唯一的三元运算符。其运算语法格式如下。

表达式 1 ? 表达式 2 : 表达式 3

说明:计算表达式 1 的值。表达式 1 是一个逻辑表达式,其结果是布尔值(true 或 false)。

若表达式 1 的值为真(true)(非零值也被视为真,零值被视为假),则整个条件表达式的值为表达式 2 的计算结果。

若表达式 1 的值为假(false),则整个条件表达式的值为表达式 3 的计算结果。具体示例如下:

```
1    int a1 = 10, b1 = 20, min;           //声明了三个 int 型变量
2    min = (a1 < b1) ? a1 : b1;            //计算 a1 < b1,结果为 true,因此表达式的值为 a1
3    System.out.println("min = " + min);   //输出结果为 min = 10
```

2.4.7 表达式及运算符的优先级

在 Java 编程语言中,表达式是由变量、常量、运算符及方法调用等元素,根据既定规则

组合而成的序列。该序列用于描述一个计算流程,并能产生一个结果。这个结果可以是 Java 所支持的任意数据类型,包括基本数据类型(如 int、float、char 等)及引用数据类型(如对象、数组等)。表达式的类型丰富多样,包括算术表达式、关系表达式、逻辑表达式、赋值表达式及字符串表达式等,且在实际编程中,这些类型的表达式会被组合使用。

运算符在表达式的构建中非常重要,它们各自具有不同的优先级。运算符的优先级决定了在表达式中各个运算的执行顺序。为了显式地改变运算符的默认优先级,程序员可以使用括号"()"明确指定运算的先后顺序。运算符的优先级和结合性如表 2-7 所示。

表 2-7 运算符的优先级和结合性

优 先 级	运 算 符	结 合 性
1	. [ ] ( ) , ;	
2	++ -- ~ ! (数据类型) instanceof	右到左
3	* / %	左到右
4	+ -	左到右
5	<< >> >>>	左到右
6	> >= < <=	左到右
7	== !=	左到右
8	&	左到右
9	^	左到右
10	|	左到右
11	&&	左到右
12	||	左到右
13	?:	左到右
14	= += -= *= %= &= |= ^=	右到左

注:数字越小对应的优先级越高。

在程序设计实践中,避免构建过于复杂的表达式,以提高代码的可读性和可维护性。可以通过将运算过程分解为多个步骤,使表达式的结构更加清晰明了。在表达式中,可以使用括号"()"明确指定运算的次序,而非过度依赖运算符的默认优先级。例如,对于表达式"a>b && c==d || e!=f^!z",可以通过添加括号改写为"(a>b) && (c==d) || (e!=f)^!z"。这样的改写方式能够显著提升表达式的可读性,使其更易于理解和调试。

2.5 基本数据类型数据的输入、输出

在 Java 程序设计过程中,输入语句与输出语句占据着举足轻重的地位,它们构成了程序与外部世界进行交互的关键桥梁。通过输入语句,程序能够接收来自用户或外部数据源提供的数据;而输出语句则负责将程序运行后的处理结果或相关信息展示给用户或外部系统。下面将分别对输入语句和输出语句进行详细介绍。

2.5.1 标准输入语句

在早期 Java 程序设计中,标准输入操作通常依赖于 System.in 输入流。然而,直接使用 System.in 进行输入处理相对复杂。为此,JDK 5 中引入了 Scanner 类,该类结合

System.in 输入流,极大地简化了 Java 程序的输入处理流程。使用 Scanner 类时,首先需要创建其对象实例,随后通过该对象实例调用不同的方法来输入相应的基本数据类型数据。

创建 Scanner 类对象 sc 的示例代码如下。

```
1    Scanner sc = new Scanner(System.in);
```

通过对象 sc,可以调用以下常用的输入方法。

sc.nextInt():从标准输入设备(如键盘)读取并返回一个整数(int 类型)。

sc.nextDouble():从标准输入设备读取并返回一个双精度浮点数(double 类型)。

sc.nextLine():从标准输入设备读取一行文本(包含空格),直到遇到换行符为止。

sc.next():从标准输入设备读取一个字符串(String 类型),以空格、制表符、换行符等作为分隔符。

下面通过例 2-7 展示 Java 中 Scanner 类中常用输入方法的应用。

【例 2-7】 利用 Scanner 类的常用方法,实现从键盘输入不同的数据。

```
1    import java.util.Scanner;          //导入 java.util 包中的 Scanner 类
2    public class Example07 {
3        public static void main(String[] args) {
4            //创建 Scanner 对象 sc,用于接收标准输入
5            Scanner sc = new Scanner(System.in);
6            System.out.println("输入一个整数:");
7            //读取用户通过键盘输入的整数,并存储到变量 intNumber 中
8            int intNumber = sc.nextInt();
9            //输出用户输入的整数
10           System.out.println("输出读取的整数:" + intNumber);
11
12           System.out.println("请输入一个浮点数:");
13           //读取用户输入的浮点数,并存储到变量 doubleNumber 中
14           double doubleNumber = sc.nextDouble();
15           //输出用户输入的浮点数
16           System.out.println("输出读取的浮点数:" + doubleNumber);
17
18           System.out.println("请输入一个字符串:");
19           //读取用户输入的字符串,并存储到变量 stringNumber 中
20           String stringNumber = sc.next();
21           //输出用户输入的字符串
22           System.out.println("输出读取的字符串:" + stringNumber);
23
24           System.out.println("请输入一行文本:");
25           //读取用户输入的文本到存储到变量 stringLine 中
26           String stringLine = sc.nextLine();
27           //输出用户输入的文本
28           System.out.println("输出读取的文本:" + stringLine);
29           //关闭 scanner 对象
30           sc.close();
31       }
32   }
```

运行例 2-7,运行结果如下所示。

```
输入一个整数:
66
输出读取的整数:66
请输入一个浮点数:
```

```
268.66
输出读取的浮点数:268.66
请输入一个字符串:
Hello MyJava   World!
输出读取的字符串:Hello
请输入一行文本:
输出读取的文本: MyJava   World!
```

在 Java 源文件 Example07.java 中,程序运行至第 20 行时,如果用户输入一行以空格符分隔的字符串,例如,"Hello MyJava World!"。此时,若使用 sc.next()方法进行输入,该方法将仅读取并返回首个字符串 Hello,随后程序将输出该字符串。

当程序运行至第 26 行,调用 sc.nextLine()方法时,由于 nextLine()方法会读取直至遇到换行符的所有字符,且在前一个 next()方法调用后,输入缓冲区中尚留有未处理的空格及后续字符串 MyJava World!,因此 nextLine()将直接读取并返回这部分余下的字符串 MyJava World!,随后程序将继续执行并完成运行。

为深入理解 next()与 nextLine()方法之间的区别及其使用场景,建议读者多次调试并观察两者在处理不同输入时的行为表现。通过实践,读者将能够更准确地把握这两种方法在读取输入数据时的特性和差异。

2.5.2 标准输出语句

在 Java 程序设计过程中,输出语句是非常重要的语句之一,用于在程序运行后将串值和表达式的值等信息打印至控制台。常用的打印输出语句共有三种。第一种是 System.out.println()方法,其在输出信息后会自动添加一个换行符(\n),这意味着下一条输出的信息将会在新的一行中显示。第二种是 System.out.print()方法,它不会在输出信息的末尾自动添加换行符,因此连续使用该方法时,输出内容将会在同一行中连续显示。第三种是 System.out.printf()方法,它是 JDK 5 之后新增的功能,与 C 语言中的 printf()函数类似,支持格式控制符的数据输出。同样地,该方法也不会在输出信息的末尾自动添加换行符。

下面将通过例 2-8 详细展示这三种输出语句的具体用法。

【例 2-8】 三种标准输出方法的应用示例。

```
1    public class Example08 {
2        public static void main(String[ ] args) {
3            int a = 11, b = 22;
4            double d = 33.3;
5            System.out.println(a + " " + b + ";");
6            System.out.println(d);
7
8            System.out.print(a + " " + b + ";");
9            System.out.print(d);
10           System.out.println();
11
12           System.out.printf("%10d,%d", a, b);
13           System.out.println();
14           System.out.printf("%f", d);
15       }
16   }
```

运行例 2-8,运行结果如下所示。

```
11 22;
33.3
11 22;33.3
    11,22
33.300000
```

在深入理解 Java 程序设计的输出语句时,需要特别关注第 10 行语句和第 13 行的 System.out.println()输出语句所起的作用。为了全面掌握这三种输出语句的用法区别,建议尝试去除第 10 行和第 13 行的输出语句,并观察程序运行效果的变化。通过反复尝试去除这两行语句,并观察程序输出的变化,可以更加直观地感受 System.out.print()、System.out.println()和 System.out.printf()这三种输出语句在用法上的差异。在未来的 Java 编程实践中,可以根据具体需求灵活选择并恰当地使用这些输出语句,以达到预期的输出效果。

【多学一招】 关于 System.out.printf()的更多用法。

语法格式:

System.out.printf("格式化字符串",表达式 1,表达式 2,表达式 3……);

格式化字符串:包含文本和格式说明符。格式说明符以%字符开始,后跟一个或多个字符,字符指定了如何格式化相应的参数。格式说明符和表达式一一对应。主要的格式说明符如下所示:

%d:输出十进制 int 型数据。

%o:输出八进制 int 型数据,其中 o 是字符,不是数字 0。

%x 或%X:输出十六进制 int 型数据。

%f:输出浮点数(默认小数部分保留 6 位)。例如,例 2-8 中第 14 行语句的输出为 33.300000。

%e 或%E:输出用科学记数法表示的浮点数。

%s:输出字符串。

%c:输出字符。

%b:输出布尔值(true 或 false)。

%nd:输出十进制 int 型数,占 n 列,数值右对齐。如果是%-nd 格式,则数值左对齐。

%m.nf:输出浮点数占 m 列,其中小数保留 n 位。

2.6 示例学习

2.6.1 判断是否闰年

【例 2-9】 编写一个 Java 程序,通过键盘输入一个年份,判断这个年份是否为闰年。判断闰年的规则如下。

(1) 年份能被 4 整除但不能被 100 整除,则是闰年。

(2) 年份能被 400 整除,也是闰年。

基于上述规则,编写一个 Java 程序来判断输入的年份是否为闰年。是闰年输出字符串 "leap year",不是闰年输出"not leap year"

```java
1   import java.util.Scanner;
2   public class Example09 {
3       public static void main(String[] args) {
4           Scanner scanner = new Scanner(System.in);
5           int year = scanner.nextInt();
6           if ((year % 4 == 0 && year % 100 != 0) || (year % 400 == 0)) {
7               System.out.println("leap year");
8           } else {
9               System.out.println("not leap year");
10          }
11      }
12  }
```

运行例 2-9,运行结果如下所示。

```
2019
not leap year
```

再次运行例 2-9,运行结果如下所示。

```
2024
leap year
```

2.6.2 计算圆柱体的体积

【例 2-10】 编写 Java 程序,通过键盘输入圆柱体的半径和高,并使用下列公式计算圆柱体的体积。面积=半径×半径×π,体积=面积×高。

```java
1   import java.util.Scanner;
2   public class Example10 {
3       public static void main(String[] args) {
4           Scanner sc = new Scanner(System.in);
5
6           System.out.println("Please enter the radius: ");
7           double radius = sc.nextDouble();
8
9           System.out.println("Please enter the height: ");
10          double height = sc.nextDouble();
11
12          double area = Math.PI * radius * radius;
13          double volume = area * height;
14
15          System.out.println(volume);
16      }
17  }
```

运行例 2-10,运行结果如下所示。

```
Please enter the radius:
2.5
Please enter the height:
5
98.17477042468104
```

2.7 本章小结

本章系统地介绍了Java程序设计语言的基础知识和核心概念,内容涵盖编码规范艺术、标识符及关键字的正确使用、常量与变量的定义与特性、运算符及其表达式的构成与应用、基本数据的输入与输出方法,以及丰富的案例学习。通过学习本章内容,读者不仅能够扎实掌握Java编程的基础知识,还能逐步培养良好的编程习惯,为后续学习更为复杂的Java编程技术奠定坚实的基础。同时,本章所涵盖的知识点也是深入理解面向对象编程思想、熟练掌握Java核心类库及进行Java高级开发等不可或缺的前提。此外,本章内容为后续深入学习相关课程同样提供了坚实的理论基础与实践指导。

习 题 2

一、填空题

1. 在编写Java程序代码时,应有适当的缩进和空格,提高代码可读性。根据花括号的位置不同,形成了_____和_____代码编写风格。

2. Java是一种完全面向对象的语言,所有的程序代码都存放在类中,使用_____关键字定义。

3. Java中的注释有三类,具体包括_____、_____和_____。

4. 标识符由大小写字母(A~Z、a~z)、数字(0~9)、美元符号($)和下画线(_)组成,长度不限,第一个字符不能是_____,而是字母、美元符号或下画线。

5. 在JKD5中新增了_____类,结合System.in输入流简化Java程序的输入处理过程。

二、选择题

1. 单行注释的符号是(   )。
   A. /* */   B. //   C. /** */   D. ♯

2. 下列所列字符中可以作为Java标识符首字符的是(   )。
   A. 1   B. $ C. *   D. &

3. 下列所列标识符中是合法的Java变量名的是(   )。
   A. 2ndVariable   B. my variable   C. int   D. userName

4. Java中,MyProject和myproject被视为(   )。
   A. 相同的标识符   B. 不同的标识符
   C. 编译错误   D. 运行时错误

5. Java规范定义的两个方面的内容是(   )。
   A. 语法和语义   B. 数据结构和算法
   C. 类库和接口   D. 编程风格和习惯

6. 请阅读下面的代码。
```
int x = 1;
int y = 2;
```

```
if (x % 2 == 0) {
    y++;
} else {
    y--;
}
System.out.println("y = " + y);
```

上述程序运行结束时,变量 y 的值为下列选项中的(　　)。

  A. 1　　　　　　　　B. 2　　　　　　　　C. 3　　　　　　　　D. switch 语句

7. 请阅读下面的代码。

```
class Test01{
    public static void main(String[] args) {
        int a1 = 10;
        int b1 = 5;
        System.out.print(a1 == b1);
        System.out.print(a1 <= b1);
        System.out.print(a1 != b1);
        System.out.print(a1 > b1);
    }
}
```

上述程序运行结束时,输出结果是(　　)。

  A. false false true false　　　　　　B. false false true true
  C. false true true false　　　　　　D. true false false true

三、简答题

1. 解释为什么 Java 标识符不能是关键字或保留字,并给出至少 5 个 Java 关键字的例子。

2. 简述 Java 中算术运算符"＋"的双重功能,并用示例表现。

3. 简述自增运算符(＋＋)和自减运算符(－－)的前缀和后缀形式之间的主要区别。

四、程序分析题

阅读下面的程序,分析代码是否能够编译通过。如果能编译通过,请列出运行的结果;否则请说明编译失败的原因,并在不改变程序结构的情况下修改程序使之编译通过。

1. 代码一:

```
public class Test01 {
    public static void main(String[] args) {
        short  b = 5;
        b = b + 10;
        System.out.println("b = " + b);
    }
}
```

2. 代码二:

```
public class Test02 {
    public static void main(String[] args){
        double  x = 12.5;
        {
            double  y = 10.2;
            System.out.println("x is " + x);
            System.out.println("y is " + y);
        }
        y = x;
```

```
        System.out.println("x is " + x);
    }
}
```

五、编程题

1. 编写一个 Java 程序,通过键盘输入一个整数,计算并输出这个整数的平方和立方。
2. 编写一个 Java 程序,通过键盘输入一个浮点数,输出这个浮点数的整数部分。
3. 编写一个 Java 程序,通过键盘输入一个长方体的长、宽、高,计算并输出长方体的底面积和体积。

第 3 章　流程控制

学习目标
- 了解语句的分类和特征。
- 掌握 if 条件语句和 switch 条件语句。
- 掌握 while 循环语句和 for 循环语句。
- 掌握循环嵌套语句。
- 掌握 break 和 continue 跳转语句及 return 语句。

在 Java 编程实践中,流程控制构成了程序逻辑结构的核心要素,它决定了代码的执行顺序与条件分支。深入理解并掌握流程控制语句的相关知识,是编写规范且高效的 Java 程序的基础。本章将系统介绍在编写 Java 程序代码时,程序员需要掌握的流程控制语句,内容包括顺序结构语句、选择结构分支语句及循环结构语句等多个方面。熟练掌握流程控制语句的使用方法,才能培养出规范严谨、逻辑清晰且效率高的编程能力,进而逐步成长为杰出的程序员。

3.1　语句与复合语句

Java 语句是 Java 程序构建与执行的基本要素,负责执行各类运算或操作指令,并以分号(;)作为语句的终结标记。复合语句,亦称为语句块,则是由一对花括号({})所包围的,包含一条或多条 Java 语句的集合序列。以下将对 Java 语句及复合语句进行详细阐述。

1. Java 语句

Java 语句包括声明语句、表达式语句、控制流语句、方法调用语句、package 语句和 import 语句及空语句。

(1) 声明语句。

在 Java 编程语言中,声明语句用于声明类、接口、方法、变量及常量等程序中的关键构成元素。以下列举了一些典型的声明语句实例。

```
1    final int NUM1;                          //声明一个 int 类型的常量 NUM1,其值在初始化后将不可更改
2    double d1, d2;                           //声明两个 double 类型的变量 d1 和 d2
3    public static void main(String[] args);  //声明一个 main 方法
4    Scanner sc = new Scanner(System.in);     //声明一个 Scanner 类型的对象 sc
```

示例中,第 4 行代码"Scanner sc = new Scanner(System.in);"不仅完成了 Scanner 类型对象 sc 的声明,还通过 new Scanner(System.in)构造方法对其进行了实例化。这展示了声明与初始化同时进行的一种典型用法。此外,第 1 行代码中 final 关键字用于声明常变量,意味着该变量的值在初始化之后将保持恒定,不可更改。

（2）表达式语句。

表达式语句由表达式和分号构成,其主要功能在于执行计算任务或进行赋值操作。具体示例如下。

```
1   NUM1 = 10;
2   x = x + 1;
3   b = true && x > 1 || y++ < 0;
```

（3）控制流语句。

控制流语句在程序中承担着引导执行流程的作用,涵盖条件语句、循环语句及跳转语句等多种类型。这些语句依据预设的条件,引导程序执行相应的代码块。关于这些语句的具体应用及详细解析,将在本章后续内容中展开讨论,具体示例如下。

```
1   break;
2   continue;
```

（4）方法调用语句。

```
1   System.out.println("Hello My JavaProject!");      //调用 println()方法
2   int intNum1 = sc.nextInt();                       //调用 nextInt()方法
```

（5）package 语句和 import 语句。

package 语句用于声明类、接口等所属的包,以避免命名冲突。

import 语句用于导入其他包中的类或接口,使其方法和属性可以在当前包中直接使用。

```
1   package chapter03;                        //声明当前源文件所属包名为 chapter03
2   import static java.lang.Math.PI;          //导入了 java.lang.Math 类中的静态字段 PI
```

（6）空语句。

空语句仅包含语句结束标识符";",不执行任何操作。

2. 复合语句(块语句)

在 Java 编程中,复合语句主要用于定义方法体、类体、循环体及条件语句体等结构。其目的在于组织和管理多条代码,从而提升程序的可读性和可维护性。复合语句通过一对花括号({})将相关的语句进行组合,构成一个逻辑上更为清晰、易于理解和修改的代码单元。同时,这一结构也为局部变量限定了作用域,确保变量仅在特定的代码块内可被访问和使用。在 Java 中,复合语句支持嵌套使用,这一特性使得代码可以更加模块化地进行组织和管理。具体示例如下。

```
1   {
2       int a1 = 10;
3       double d1 = 10.5;
4       System.out.println("a1 + d1");        //a1 和 d1 都是局部变量,输出结果:20.5
5   }
```

3.2 顺序结构

顺序结构是程序中最基础且最简单的语句结构之一。它遵循语句编写的顺序,从上至下依次执行每一行代码,展现出线性的代码执行流程。顺序结构与选择结构和循环结构并列存在。顺序结构的语句执行过程如图 3-1 所示。

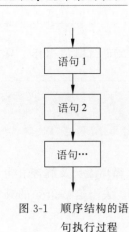

图 3-1 顺序结构的语句执行过程

【思想启迪坊】 遵规有序：从编程逻辑到社会和谐的共同法则。

在 Java 编程中，顺序结构是程序架构的基石，确保代码按特定顺序执行，逻辑清晰且易于维护。在文明社会中，遵守交通规则、礼仪规范等，同样至关重要，以维系社会有序与和谐。

在社交场合则需恪守礼仪，如尊重他人、礼貌待人，以维系良好秩序。编程与社会规则，均强调"顺序性"核心价值。编程遵循语言语法与逻辑，社会规则则依托法律与道德。两者虽领域不同，但都彰显了顺序性在保障系统稳定和谐中的关键作用。

3.3 选 择 结 构

在 Java 编程中，选择结构（亦称条件结构或分支结构）是基础的控制流结构之一。该结构根据判定结果选择执行相应的代码块，对于实现决策逻辑具有关键作用，能够确保程序根据差异化的输入或条件执行不同的处理流程。

3.3.1 if 条件语句

依据语法格式的不同，if 条件语句可以细分为三种形式：if 语句、if-else 语句以及 if-else if-else 语句。以下是对这三种形式的详细介绍。

1. if 语句

if 语句是选择结构的基础形态，当满足某一特定条件时，程序将执行相应的代码块。

if 语句的语法格式：

```
if(条件表达式){
//条件表达式的运算结果为真时,则执行此处的复合语句代码块
    复合语句
}
```

if 语句单路选择结构执行过程如图 3-2 所示。

在 if 语句的执行过程中，条件表达式的结果为布尔类型（即 true 或 false）。若条件表达式的结果为 true，则程序将执行花括号（{}）内的复合语句；若结果为 false，则不执行该复合语句，并随即结束当前 if 语句块的执行。例 3-1 详细阐述了 if 语句的具体执行过程。

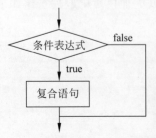

图 3-2 if 语句单路选择结构执行过程

【例 3-1】 输入学生的数学成绩，判断成绩是否及格。

```
1    import java.util.Scanner;
2    public class Example01 {
3        //通过键盘输入学生的数学成绩,判断是否及格
4        public static void main(String[] args) {
5            Scanner sc = new Scanner(System.in);
6            double mathGrades = sc.nextDouble();
7            if (mathGrades >= 60) {
```

```
8              System.out.println("你的数学成绩及格啦!");
9          }
10         System.out.println("你的数学成绩是:" + mathGrades);
11         sc.close(); //关闭 Scanner 对象
12     }
13 }
```

运行例 3-1,运行结果如下所示。

```
80
你的数学成绩及格啦!
你的数学成绩是:80.0
```

再次运行例 3-1,运行结果如下所示。

```
59
你的数学成绩是:59.0
```

当输入数字为 80 时,程序 Example01.java 的执行流程如下。

整数 80 被自动类型转换为浮点数 80.0,并赋值给 double 类型的变量 mathGrades。随后,第 7 行的 if 语句中的条件表达式判断 mathGrades 是否大于等于 60。由于 80>=60 条件成立,因此执行第 8 行花括号({})内的语句"System.out.println("你的数学成绩及格啦!");",在控制台上输出"你的数学成绩及格啦!"。if 条件语句执行完毕后,按顺序执行第 10 行语句"System.out.println("你的数学成绩是:"+mathGrades);",在控制台上输出"你的数学成绩是:80.0"。

同理,当输入数字为 59 时,程序执行流程如下。

整数 59 被自动类型转换为浮点数 59.0,并赋值给 double 类型的变量 mathGrades。接着,第 7 行的 if 语句中的条件表达式判断 mathGrades 是否大于等于 60。由于 59>=60 条件不成立,因此不执行第 8 行语句。if 条件语句执行完毕后,按顺序执行第 10 行语句"System.out.println("你的数学成绩是:"+mathGrades);",在控制台上输出"你的数学成绩是:59.0"。

2. if-else 语句

if-else 语句扩展了 if 语句的功能,使得程序在条件表达式满足时执行一个代码块,而在不满足条件时执行另一个代码块。

if-else 语句的语法格式如下。

```
if(条件表达式){
    //条件表达式的运算结果为真时,执行复合语句 1 代码块
    复合语句 1
} else {
    //条件表达式的运算结果为假时,执行复合语句 2 代码块
    复合语句 2
}
```

if-else 语句的双路选择结构执行过程如图 3-3 所示。

在 if-else 语句的执行过程中,条件表达式的结果为布尔类型(即 true 或 false)。当条件表达式的值为 true 时,执行紧随其后花括号({})中的复合语句 1 代码块,并随后结束 if-else 语句的执行。若条件表达式的值为 false,则执行 else 之后花括号({})中的复合语句 2 代码块,并同样结束 if-else 语句的执行。例 3-2 所示案例程序用于通过键盘接收学生的英语成

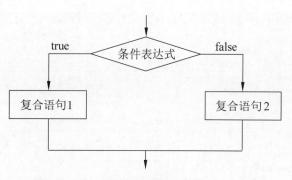

图 3-3 if-else 语句的双路选择结构执行过程

绩,并判断该成绩是否及格,通过这一过程详细展示 if-else 语句的执行过程。

【例 3-2】 输入学生的英语成绩,判断成绩是否及格。

```
1    import java.util.Scanner;
2    public class Example02 {
3        //通过键盘输入学生的英语成绩,判断是否及格
4        public static void main(String[] args) {
5            Scanner sc = new Scanner(System.in);
6            double englishGrades = sc.nextDouble();
7            if (englishGrades >= 60) {
8                System.out.println("你的英语成绩及格啦!");
9            } else {
10               System.out.println("你的英语成绩不及格!");
11           }
12           System.out.println("你的英语成绩是:" + englishGrades);
13           sc.close();           //关闭 Scanner 对象
14       }
15   }
```

运行例 3-2,运行结果如下所示。

```
90
你的英语成绩及格啦!
你的英语成绩是:90.0
```

再次运行例 3-2,运行结果如下所示。

```
59
你的英语成绩不及格!
你的英语成绩是:59.0
```

例 3-2 是例 3-1 的扩展。当从键盘输入数字 90 时,该整数会自动类型转换为浮点数 90.0,并赋值给 double 类型的变量 englishGrades。随后,第 7 行的 if 语句中的条件表达式会判断 englishGrades 是否大于等于 60。由于 90 大于 60,条件成立,因此执行第 8 行花括号({})中的"System.out.println("你的英语成绩及格啦!");"语句,在控制台上输出"你的英语成绩及格啦!"。此时,if-else 条件语句执行完毕,程序继续按顺序执行第 12 行的语句 "System.out.println("你的英语成绩是:" + englishGrades);",在控制台上输出"你的英语成绩是:90.0"。

同理,当从键盘输入的数字为 59 时,该整数会自动类型转换为浮点数 59.0,并赋值给 double 类型的变量 englishGrades。随后,第 7 行的 if 语句中的条件表达式会再次判断

englishGrades 是否大于等于 60。由于 59 小于 60,条件不成立,因此执行 else 后面花括号({})中的第 10 行语句"System.out.println("你的英语成绩不及格!");"。此时,if 条件语句执行完毕。接下来,程序继续按顺序执行第 12 行的语句"System.out.println("你的英语成绩是:" + englishGrades);",在控制台上输出"你的英语成绩是:59.0"。

3. if-else if-else 语句

if-else if-else 语句是一种多条件分支语句,用于在多个条件之间选择需要执行的代码块。其执行流程如下:首先检查第一个条件表达式,若该表达式的结果为真,则执行与之对应的复合语句 1 代码块;若结果为假,则继续检查下一个条件表达式,以此类推。若所有条件表达式的结果均为假,则执行 else 之后的复合语句(可选项)。

if-else if-else 语句的语法格式如下:

```
if(条件表达式 1){
    //条件表达式 1 为真时,执行复合语句 1 代码块
    复合语句 1
} else if(条件表达式 2){
    //条件表达式 1 为假且条件表达式 2 为真时,执行复合语句 2 代码块
    复合语句 2
} else if(条件表达式 3){
    //条件表达式 2 为假且条件表达式 3 为真时,执行复合语句 3 代码块
    复合语句 3
}
//...(可继续添加更多的 else if 分支)
else if(条件表达式 n){
    //条件表达式 n-1 为假且条件表达式 n 为真时,执行复合语句 n 代码块
    复合语句 n
} [else {
    //以上所有条件表达式均为假时,执行复合语句 n+1 代码块 (可选项)
    复合语句 n+1
}]
```

if-else if-else 语句的多路选择结构执行过程如图 3-4 所示。

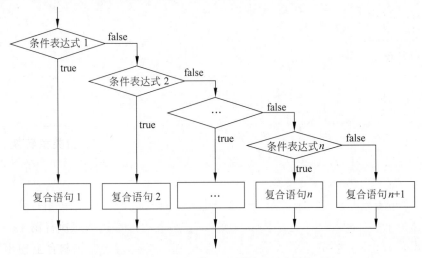

图 3-4 if-else if-else 语句的多路选择结构执行过程

在 if-else if-else 语句的执行过程中,每个条件表达式的最终结果为布尔类型(即 true 或 false)。执行 if-else if-else 语句时,首先计算条件表达式 1 的值,若该值为 true,则执行与

之对应的复合语句1代码块,并随即结束当前if-else if-else语句的执行。若条件表达式1的值为false,则继续计算条件表达式2的值。若条件表达式2的值为true,则执行与之对应的复合语句2代码块,并结束当前语句的执行。若条件表达式2的值同样为false,则继续计算条件表达式3的值,并根据其真假执行相应的复合语句3代码块或继续检查下一个条件表达式。此过程将持续进行,直至所有条件表达式的值均被检查。若所有表达式的值均为false,则执行最后的复合语句n+1代码块,并结束if-else if-else语句的执行。

以下通过例3-3展示从键盘上输入4个整数,利用if-else if-else语句找出其中的最大值和最小值,并详细展示if-else if-else语句的执行过程。

【例3-3】 输入4个整数,找出其中的最大值和最小值。

```java
1   import java.util.Scanner;
2   public class Example03 {
3       //通过键盘输入4个整数,找出最大值和最小值
4       public static void main(String[] args) {
5           Scanner sc = new Scanner(System.in);
6           int i1 = sc.nextInt();
7           int i2 = sc.nextInt();
8           int i3 = sc.nextInt();
9           int i4 = sc.nextInt();
10          int max, min;
11          max = min = i1;
12          //比较i2
13          if (i2 > max) {
14              max = i2;                    //如果i2大于当前最大值,更新最大值
15          } else if (i2 < min) {
16              min = i2;                    //如果i2小于当前最小值,更新最小值
17          }
18          //比较i3
19          if (i3 > max) {
20              max = i3;
21          } else if (i3 < min) {
22              min = i3;
23          }
24          //比较i4
25          if (i4 > max) {
26              max = i4;
27          } else if (i4 < min) {
28              min = i4;
29          }
30          sc.close();                      //关闭Scanner对象
31          System.out.println("最大值是:" + max);
32          System.out.println("最小值是:" + min);
33      }
34  }
```

运行例3-3,运行结果如下所示。

```
78 20 45 8
最大值是:78
最小值是:8
```

例3-4展示了在程序中通过键盘输入学生的成绩,并使用if-else if-else语句来判定成绩等级(A为90~100、B为80~89、C为70~79、D为60~69、E为小于60)。此示例同时体现了if-else if-else语句的嵌套用法,读者可尝试实践。

【例 3-4】 利用 if-else if-else 语句,实现成绩等级的判定。

```java
1    import java.util.Scanner;
2    public class Example04 {
3        //通过键盘输入学生的成绩,实现成绩等级 A、B、C、D、E 的判定
4        public static void main(String[] args) {
5            Scanner sc = new Scanner(System.in);
6            double score = sc.nextDouble();
7            char grade;
8            if (score > 100 || score < 0) {
9                System.out.println("你输入的成绩有误!");
10           } else {
11               if (score >= 90) {              //score >= 90 && score <= 100
12                   grade = 'A';
13                   System.out.println("学生成绩等级:" + grade);
14               } else if (score >= 80) {       //score >= 80 && score < 90
15                   grade = 'B';
16                   System.out.println("学生成绩等级:" + grade);
17               } else if (score >= 70) {       //score >= 70 && score < 80
18                   grade = 'C';
19                   System.out.println("学生成绩等级:" + grade);
20               } else if (score >= 60) {       //score >= 60 && score < 70
21                   grade = 'D';
22                   System.out.println("学生成绩等级:" + grade);
23               } else {                        //score >= 0 && score < 60
24                   grade = 'E';
25                   System.out.println("学生成绩等级:" + grade);
26               }
27           }
28           sc.close();
29       }
30   }
```

运行例 3-4,运行结果如下所示。

```
80
学生成绩等级:B
```

再次运行例 3-4,运行结果如下所示。

```
101
你输入的成绩有误!
```

【小提示】 关于 if 分支结构语句小提醒。

(1) 在各类 if 选择结构语句中,如果复合语句代码块只有一条语句,对应的花括号({})可以省略不写,但为了程序的可读性,一般不省略。

(2) 在 if-else if-else 语句中,else 语句是可选项,但建议使用 else 语句作为默认分支,以处理没有考虑周全的条件,防止程序在意外情况下执行未定义的行为。

(3) 为了确保 if-else if-else 语句中的条件清晰明了,避免使用过多或过于复杂的表达式,以提高代码的可读、可理解和可维护性。如果条件表达式过多,建议分成多个 if-else 语句实现,如果条件表达式过于复杂,考虑将其拆分为多个简单的表达式来实现。

3.3.2 switch 选择语句

switch 选择语句依据 switch 关键字后圆括号内表达式的计算结果,来决定执行花括号

({})内部各个 case 标签后跟随的不同代码块。该语句在处理单条件多分支的情况时尤为适用,能够有效提升代码的清晰度和可维护性。

switch 语句的语法格式:

```
switch(表达式){
    case 常量 1:
        复合语句 1;
        break;
    case 常量 2:
        复合语句 2;
        break;
    …
    case 常量 n:
        复合语句 n;
        break;
    [default:
        复合语句 n + 1;]
}
```

switch 语句的执行过程如下:首先,计算表达式的值,然后自上而下地依次与各个 case 语句后的常量值进行匹配。若匹配成功,则执行相应的复合语句块。如果所有 case 分支语句均不匹配表达式的值,则执行 default 语句后的复合语句块(若存在)。需特别注意的是,default 语句是可选的;若不存在 default 语句,且所有 case 分支均不匹配,则直接结束 switch 语句的执行。

在使用 switch 语句时,需要特别注意以下两点。

(1) switch(表达式)中的表达式的数据类型仅限于 byte、short、int、char、String 以及枚举类型,不能是 long、double 等其他类型。

(2) break 语句的作用是终止 switch 语句的执行。当 switch 语句中的某个 case 分支被执行完毕后,若遇到 break 语句,则立即结束 switch 语句的执行。若未遇到 break 语句,程序将继续执行下一个 case 分支的代码,直至遇到 break 语句才能跳出 switch 语句块。

switch 语句单条件多分支结构执行过程如图 3-5 所示。

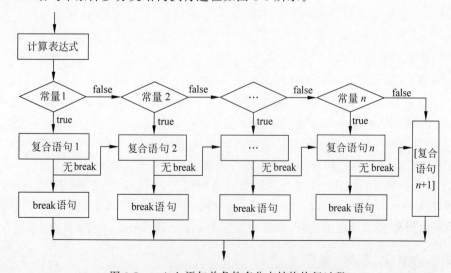

图 3-5　switch 语句单条件多分支结构执行过程

下面的例 3-5 是对例 3-4 的改写，旨在通过运用 switch 语句来实现学生成绩的等级判定功能。在例 3-5 中，程序首先确定学生成绩所属的等级范围，并将该范围映射为特定的字符（A、B、C、D、E）。随后，利用 switch 语句，根据映射的字符执行相应的代码块，以输出学生的成绩等级。

此次改写不仅简化了原有的逻辑判断结构，还显著提升了代码的可读性和后期维护的便捷性。通过 switch 语句的清晰映射，不同成绩等级与对应输出的关系变得直观。

以下是改写后的例 3-5 的代码实现。

【例 3-5】 利用 switch 语句，实现成绩等级的判定。

```
1   import java.util.Scanner;
2   public class Example05 {
3       //通过键盘输入学生的成绩,用switch语句实现成绩等级A、B、C、D、E的判定
4       public static void main(String[] args) {
5           Scanner sc = new Scanner(System.in);
6           double score = sc.nextDouble();
7           int grade = (int) score / 10;
8           switch (grade) {
9               case 10:
10              case 9:
11                  System.out.println("学生成绩等级:A");
12                  break;
13              case 8:
14                  System.out.println("学生成绩等级:B");
15                  break;
16              case 7:
17                  System.out.println("学生成绩等级:C");
18                  break;
19              case 6:
20                  System.out.println("学生成绩等级:D");
21                  break;
22              default:
23                  System.out.println("学生成绩等级:E");
24          }
25          sc.close();
26      }
27  }
```

运行例 3-5，运行结果如下所示。

```
85
学生成绩等级:B
```

在代码实现中，采用了整数除法与条件判断相结合的策略，以确定学生成绩的等级划分。此方法有效地简化了浮点数比较的复杂性，进而保证了等级判定的精确无误及执行的高效性。此外，通过引入 switch 语句，代码的整体结构得到了显著的优化，使之更加条理清晰，易于后续的查阅与修改。因此，在涉及单条件多分支的逻辑控制场景中，推荐使用 switch 语句。

【多学一招】 关于 switch 语句新用法。

自 JDK 12 开始，switch 语句支持箭头操作符(->)，每个 case 块都能执行一个表达式，并返回该表达式的值。即每个 case 都可以直接返回一个结果，而无须显式地使用 return 语句。switch 语句不再仅仅是一个选择分支语句，也不需要 break 语句，就能自动终止于匹配

的 case 从而避免了 fall through 问题。

switch 表达式的新语法格式：

```
<类型>  变量名 = switch (<表达式>){
case <常量表达式 1> -><表达式 1>;
case <常量表达式 2> -><表达式 2>;
……//其他 case
[default -><默认表达式>; ]
};
```

switch 表达式的执行流程如下：首先，计算 switch 关键字后圆括号内的表达式值。然后，使用该计算值自上而下地与各个 case 语句后的常量表达式进行匹配。一旦匹配成功，则执行该 case 语句中箭头(->)之后的表达式，并将结果赋值给变量，随即结束 switch 表达式的执行。需注意的是，在 switch(表达式){}结构之后应添加分号(;)以示语句结束。

若箭头(->)之后为输出语句，则在执行完该输出语句后，直接终止 switch 表达式的执行，此时在 switch 结构后无须添加任何额外符号。

若所有 case 语句的匹配均告失败，则执行 default 语句后的默认表达式。需强调的是，default 语句是可选的，并非必须存在。

以下将通过具体示例来展示 switch 结构语句的上述新用法。

```
1    int day = 5;                        //声明了 1 个 int 型常量 day,赋值为 5
2    String result = switch (day) {
3        case 1 -> "星期一";
4        case 2 -> "星期二";
5        case 3 -> "星期三";
6        case 4 -> "星期四";
7        case 5 -> "星期五";
8        case 6 -> "星期六";
9        case 7 -> "星期日";
10       default -> "未知";
11   };
12   System.out.println(result);          //输出：星期五
```

3.4 循环结构

循环结构是一种程序控制结构，它在循环条件满足的情况下，会重复执行特定的代码块；而当条件不再满足时，则会终止该代码块的执行。这段被反复执行的代码块被称为循环体，而判断是否继续执行的条件则称为循环条件。循环结构在处理重复任务、遍历数据结构（如数组、列表、集合等）及实现迭代算法等方面，展现出极高的算法效率。

在编程语言中，循环结构的实现依赖于循环语句。在 Java 中，循环语句主要包括 while 循环语句、do-while 循环语句及 for 循环语句三种。下面将详细阐述这三种循环语句的特点及其具体用法。

3.4.1 while 循环语句

while 循环语句，亦称 while 语句，属于条件判断语句的一种。它由关键词 while、一对圆括号"()"以及循环体代码块构成，其中圆括号内包含的是一个布尔型的循环条件表达式。在无法预知循环次数，但需要重复执行某段代码时，通常会选择使用 while 语句。

(1) while 循环语句的语法格式：

```
while(循环条件表达式){
    循环体
}
```

(2) while 循环语句的执行规则。

① 计算并判断循环条件表达式的值，若结果为 true，则执行步骤②；若结果为 false，则执行步骤③。

② 执行循环体内的代码，随后返回步骤①继续执行。

③ 终止 while 语句的执行。

while 循环语句的执行过程如图 3-6 所示。

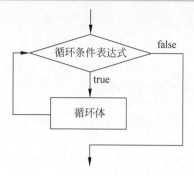

图 3-6　while 循环语句的执行过程

3.4.2　do-while 循环语句

do-while 循环语句与 while 循环语句具有相似性，但 do-while 循环语句确保循环体至少被执行一次，原因在于其循环条件表达式位于循环体的末尾。

(1) do-while 循环语句的语法格式：

```
do {
    循环体
} while(循环条件表达式);
```

(2) do-while 循环语句的执行规则。

① 执行循环体内的代码，随后执行步骤②。

② 计算并判断循环条件表达式的值。若结果为 true，则重新执行步骤①；若结果为 false，则执行步骤③。

③ 终止 do-while 循环语句的执行。

需要注意的是，do-while 循环语句的循环条件表达式后必须添加语句结束标识符";"。

do-while 循环语句的执行过程如图 3-7 所示。

while 循环语句与 do-while 循环语句在结构上具有较强的相似性，本书通过例 3-6 和例 3-7 两个示例，分别展示 while 循环语句和 do-while 循环语句的实际应用。请读者能够细致对比这两个示例，以便更深刻地理解两者在功能和使用场景上的细微差别。

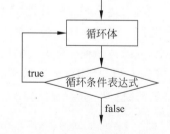

图 3-7　do-while 循环语句的执行过程

【例 3-6】　输入一个数字 num，计算 $1+2+3+\cdots+$ num 的和。

```
1    import java.util.Scanner;
2    public class Example06 {
3        //通过键盘输入一个数字 num,计算 1+2+3+…+num 的和
4        public static void main(String[] args) {
5            Scanner sc = new Scanner(System.in);
6            int num = sc.nextInt();
7            int i = 1, sum = 0;
```

```
8        while (i <= num) {
9            sum += i;
10           i++;
11       }
12       System.out.println("计算结果是:" + sum);
13   }
14 }
```

运行例 3-6,运行结果如下所示。

```
100
计算结果是:5050
```

建议读者尝试采用 do-while 循环语句对例 3-6 进行改写。同时,例 3-7 展示了如何利用 do-while 循环语句来计算 1!+2!+3!+…+NUM! 的过程。

【例 3-7】 输入一个数字 NUM,计算 1!+2!+3!+…+NUM!的和。

```
1   import java.util.Scanner;
2   public class Example07 {
3       //通过键盘输入一个数字 NUM,计算 1! + 2! + 3! + … + NUM! 的和
4       public static void main(String[] args) {
5           Scanner sc = new Scanner(System.in);
6           final int NUM = sc.nextInt();
7           int i = 1, fac = 1, sum = 0;
8           do {
9               fac *= i;
10              sum += fac;
11              i++;
12          } while (i <= NUM);
13          System.out.println("阶乘的和是:" + sum);
14      }
15  }
```

运行例 3-7,运行结果如下所示。

```
10
阶乘的和是:4037913
```

经过上述示例的学习,读者应当已经能够清晰地区分 while 循环语句与 do-while 循环语句之间的微妙差异。为了进一步加深对这两种循环语句的理解,下面将以例 3-8 和例 3-9 为例深入探讨两种循环语句的应用。

【例 3-8】 利用 while 循环语句,计算并输出 Fibonacci(斐波那契)数列的前 10 项数据。

```
1   public class Example08 {
2       /**
3        * 用 while 循环语句实现
4        * 计算 Fibonacci(斐波那契)数列的前 10 项
5        * Fibonacci 数列的通式:f(0) = 0,f(1) = 1,f(n) = f(n-1) + f(n-2)
6        */
7       public static void main(String[] args) {
8           int num1 = 0, num2 = 1;
9           int i = 1;
10          final int END_NUM = 10;
11          System.out.println("Fibonacci(斐波那契)数列的前 10 项是:");
12          while (i <= END_NUM) {
13              System.out.print("\t" + num1 + "\t" + num2);
```

```
14              num1 = num1 + num2;
15              num2 = num1 + num2;
16              i = i + 2;
17          }
18      }
19  }
```

运行例 3-8,运行结果如下所示。

```
Fibonacci(斐波那契)数列的前10项是:
    0   1   1   2   3   5   8   13  21  34
```

例 3-9 通过 do-while 循环语句实现了例 3-8 中所要求的 Fibonacci(斐波那契)数列。请读者认真对比这两个示例,以细致观察它们之间的差异。

【例 3-9】 利用 do-while 循环语句,计算并输出 Fibonacci(斐波那契)数列的前 10 项数据。

```
1   public class Example09 {
2       /**
3        * 用 do-while 循环语句实现
4        * 计算 Fibonacci(斐波那契)数列的前 10 项
5        * Fibonacci 数列的通式:f(0)=0,f(1)=1,f(n)=f(n-1)+f(n-2)
6        */
7       public static void main(String[] args) {
8           int num1 = 0, num2 = 1;
9           int i = 1;
10          final int END_NUM = 10;
11          System.out.println("Fibonacci(斐波那契)数列的前10项是:");
12          do {
13              System.out.print("\t" + num1 + "\t" + num2);
14              num1 = num1 + num2;
15              num2 = num1 + num2;
16              i = i + 2;
17          } while (i <= END_NUM);
18      }
19  }
```

运行例 3-9,运行结果如下所示。

```
Fibonacci(斐波那契)数列的前10项是:
    0   1   1   2   3   5   8   13  21  34
```

3.4.3 for 循环语句

for 循环语句,亦称 for 语句,由关键字 for 引导,并包含一对圆括号"()",在圆括号内,通过两个分号";"分隔出三个表达式,以及紧随其后的循环体代码块构成。其中,表达式 2 的结果为布尔类型。在已知循环次数情况下,需要反复执行某段代码块,通常选择使用 for 循环语句。

(1) for 循环语句的语法格式:

```
for(表达式 1; 表达式 2; 表达式 3){
    循环体
}
```

在 for 循环语句的语法结构中,表达式 1 负责完成循环变量的初始化,且仅执行一次;

表达式 2 是布尔型的逻辑表达式,称为循环条件表达式,它决定了循环体的执行与否;表达式 3 用于修改循环变量的值,从而改变循环条件,也被称为步长表达式。注意,表达式 1 和表达式 3 可以是由逗号(,)分隔的多条语句。

(2) for 循环语句的执行规则。

① 计算表达式 1 的值,完成循环变量的初始化。

② 判断表达式 2 的值,若其结果为 true,则执行步骤③;否则,跳转至步骤④。

③ 执行循环体内的代码,然后计算表达式 3 的值,并返回至步骤②。

④ 结束 for 循环语句的执行。

for 循环语句的执行过程如图 3-8 所示。

例 3-10 通过运用 for 循环语句,实现了对 1+2+3+…+num 之和的计算,这一实现过程实际上是对例 3-6 的一种改写。通过改写,读者可以清晰地观察到 for 循环语句与 while 循环语句在用法上的不同之处。

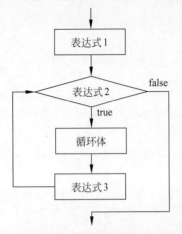

图 3-8 for 循环语句的执行过程

【例 3-10】 输入一个数字 num,利用 for 循环语句计算 1+2+3+…+num 的和。

```
1    import java.util.Scanner;
2    public class Example10 {
3        //通过键盘输入一个数字 num,用 for 循环语句实现计算 1+2+3+…+num 的和
4        public static void main(String[] args) {
5            Scanner sc = new Scanner(System.in);
6            int num = sc.nextInt();
7            int sum1 = 0, sum2 = 0;
8            //for 语句,步长自增
9            for (int i = 1; i <= num; i++) {
10               sum1 += i;
11           }
12           //for 语句,步长自减
13           for (int i = num; i >= 1; i--) {
14               sum2 += i;
15           }
16           System.out.println("for 语句步长自增计算结果是:" + sum1);
17           System.out.println("for 语句步长自减计算结果是:" + sum2);
18       }
19   }
```

运行例 3-10,运行结果如下所示。

```
99
 for 语句步长自增计算结果是:4950
 for 语句步长自减计算结果是:4950
```

例 3-11 通过 for 循环语句实现了计算 1+1/2!+1/3!+…+1/10!之和的功能,这一示例有助于进一步加深对 for 循环语句的理解及其应用。

【例 3-11】 利用 for 循环语句计算并输出 1+1/2!+1/3!+…+1/10!的和,保留 3 位有效数字。

```
1    public class Example11 {
2        //用 for 循环语句实现计算 1+1/2!+1/3!+…+1/10!的和
```

```
3       public static void main(String[] args) {
4           double fac = 1, sum = 0;
5           for (int i = 1; i <= 10; i++) {
6               fac *= 1.0 / i;
7               sum += fac;
8           }
9           System.out.printf("10个阶乘分之一的和是:%.3f", sum);
10      }
11  }
```

运行例 3-11,运行结果如下所示。

```
10个阶乘分之一的和是:1.718
```

例 3-12 展示了利用 for 循环语句计算 1000 以内水仙花数的应用。水仙花数,亦称阿姆斯特朗数,是指一个三位数,其每位上数字的立方和等于该数本身。例如,数字 153,其百位、十位、个位数字分别为 1、5、3,且满足 $1^3 + 5^3 + 3^3 = 153$,因此 153 是一个水仙花数。以下是该应用的具体代码实现。

【例 3-12】 利用 for 循环语句计算 1000 之内的水仙花数。

```
1   public class Example12 {
2       /**
3        * 用 for 循环语句计算 1000 之内的水仙花数。
4        * 水仙花数指一个三位数,其每位上数字的 3 次幂之和等于这个数本身。
5        */
6       public static void main(String[] args) {
7           double sum;
8           int temp1, temp2, temp3;
9           for (int i = 100; i < 1000; i++) {
10              temp1 = i % 10;                    //求个位上的数字
11              temp2 = i / 10 % 10;               //求十位上的数字
12              temp3 = i / 100;                   //求百位上的数字
13              sum = Math.pow(temp1, 3) + Math.pow(temp2, 3) + Math.pow(temp3, 3);
14              if (i == sum) {
15                  System.out.println(i);
16              }
17          }
18      }
19  }
```

运行例 3-12,运行结果如下所示。

```
153
370
371
407
```

例 3-13 展示了利用 for 循环语句计算 0.99 的 365 次方、1.01 的 365 次方、1.02 的 365 次方及 1.03 的 365 次方的具体结果。这一程序设计示例旨在通过对比这些数值在多次累积后的显著差异,强调在生活和工作中持之以恒的重要性,并同时深化对 for 循环语句的理解和应用。

【例 3-13】 利用 for 循环语句分别计算并输出 0.99 的 365 次方、1.01 的 365 次以及 1.02 的 365 次,并比较计算结果的差距。

```
1   import java.util.Scanner;
2   public class Example13 {
3       //用 for 循环语句分别计算 0.99 的 365 次方,1.01 的 365 次方,1.02 的 365 次方等
4       public static void main(String[ ] args) {
5           Scanner sc = new Scanner(System.in);
6           double rate = sc.nextDouble();
7           double result = 1;
8           for (int i = 1; i <= 365; i++) {
9               result = result * rate;
10          }
11          System.out.printf(rate + "的 365 次方结果是:%.6f", result);
12      }
13  }
```

运行例 3-13,运行结果如下所示。

```
0.99
0.99 的 365 次方结果是:0.025518
```

在例 3-13 中,当输入值为 1.01 时,结果为 37.783434;当输入值为 1.02 时,结果为 1377.408292;而当输入值为 1.03 时,结果为 48482.724528。这些结果清晰地展示了不同增长幅度在连续累积后的显著差异。

【思想启迪坊】 微小努力,持之以恒:从量变到质变的深刻启示。

程序中的 for 循环机制,模拟了每日不懈的努力或持续影响。以 0.99 的 365 次方(约 0.025518)与 1.03 的 365 次方(48482.724528)为例,展示了量的积累如何促成质的飞跃。每日减少 0.01 看似微不足道,但累积至一年,几乎缩减至原始值的极小部分;相反,每日增长 0.01,一年之后则膨胀至数千倍。这启示我们,细微变化在时间的持续作用下,能引发巨大效应,实现从量变至质变的跨越。

for 循环的持续执行,象征着坚持不懈的精神。无论面临何种挑战,持续努力与不懈追求是通往成功的必经之路。对比 0.99 与 1.01 的 365 次方结果,正面努力与负面影响的显著差异显而易见。这告诫我们,应始终保持积极心态,避免消极懈怠。每一天的努力,都是向成功迈进的坚实步伐,应警惕消极因素的渗透,时刻保持警觉,不断自我提升。

3.4.4 foreach 循环语句

在 Java 中,自 Java 5 起引入了增强型 for 循环语句,该循环主要用于遍历数组和集合等容器。增强型 for 循环语句也被称为"增强型 for 语句""for-each"或 foreach 循环,其详细用法将在数组和集合等相关章节中重点讲解。

(1) foreach 循环语句的语法格式:

```
for(数据类型 变量名:集合或数组){
    循环体
}
```

foreach 循环语句由关键词 for、一对圆括号"()"内部用冒号":"分隔的循环变量声明和待遍历的集合或数组容器,以及循环体组成。

(2) foreach 循环语句的执行规则。

① 从集合或数组容器中取出当前元素的值,若该值存在,则将其赋给循环变量,然后执行步骤②;若元素的不存在,则执行步骤③。

② 执行循环体内的代码，再执行步骤①。

③ 结束增强型 for 循环语句的执行。

例 3-14 具体展示了运用增强型 for 循环语句来实现数组元素的遍历输出过程。

【例 3-14】 利用增强型 for 循环语句对数组元素进行遍历和输出。

```
1   public class Example14 {
2       //用增强型 for 循环语句实现遍历输出数组的元素
3       public static void main(String[] args) {
4           int[] arr = {10, 20, 30, 40, 50};
5           for (int i : arr) {
6               System.out.print(i + " ");
7           }
8       }
9   }
```

运行例 3-14，运行结果如下所示。

```
10 20 30 40 50
```

3.4.5 循环嵌套

循环嵌套是指在循环语句的循环体中再包含另一个循环语句，这种结构被称为多重循环。其执行流程是：外层循环每进行一次，内层嵌套的循环就会完整地执行一遍，直至外层循环结束。循环嵌套的类型包括 for 循环的嵌套、while 循环的嵌套、do…while 循环的嵌套，以及这些循环类型之间的相互嵌套。嵌套的层数可以是双层循环、三层循环，甚至更多层，但在实际编程中，为了保持代码的可读性和可维护性，一般不超过三层嵌套。

例 3-15 展示了使用 for 循环嵌套语句打印一个 5 行 6 列的矩形图案。

【例 3-15】 利用 for 循环嵌套语句打印 5 行 6 列的矩形。

```
1   public class Example15 {
2       //用 for 循环嵌套语句实现打印 5 行 6 列的矩形
3       public static void main(String[] args) {
4           for (int i = 1; i <= 5; i++) {
5               for (int j = 1; j <= 6; j++) {
6                   System.out.print("*" + " ");
7               }
8               System.out.println();
9           }
10      }
11  }
```

运行例 3-15，运行结果如下所示。

```
* * * * * *
* * * * * *
* * * * * *
* * * * * *
* * * * * *
```

例 3-16 展示了使用 for 和 while 循环嵌套语句打印等腰三角形图案。

【例 3-16】 利用 for 和 while 循环嵌套语句打印等腰三角形图形。

```
1   public class Example16 {
2       //通过键盘输入三角形的高。用 for 和 while 循环嵌套打印等腰三角形
```

```
3       public static void main(String[] args) {
4           Scanner scanner = new Scanner(System.in);
5           final int IT_NUM = scanner.nextInt();        //输入三角形的高
6           for (int i = 1; i <= IT_NUM; i++) {
7               //打印每行前的空格,空格数随着行数的增加而减少
8               int j = 1;
9               while (j <= IT_NUM - i) {
10                  System.out.print(" ");
11                  j++;
12              }
13              //打印每行的星号
14              int k = 1;
15              while (k <= 2 * i - 1) {
16                  System.out.print("*");
17                  k++;
18              }
19              //每打印完一行后换行
20              System.out.println();
21          }
22      }
23  }
```

运行例 3-16,运行结果如下所示。

```
 5
     *
    ***
   *****
  *******
 *********
```

例 3-17 展示了用 for 循环嵌套语句打印正三角九九乘法表。

【例 3-17】 利用 for 循环嵌套语句打印正三角九九乘法表。

```
1   public class Example17 {
2       //用 for 循环嵌套语句打印正三角九九乘法表
3       public static void main(String[] args) {
4           for (int i = 1; i <= 9; i++) {
5               for (int j = 1; j <= i; j++) {
6                   System.out.print(i + "*" + j + "=" + i * j + "\t");
7               }
8               //输出一行后,换行
9               System.out.println();
10          }
11      }
12  }
```

运行例 3-17,运行结果如下所示。

```
1*1=1
1*2=2   2*2=4
1*3=3   2*3=6   3*3=9
1*4=4   2*4=8   3*4=12  4*4=16
1*5=5   2*5=10  3*5=15  4*5=20  5*5=25
1*6=6   2*6=12  3*6=18  4*6=24  5*6=30  6*6=36
1*7=7   2*7=14  3*7=21  4*7=28  5*7=35  6*7=42  7*7=49
1*8=8   2*8=16  3*8=24  4*8=32  5*8=40  6*8=48  7*8=56  8*8=64
1*9=9   2*9=18  3*9=27  4*9=36  5*9=45  6*9=54  7*9=63  8*9=72  9*9=81
```

如果将例 3-17 中的第 6 行代码由"System.out.print(i + " * " + j + " = " + i * j + "\t");"改为"System.out.print(i + " * " + j + " = " + i * j + " ");",即将代码中的制表符"\t"替换为空格符,运行结果将发生变化。使用 \t 制表符时,输出内容会根据制表符的位置自动对齐,形成较为整齐的表格形式。每个乘积及其表达式之间会保持一定的水平间距,使得输出结果在视觉上更加清晰。而当将 \t 替换为空格符后,输出内容将不再依据制表符进行对齐,而是依据空格的数量来分隔。由于空格的数量是固定的,且不一定能够适应所有输出内容的宽度,因此输出结果在视觉上可能不再保持整齐。特别是在乘积的数值位数不同时,不同行的内容可能会出现错位现象。

例 3-18 展示了用 for 循环嵌套语句打印倒三角九九乘法表。

【例 3-18】 利用 for 循环嵌套语句打印倒三角九九乘法表。

```
1   public class Example18 {
2       //用 for 循环嵌套语句打印倒三角九九乘法表
3       public static void main(String[] args) {
4           for (int i = 9; i >= 1; i--) {
5               for (int j = 1; j <= i; j++) {
6                   System.out.print(j + " * " + i + " = " + i * j + "\t");
7               }
8               //输出一行后,换行
9               System.out.println();
10          }
11      }
12  }
```

运行例 3-18,运行结果如下所示。

```
1 * 9 = 9    2 * 9 = 18   3 * 9 = 27   4 * 9 = 36   5 * 9 = 45   6 * 9 = 54   7 * 9 = 63   8 * 9 = 72   9 * 9 = 81
1 * 8 = 8    2 * 8 = 16   3 * 8 = 24   4 * 8 = 32   5 * 8 = 40   6 * 8 = 48   7 * 8 = 56   8 * 8 = 64
1 * 7 = 7    2 * 7 = 14   3 * 7 = 21   4 * 7 = 28   5 * 7 = 35   6 * 7 = 42   7 * 7 = 49
1 * 6 = 6    2 * 6 = 12   3 * 6 = 18   4 * 6 = 24   5 * 6 = 30   6 * 6 = 36
1 * 5 = 5    2 * 5 = 10   3 * 5 = 15   4 * 5 = 20   5 * 5 = 25
1 * 4 = 4    2 * 4 = 8    3 * 4 = 12   4 * 4 = 16
1 * 3 = 3    2 * 3 = 6    3 * 3 = 9
1 * 2 = 2    2 * 2 = 4
1 * 1 = 1
```

使用 for 循环嵌套语句实现了打印出两种形式的九九乘法表。在编写这些语句时,需要特别注意循环变量的变化,以确保输出结果的正确性。

3.5 跳转语句

跳转语句用于改变程序的正常执行顺序,使程序能够跳过某些代码块的执行,并直接跳转到程序中的另一个代码块继续执行。在 Java 中,跳转语句主要包括 break 语句、continue 语句及 return 语句。以下将分别详细介绍这些跳转语句的功能及其具体用法。

3.5.1 break 语句

break 语句的功能在于终止 switch 分支语句的执行,从而跳出 switch 结构,或者用于终止包含 break 语句的循环体,使其跳出当前循环,并继续执行循环之后的代码。

break 语句的语法格式如下：

```
break;
```

在 3.3.2 节中，已经对 break 语句如何终止 switch 分支语句进行了介绍。例 3-19 展示了 break 语句在终止循环结构中的具体应用。

【例 3-19】 利用 break 语句终止循环结构。

```
1    public class Example19 {
2        public static void main(String[] args) {
3            for (int i = 1; i <= 100 ; i++) {
4                if(i == 5){
5                    //终止循环,跳转到第 10 行语句执行
6                    break;
7                }
8                System.out.println(i);
9            }
10           System.out.println("跳出循环,循环结束!");
11       }
12   }
```

运行例 3-19，运行结果如下所示。

```
1
2
3
4
跳出循环,循环结束!
```

例 3-20 通过 for 循环语句实现了求 100 以内的素数，并运用了 break 语句来提前终止，不需要继续执行当前循环。

【例 3-20】 利用 for 循环语句求 100 以内的素数。

```
1    public class Example20 {
2        //求 100 以内的素数,用 break 语句终止不需要的本重循环
3        public static void main(String[] args) {
4            for (int num = 2; num <= 100; num++) {
5                boolean isPrime = true;      //假设当前数字是素数
6                for (int i = 2; i * i <= num; i++) {
7                    //如果 num 能被 i 整除,则它不是素数
8                    if (num % i == 0) {
9                        isPrime = false;     //更新标志位
10                       break;               //退出内层循环
11                   }
12               }
13               //如果 num 是素数,则打印它
14               if (isPrime) {
15                   System.out.print(num + " ");
16               }
17           }
18       }
19   }
```

运行例 3-20，运行结果如下所示。

```
2 3 5 7 11 13 17 19 23 29 31 37 41 43 47 53 59 61 67 71 73 79 83 89 97
```

3.5.2 continue 语句

continue 语句的功能是跳过当前循环中剩余的代码,并立即开始下一次循环。在 for、while 或 do-while 循环语句中,当执行到 continue 语句时,循环控制会跳过当前循环中 continue 之后的所有语句,并检查循环条件以决定是否继续执行下一次循环。

continue 语句的语法格式:

```
continue;
```

例 3-21 通过 for 循环语句与 continue 语句的结合使用,实现计算 1!+3!+5!+…+9! 的值。

【例 3-21】 利用 for 循环语句和 continue 语句计算 1!+3!+5!+…+9! 的值。

```
1   public class Example21 {
2       //用 for 循环语句和 continue 语句计算 1! + 3! + 5! + … + 9!的值
3       public static void main(String[] args) {
4           int fac = 1, sum = 0;
5           for (int i = 1; i < 10; i++) {
6               fac *= i;
7               if (i % 2 == 0) {
8                   continue;
9               }
10              sum += fac;
11          }
12          System.out.println("1! + 3! + 5! + … + 9!的结果是:" + sum);
13      }
14  }
```

运行例 3-21,运行结果如下所示。

```
1! + 3! + 5! + … + 9!的结果是:368047
```

3.5.3 return 语句

return 语句用于从方法中返回一个值给调用者,或者在不需要返回值的情况下,用于结束方法的执行并返回到调用点。

return 语句的语法格式:

```
return [表达式];
```

return 语句具有两大功能:一是在有返回值的方法中使用 return 语句,它返回一个值并触发语句跳转,此时,方法的返回类型需与 return 语句中表达式的值类型相匹配。二是在无返回值的方法(即返回类型为 void 的方法)中使用 return 语句,它仅实现语句跳转功能。

以下将通过例 3-22 和例 3-23 来展示 return 语句的具体用法。

【例 3-22】 利用 return 语句调用有返回值的方法。

```
1   public class Example22 {
2       //调用有返回值的方法,return 语句的用法
3       public static void main(String[] args) {
4           int num1 = 5;
5           int num2 = 8;
```

```
6         int sum = add(num1, num2);    //调用 add 方法,num1 的值传给 n,num2 的值传给 m
7         System.out.println("sum:" + sum);
8     }
9
10    //定义了一个静态方法,它接收两个整数参数n、m,并返回它们的和
11    public static int add(int n, int m) {
12        return n + m;                 //使用传入的参数 n 和 m 来计算和
13    }
14 }
```

运行例 3-22,运行结果如下所示。

```
sum: 137
```

例 3-23 展示在调用无返回值的方法时,return 语句的具体应用。本例将实现计算两个整数的和,并输出打印这一结果。

【例 3-23】 利用 return 语句调用无返回值的方法。

```
1  public class Example23 {
2      //调用无返回值的方法,return 语句的用法
3      public static void main(String[] args) {
4          add();                                      //调用 add 方法
5      }
6
7      //定义一个静态方法,用于计算两个整数的和并打印结果
8      //注意:此方法的返回类型是 void,意味着它不返回任何值
9      public static void add() {
10         int i1 = 10, i2 = 20;                       //定义两个整数变量
11         int sum = i1 + i2;                          //计算它们的和
12         System.out.println("无返回值的 sum:" + sum);  //打印结果
13         //下面的 return 语句是可选的,因为 void 方法在执行完毕后默认返回
14         return;
15     }
16 }
```

运行例 3-23,运行结果如下所示。

```
无返回值的 sum:30
```

3.6 示例学习

3.6.1 求最大公约数

【例 3-24】 编写一个 Java 程序,该程序实现通过键盘接收用户输入的两个整数。然后,利用欧几里得算法计算这两个整数的最大公约数,并将计算结果输出显示。

```
1  import java.util.Scanner;
2  public class Example24 {
3      //通过键盘输入两个整数,使用欧几里得算法计算并输出最大公约数
4      public static void main(String[] args) {
5          Scanner scanner = new Scanner(System.in);
6          //通过键盘接收两个整数
7          System.out.print("输入第一个整数: ");
8          int intNum1 = scanner.nextInt();
9          System.out.print("输入第二个整数: ");
```

```
10          int intNum2 = scanner.nextInt();
11
12          //确保 intNum1 是较大的数,如果不是则交换
13          if (intNum1 < intNum2) {
14              int temp = intNum1;
15              intNum1 = intNum2;
16              intNum2 = temp;
17          }
18
19          int result = intNum1 % intNum2;
20          while (result != 0) {
21              intNum1 = intNum2;
22              intNum2 = result;
23              result = intNum1 % intNum2;
24          }
25          //输出结果
26          System.out.println("这两个整数的最大公约数是:" + intNum2);
27          //关闭 scanner
28          scanner.close();
29      }
30  }
```

运行例 3-24,运行结果如下所示。

```
输入第一个整数: 9
输入第二个整数: 15
这两个整数的最大公约数是: 3
```

3.6.2 判断回文数

【例 3-25】 编写一个 Java 程序,该程序通过键盘接收一个整数输入,并判断该整数是否为回文数。

```
1   import java.util.Scanner;
2   public class Example25 {
3       //判断回文数,如果这个数的正序与逆序相等,它就是回文数,例如 121,1332331,6226
4       public static void main(String[] args) {
5           //输入一个数字,声明逆序变量为 reverse,并将输入的数字赋值给变量 temp
6           Scanner scanner = new Scanner(System.in);
7           System.out.print("请输入一个整数: ");
8           int num = scanner.nextInt();
9           int reverse = 0;
10          int temp = num;
11          //判断负数不是回文数,0 是回文数
12          if (num < 0) {
13              System.out.println(num + " 不是回文数。");
14          } else if (num == 0) {
15              System.out.println(num + " 是回文数。");
16          } else {
17              //进行数字反转,例如 123,反转为 321
18              while (temp != 0) {
19                  reverse = reverse * 10 + temp % 10;
20                  temp /= 10;
21              }
22              //当数字长度为奇数时,可以忽略中间的数字
23              if (num == reverse || num == reverse / 10) {
24                  System.out.println(num + " 是回文数。");
```

```
25            } else {
26                System.out.println(num + " 不是回文数.");
27            }
28        }
29        scanner.close();
30    }
31 }
```

运行例 3-25,运行结果如下所示。

```
请输入一个整数:1225221
1225221 是回文数。
```

3.7 本章小结

本章详细介绍了 Java 程序设计语言中的流程控制结构,涵盖语句与复合语句、顺序结构、选择结构、循环结构及跳转语句。通过学习本章内容,读者能够全面掌握 Java 中的基本流程控制结构,包括顺序执行、条件选择、循环和流程跳转等语句。理解并灵活运用这些结构化的编程语句,对于编写高效且可读性强的程序至关重要。在实际编程实践中,根据具体问题的需求选择合适的流程控制结构,可以显著提升代码的执行效率和可维护性,为后续的学习奠定坚实的基础。

习 题 3

一、填空题

1. Java 语句是 Java 程序的构建和执行的基本单元,用于执行各种运算或操作的指令,以_____作为结束标记。

2. _____是程序中最基本、最简单的语句结构,是按照语句编写的顺序从上到下依次执行每一行代码,即代码的执行流程是线性的。

3. 在 if 语句流程中,条件表达式的最终值必须是_____类型。

4. switch(表达式)中的表达式的数据类型只能是 byte、short、_____、char、String 及枚举类型,不能是 long、double 等其他类型。

5. while 循环语句也称 while 语句,是条件判断语句的一种,由关键词_____,连接一对圆括号"(条件表达式)"以及循环体代码块构成。

二、选择题

1. Java 中有效语句是(　　)。
   A. Final int NUM1=3.14;
   B. double d1,d2 = 5.0;
   C. Scanner sc = new Scanner(System.in);
   D. if(x>0){;

2. 下列选项不属于控制流语句的是(　　)。
   A. System.out.println("Hello Java");
   B. if (x<=4) {…}
   C. for (int i = 0; i < 100; i++) {…}
   D. while (condition) {…}

3. 关于 while 循环语句和 do…while 循环语句的描述,下列选项正确的是(　　)。

A. do…while 循环语句和 while 循环语句功能完全不同

B. do…while 循环语句的循环条件放在了循环体的前面

C. do…while 循环可以完全不执行循环体

D. do…while 循环中,无论循环条件是否成立,循环体都会被执行至少一次

4. 关于 for 循环和 foreach 循环的描述,下列选项正确的是(　　)。

A. for 循环和 foreach 循环都只能用于遍历数组

B. for 循环在遍历数组时,需要设定索引和边界条件,而 foreach 循环则自动处理

C. foreach 循环比 for 循环更灵活,因为它可以遍历任何类型的集合,而 for 循环只能遍历数组

D. for 循环和 foreach 循环在性能上没有区别,只是语法上的不同

5. 在跳转语句中,break 语句和 continue 语句在功能上的不同之处为(　　)。

A. break 用于立即退出当前循环,而 continue 用于跳过当前循环的剩余部分,直接进入下一次循环

B. break 和 continue 都可以用于立即退出当前循环,但 break 只能用在 for 循环中,而 continue 可以用在任何循环结构中

C. break 用于跳过当前循环的剩余部分,而 continue 用于立即退出当前循环并进入外层循环

D. break 和 continue 都只能用在 while 循环中,break 用于退出循环,而 continue 用于重新开始循环

三、简答题

1. 简述 if 条件语句的三种形式及其语法格式。
2. 简述 while 循环语句与 do-while 循环语句的区别。

四、程序分析题

阅读下面的程序,分析代码是否能够编译通过,如果能编译通过,请列出运行的结果;否则,请说明编译失败的原因,并在不改变程序结构的情况下修改程序使之编译通过。

1. 代码一:

```
public class Test01 {
    public static void main(String[] args) {
        Scanner sc = new Scanner(System.in);
        number = sc.nextInt();
        if (number > 10)
            System.out.println("Number is greater than 10.");
        else if (number < 0)
            System.out.println("Number is less than 0");
        else
            System.out.println("Number is between 0 and 10.\n");
    }
}
```

2. 代码二:

```
public class Test02 {
    public static void main(String[] args){
        int x1 = 1,y1 = 3;
        while(y1 -- >= 0){
            x1 -- ;
```

```
        }
        System.out.println("x1 is " + x1 + " y1 is " + y1);
    }
}
```

五、编程题

1. 编写一个 Java 程序,该程序通过键盘接收三角形的三条边作为输入。程序首先判断输入的边长是否满足构成三角形的条件(即任意两边之和大于第三边)。若满足条件,则利用海伦公式计算三角形的面积,并将结果保留三位小数后输出;若不满足条件,则输出"not valid"。

2. 编写一个 Java 程序,使用 while 循环语句计算 10!。

3. 编写一个 Java 程序,实现计算 1+3+5+7+…+999 的值。

提示:使用循环语句实现自然数 1~999 的遍历;在遍历过程中,通过条件判断当前遍历的数是否为奇数(%2!=0),结果为 true 就累加,否则不加。

第 4 章　数组与字符串

学习目标
- 了解数组的概念和基本特点。
- 掌握一维数组的定义方式及常见操作。
- 了解多维数组的概念、定义与初始化。
- 掌握字符串的声明、赋值方式及常见操作。
- 了解 String 类和 StringBuffer 类在字符串处理上的主要区别。
- 掌握 StringBuffer 类提供的常用操作方法。

本章主要介绍数组和字符串两种引用数据类型,首先从数组的基本概念入手,详细阐述一维数组的定义及其常见操作,随后介绍二维数组及更高维度的多维数组,为应对复杂数据结构处理需求提供坚实的基础。接下来,介绍字符串的声明与赋值方法,并深入剖析字符串在文本处理及用户交互中所涉及的各类关键操作。最后,为提升字符串处理的灵活性和效率,深入解析了 StringBuffer 类所提供的强大功能,旨在为高级编程实践提供有力的支持,帮助开发者更加高效地管理和操作字符串数据。

4.1　数组的概念

在 Java 程序设计过程中,若需存储多个相同数据类型的数据,则需利用数组来声明变量。数组是一种在计算机内存中连续存储相同数据类型数据的结构,其中每个数据项被称为数组元素。数组元素通过唯一的索引来定位其在数组中的位置。根据存储元素的逻辑结构,数组可分为一维数组、二维数组及多维数组。本书将重点介绍一维数组的应用,并对二维数组及多维数组的基本概念进行简述。数组具有以下 4 个特点。

(1) 数组元素数据类型相同:在声明一个数组后,该数组中的所有元素均有相同的数据类型。例如,"int[] arr = new int[10];"中的元素 arr[0]、arr[1]、……、arr[9]均为 int 型。

(2) 数据存储连续性:数组中的元素在内存中呈连续存储状态,占用连续的内存空间,并且数组元素的存储顺序与其在数组中的逻辑顺序保持一致。

(3) 元素索引访问:数组中的每个元素均可通过索引进行访问。数组的索引值范围是从 0 到数组长度减 1 之间的整数,该索引值也代表了元素在数组中的位置。

(4) 数组长度固定:在 Java 中,数组的长度(即数组的元素个数)在数组初始化时即已确定,并且在数组的整个生命周期中保持固定不变。

4.2 一维数组

一维数组是逻辑结构为线性表的数据类型,其使用需经过数组声明、空间分配及初始化这三个步骤。

4.2.1 一维数组的定义

声明一维数组的语法格式有两种。

方法一:

数据类型[ ] 数组名;
数组名 = new 数据类型[常量表达式];

方法二:

数据类型[ ] 数组名 = new 数据类型[常量表达式];

上述两种方法均适用于一维数组的声明及其内存空间的动态分配。在一维数组的声明过程中,数据类型后的一对方括号([ ])表示所声明的变量为一维数组类型,声明语法中的数据类型则指定了数组中各个元素的具体数据类型,此数据类型既可以是基本数据类型,也可以是引用数据类型。紧跟在方括号之后的数组名,即为所声明的数组变量的名称,该名称在程序中用于唯一标识并引用该数组。

完成数组的声明后,可使用 new 运算符来创建并初始化数组,此时将返回指向该数组的引用(即数组的首地址值)给数组变量,并动态分配连续的内存空间,以存储数组元素。在接下来的方括号([ ])中的常量表达式,决定了数组能够存储的元素个数,即数组的长度。数组长度可通过"数组名.length"的方式获取。需要注意的是,数组一旦被创建,其长度便不可更改。用第一种方法声明一维数组的具体示例如下:

```
1    int[] arr;
2    arr = new int[10];
```

第 1 行代码声明了一个名为 arr 的整型(int)数组变量,此时 arr 尚未被初始化,因此它不指向任何具体的数组对象。在 Java 编程语言中,未初始化的数组变量 arr 的默认初始值为 null。

第 2 行代码则为 arr 分配了一个具体的数组对象。通过 new int[10] 表达式,创建了一个长度为 10 的整型数组,并为其分配了相应的内存空间,用于存储 10 个整型元素。新创建的数组对象随后被赋值给 arr 变量,从而使得 arr 引用了一个包含 10 个整型元素的数组。具体细节阐述如下。

(1) 数组作为一种引用数据类型,其变量 arr 中存储的值是新创建的数组的首地址(即数组首元素的内存地址)。数组的内存存储空间分配情况如图 4-1 所示。

(2) 数组 arr 的内存分配计算:由于数组的每个元素均为 int 类型,且 int 类型在 Java 中占用 4 字节,因此数组 arr 总共需要 10×4=40 字节的内存空间。系统自动分配这 40 字节的内存空间,用于存储数组中的 10 个 int 型元素。

(3) 数组元素的初始化过程:由于代码中未对数组元素进行显式赋值,因此数组中的每个元素均被初始化为默认值 0。

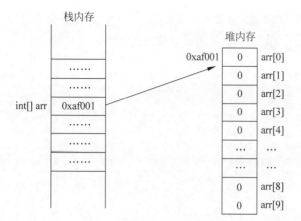

图 4-1 数组的内存存储空间分配

（4）数组 arr 的长度计算：Java 提供了 length 属性，用于获取数组的长度。数组长度的计算可以通过"数组名.length"的方式实现，即获取数组元素的个数。

【小提示】 关于数组初始化默认值。

用 new 运算符创建数组并分配内存空间后，如果没有显性地对数组赋值，数组的每个元素会自动赋值一个默认值。整型数组元素的默认值是 0；浮点型数组元素的默认值是 0.0；字符型数组元素的默认值是 '\0'（空字符）；布尔型数组元素的默认值是 false；引用型数组元素的默认值是 null。

4.2.2 数组的使用

1. 数组元素的访问

在完成数组的声明与内存空间的分配后，即可通过数组名及下标索引值来访问数组中的各个元素。

访问一维数组元素的语法格式：

数组名[索引下标值]

其中，索引下标值的取值范围为 0 至数组长度减 1 之间的整数。若索引下标值超出此范围，将会产生下标溢出异常。例如，"int[] arr = new int[10];"，arr[0]表示数组的第一个元素，arr[1]表示数组的第二个元素，arr[2]表示数组的第三个元素，以此类推，因为数组 arr 共有 10 个元素，则 arr[9]表示数组的第十个元素，且该数组的索引下标值范围为 0～9。

以下通过例 4-1 展示一维数组的创建及其元素访问过程。

【例 4-1】 一维数组的创建及其元素遍历。

```
1    public class Example01 {
2        public static void main(String[] args) {
3            //声明一个 int 型的数组 arr
4            int[] arr;
5            //为数组 arr 分配 10 个元素的内存存储空间,arr 数组长度为 10
6            arr = new int[10];
7            //声明一个长度 20 的为浮点型数组 brr
8            double[] brr = new double[20];
9
```

```
10              //输出所有声明的数组变量值
11              System.out.println(arr);
12              System.out.println(brr);
13
14              System.out.println(" ------------------ ");
15              //下面将输出数组中的任一个元素值
16              System.out.println(arr[0]);              //输出数组 arr 的第一个元素,结果为 0
17              System.out.println(brr[1]);              //输出数组 brr 的第二个元素,结果为 0.0
18
19              System.out.println(" ------------------ ");
20              //输出各数组的长度
21              System.out.println(arr.length);
22              System.out.println(brr.length);
23
24              //输出会产生索引值溢出异常
25              System.out.println(arr[10]);             //数组 arr 的索引下标值范围为 0~9
26          }
27      }
```

运行例 4-1,运行结果如下所示。

```
[I@4eec7777
[D@3b07d329
------------------
0
0.0
------------------
10
20
Exception in thread "main" java.lang.ArrayIndexOutOfBoundsException: Index 10 out of bounds
for length 10
    at chapter04.Example01.main(Example01.java:28)
```

从例 4-1 的运行结果分析,第 11 行至第 12 行代码直接输出数组名。通常,这种情况下会输出形如"[I@4eec7777"的信息,这类信息表示输出的是数组对象的引用,具体为数组对象哈希码的十六进制表示,而非数组中的元素值。其中,"["符号代表数组,"I"是 int 类型在 Java 虚拟机(JVM)内部的缩写,"@"作为分隔符,用于分隔对象的类型信息和哈希码。而"4eec7777"则是数组对象在 JVM 中哈希码的无符号十六进制表示。然而,对于字符型数组,情况有所不同,输出其数组名时,会直接输出一个空字符串(""),因为在 Java 中,字符型数组被视为字符串的特殊形式进行处理。

第 16 行至第 17 行代码分别输出了相应数组元素的默认值。

第 21 行至第 22 行代码则分别输出了所有定义数组的长度。

第 25 行代码"System.out.println(arr[10]);"试图输出数组 arr 中索引为 10 的元素值。由于数组 arr 的长度为 10,其索引范围仅限于 0~9,因此运行时会抛出数组越界异常 ArrayIndexOutOfBoundsException。

【思想启迪坊】 从错误中成长,培养职业责任感。

案例一:某金融软件公司因数组索引检查疏漏,致股票交易系统错误计算均价,影响数千投资者,造成重大经济损失。

案例二:国家安全部门监控系统因数组越界,误报无害视频为威胁,引发不必要警报,浪费资源,影响紧急响应。

上述两例表明,数组越界非小事,可致经济受损,甚至威胁社会安全。作为软件工程师,代码即责任,应严守编程规范,警惕疏漏。遇错,应积极分析原因,寻求解决方案,吸取教训,提升编程能力,强化职业责任感。

2. 数组的初始化

在程序设计过程中,数组元素的值经常被使用,这些元素的值通常不是默认值,而是指定的值,因此需要对数组进行初始化。在 Java 中,数组初始化包括静态初始化和动态初始化两种方式。

(1) 数组静态初始化。

数组的静态初始化是指在定义数组的同时对数组元素进行赋值。数组的静态初始化可以通过以下两种方法实现。

方法一:

数据类型[ ] 数组名 = {初始值 0,初始值 1,初始值 2,初始值 3,…,初始值 n};

具体示例如下。

```
1    double[ ] drr = {1.0,2.1,3.2,4.3,5.4,6.5};
```

方法二:

数据类型[ ] 数组名 = new 数据类型[ ]{初始值 0,初始值 1,初始值 2,初始值 3,…,初始值 n};

具体示例如下。

```
1    double[ ] drr = new double[ ]{1.0,2.1,3.2,4.3,5.4,6.5};
```

上述两个示例展示了以不同形式定义一个双精度浮点型数组 drr 并进行静态初始化的过程。在赋值号"="后均包含一对花括号({}),花括号内的初始值将依次赋值给数组的每个元素,即 drr[0] = 1.0,drr[1] = 2.1,drr[2] = 3.2,drr[3] = 4.3,drr[4] = 5.4,drr[5] = 6.5。数组的长度由初始值的个数决定,因此数组 drr 的长度为 6。若定义数组时没有立即赋值,则可通过动态初始化对数组元素进行赋值。

(2) 数组动态初始化。

数组的动态初始化指数组的定义与数组元素的赋值是两个独立的过程。具体示例如下。

```
1    int[ ] arr = new int[5];
2    arr[0] = 1;
3    arr[1] = 2;
4    arr[2] = 3;
5    arr[3] = 4;
6    arr[4] = 5;
```

上述示例中,数组 arr 的每个元素被分别赋值。当数组元素数量较多且赋值的数值具有一定规律时,可以使用 for 循环语句对数组中的各个元素进行批量赋值。具体示例如下。

```
1    int[ ] arr = new int[5];
2    for(int i = 0;i < arr.length;i++){
3        arr[i] = i + 1;
4    }
```

下面通过例 4-2 展示一维数组的静态和动态赋值的应用。

【例 4-2】 一维数组的静态和动态赋值。

```java
1   public class Example02 {
2       public static void main(String[] args) {
3           //定义数组并静态初始化数组
4           int[] arr = {5, 3, 7, 9, 2, 1};
5           //定义数组并动态初始化数组
6           int[] brr = new int[10];
7           for (int i = 0; i < brr.length; i++) {
8               brr[i] = i * 2;
9           }
10
11          //输出数组 arr 的长度及每个元素
12          System.out.println("数组 arr 的长度:" + arr.length);
13          System.out.println("数组 arr 中的元素是:");
14          for (int i = 0; i < arr.length; i++) {
15              System.out.print(arr[i] + " ");
16          }
17          System.out.println();
18
19          //输出数组 brr 的长度及元素
20          System.out.println("数组 brr 的长度:" + brr.length);
21          System.out.println("数组 brr 中的元素是:");
22          for (int i = 0; i < brr.length; i++) {
23              System.out.print(brr[i] + " ");
24          }
25          System.out.println();
26
27          //数组 arr 与数组 brr 均为 int 型,因此可以进行引用赋值
28          //arr = brr 使 arr 引用指向 brr 所引用的数组,即 arr 和 brr 均指向 brr 数组
29          arr = brr;
30
31          //再次输出数组 arr 的长度及元素
32          System.out.println("arr = brr 后,数组 arr 的长度:" + arr.length);
33          System.out.println("arr = brr 后,数组 arr 中的元素是:");
34          for (int i = 0; i < arr.length; i++) {
35              System.out.print(arr[i] + " ");
36          }
37      }
38  }
```

运行例 4-2,运行结果如下所示。

```
数组 arr 的长度:6
数组 arr 中的元素是:
5 3 7 9 2 1
数组 brr 的长度:10
数组 brr 中的元素是:
0 2 4 6 8 10 12 14 16 18
arr = brr 后,数组 arr 的长度:10
arr = brr 后,数组 arr 中的元素是:
0 2 4 6 8 10 12 14 16 18
```

在上述代码中,首先完成了数组 arr 的定义与静态初始化,随后定义了数组 brr 并进行了动态初始化。通过 for 循环,为 brr 数组的每个元素赋予了相应的值。紧接着,程序分别输出了两个数组的长度及其包含的元素。最后,通过引用赋值操作,使得 arr 与 brr 指向了相同的数组对象,并再次输出了此时 arr 数组的长度及其包含的元素。

4.2.3 数组的常见操作和 Arrays 工具类

数组在 Java 程序的实际开发过程中应用非常广泛。因此，灵活掌握数组的常用操作（如数组的遍历、最值的获取、在指定位置插入数据以及排序等），并熟练掌握 Java 提供的 Array 工具类中的常用方法，显得尤为重要。

1. 数组的常见操作

（1）数组遍历。

数组遍历是指依次访问数组中的每一个元素，遍历数组本身仅涉及对数组元素的访问，但通常与输出语句结合使用，这一过程被称为遍历并输出操作。以下通过例 4-3 展示使用 for 循环语句和 foreach 循环语句来遍历数组。

【例 4-3】 利用 for 循环语句和 foreach 循环语句遍历并输出数组的元素。

```
1  public class Example03 {
2      public static void main(String[] args) {
3          int[] arr = {1, 3, 5, 7, 9, 11};
4          //遍历数组,输出每个数组元素
5          System.out.println("for 循环遍历数组并输出每个数组元素是:");
6          for (int i = 0; i < arr.length; i++) {
7              System.out.print(arr[i] + " ");
8          }
9          System.out.println();
10
11         System.out.println("foreach 循环遍历数组并输出每个数组元素是:");
12         for (int i : arr) {
13             System.out.print(i + " ");
14         }
15         System.out.println();
16
17         //遍历数组,求数组元素的和
18         System.out.println("遍历数组并求所有数组元素的和是:");
19         int sum = 0;
20         for (int i = 0; i < arr.length; i++) {
21             sum += arr[i];
22         }
23         System.out.println(sum);
24
25         //遍历数组,求数组元素的平均数
26         System.out.println("遍历数组并求数组元素的平均数是:");
27         System.out.println((double) sum / arr.length);
28     }
29 }
```

运行例 4-3,运行结果如下所示。

```
for 循环遍历数组并输出每个数组元素是:
1 3 5 7 9 11
foreach 循环遍历数组并输出每个数组元素是:
1 3 5 7 9 11
遍历数组并求所有数组元素的和是:
36
遍历数组并求数组元素的平均数是:
6.0
```

(2)数组最值。

在 Java 中处理数组时,经常需要实现获取数组最大值和最小值的功能。这一功能可以通过遍历数组中的所有元素来实现。以下通过例 4-4 详细展示获取数组中元素的最大值和最小值的实现过程。

【例 4-4】 获取数组中元素的最大值和最小值。

```
1   public class Example04 {
2       public static void main(String[] args) {
3           int[] arr = {6, 1, 8, 12, 61, 5, 3};
4
5           //初始化最大值和最小值为数组的第一个元素
6           int max = arr[0];
7           int min = arr[0];
8
9           //遍历数组
10          for (int i = 1; i < arr.length; i++) {
11              //更新最大值
12              if (arr[i] > max) {
13                  max = arr[i];
14              }
15              //更新最小值
16              if (arr[i] < min) {
17                  min = arr[i];
18              }
19          }
20
21          //输出最大值和最小值
22          System.out.println("最大值: " + max);
23          System.out.println("最小值: " + min);
24      }
25  }
```

运行例 4-4,运行结果如下所示。

```
最大值:61
最小值:1
```

(3)在数组的指定位置插入一个数据。

在程序设计过程中,如果需要在数组中插入新元素,则需要改变数组的长度,但是数组的长度在创建后是不可变的,因此不能通过直接改变数组的长度以容纳新元素。为了实现数组的插入操作,需要创建一个新的数组,其长度比原数组长度多1,以便存储插入后的所有元素。若需在数组中插入多个数据,步骤与插入单个数据类似。以下通过例 4-5 展示在数组的指定位置插入一个元素的具体实现过程。

【例 4-5】 在数组的指定位置插入一个元素。

```
1   public class Example05 {
2       public static void main(String[] args) {
3           int[] arr = {1, 3, 5, 7, 11, 13};
4           System.out.println("没有添加新数据的数组 arr:");
5           for (int i : arr) {
6               System.out.print(i + " ");
7           }
8           System.out.println();
9
```

```
10          int newValue = 9;              //要插入的新值
11          int insertIndex = 4;           //插入的索引位置
12
13          //创建一个新数组,长度为原数组长度+1
14          int[] newArr = new int[arr.length + 1];
15
16          //复制原数组到新数组,同时在指定位置插入新值
17          for (int i = 0; i < newArr.length; i++) {
18              if (i == insertIndex) {
19                  //在指定位置插入新值
20                  newArr[i] = newValue;
21              } else if (i < insertIndex) {
22                  //在指定位置插入前,复制原数组的元素到新数组
23                  newArr[i] = arr[i];
24              } else {
25                  //在指定位置插入后,复制原数组的元素到新数组
26                  newArr[i] = arr[i - 1];
27              }
28          }
29
30          //打印新数组以验证结果
31          System.out.println("添加新数据之后的数组 newArr:");
32          for (int num : newArr) {
33              System.out.print(num + " ");
34          }
35      }
36  }
```

运行例 4-5,运行结果如下所示。

```
没有添加新数据的数组 arr:
1 3 5 7 11 13
添加新数据之后的数组 newArr:
1 3 5 7 9 11 13
```

(4) 数组排序。

数组排序是常用的操作功能之一。排序算法种类繁多,本节将介绍数组排序中常用的冒泡排序算法。冒泡排序通过反复比较数组中相邻元素的大小,将较小的元素逐步"冒泡"至数组的前端,而较大的元素则相应地向后移动。以下是通过图形化方法描述的冒泡排序实现过程,如图 4-2 所示。

例 4-6 展示了冒泡排序的全过程。

【例 4-6】 冒泡排序。

```
1   public class Example06 {
2       public static void main(String[] args) {
3           int[] arr = {60, 18, 23, 5, 1, 9};
4           //第一步:先打印没有进行排序的数组元素
5           for (int i : arr) {
6               System.out.print(i + "\t");
7           }
8           System.out.println();
9
10          //第二步:冒泡排序算法实现
11          //2.1 定义外层循环(比较的轮次)
12          for (int i = 1; i < arr.length; i++) {
```

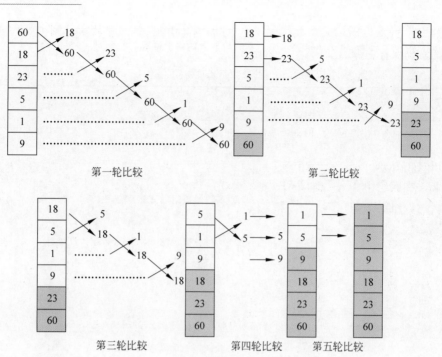

图 4-2 冒泡排序过程

```
13              //2.2 定义内循环
14              for (int j = 0; j < arr.length - i; j++) {
15                  //比较相邻元素
16                  if (arr[j] > arr[j + 1]) {
17                      //如果相邻两个元素前一个元素大于后一个元素,则两个元素交换位置
18                      int temp = arr[j];
19                      arr[j] = arr[j + 1];
20                      arr[j + 1] = temp;
21                  }
22              }
23          }
24
25          //第三步:排序后,再次打印数组元素
26          for (int i : arr) {
27              System.out.print(i + "\t");
28          }
29      }
30  }
```

运行例 4-6,运行结果如下所示。

```
60 18 23 5 1 9
1 5 9 18 23 60
```

2. Arrays 工具类

Java 提供了 Arrays 工具类支持对数组的一系列操作,包括排序、搜索、比较、复制等, Arrays 类存在 java.util 包中,所以在使用 Arrays 类中的方法时,必须先导入此类(import java.util.Arrays)。Arrays 类中常用的方法如下。

(1) 排序。

public static void sort(T[] a):对指定对象的数组 a 进行排序,根据数组元素的自然顺序进行排序。例如,sort(int[] arr),是完成 int 型的数组 arr 的元素从小到大升序排序,排序后的元素仍保存在原数组 arr 中。具体示例如下。

```
1  int[] array = {10, 2, 33, 41, 15, 6, 7};
2  Arrays.sort(array);
3  //输出结果:[2,6,7,10,15,33,41]
4  System.out.println(Arrays.toString(array));
```

(2) 查找。

public static void binarySearch(T[] a, T key):使用二分查找算法在数组 a 中查找指定对象 key 在数组中首次出现时的索引下标值。使用 binarySearch()方法查找数组元素要求被查找的数组必须是排好序的。具体示例如下。

```
1  int[] array = {10, 2, 33, 41, 15, 6, 7};
2  Arrays.sort(array);
3  //输出结果:[2,6,7,10,15,33,41]
4  System.out.println(Arrays.toString(array));
5  //查找数组元素 15,输出索引位置
6  int key = 15;
7  int index = binarySearch(array, key);
8  System.out.println(" index: " + index);
```

(3) 复制。

public static T[] copyOf(T[] original, int newLength):该方法是创建一个新的数组,长度为 newLength,并初始化为原数组 original 的元素,具体示例如下。

```
1  int[] a1 = {1, 2, 3, 4, 5};
2  int[] newArray = Arrays.copyOf(a2, 10);        //数组 newArray 的长度为 10
3  //打印新数组的元素
4  for (int i = 0; i < newArray.length; i++) {
5      System.out.print(newArray[i] + " ");       //输出:1 2 3 4 5 0 0 0 0 0
6  }
```

Java 中的 Arrays 类提供了丰富的静态方法,建议读者自行查阅 Java API 文档,以深入学习并掌握更多方法。灵活运用 Arrays 类所提供的静态方法,能够显著提升数组处理的便捷性和效率。

4.3 多维数组

在现实生活中,多维数组的应用十分广泛,如矩阵、表格、时间序列以及三维空间中的点集等场景,均可通过多维数组在 Java 程序设计中进行存储。多维数组可视为一维数组的扩展形式,当数组的元素本身亦是数组时,该数组即被称为多维数组。多维数组具体可细分为二维数组、三维数组、四维数组等类型。以下将分别对二维数组和多维数组进行详细介绍。

4.3.1 二维数组

二维数组是指维度为 2 的数组,即数组有两个索引值,数组的元素以一维数组形式存在,并以行和列的形式存储数据的数组。二维数组的每个元素通过行索引和列索引来访问。

声明二维数组的语法格式:

方法一：

数据类型[][] 数组名；
数组名 = new 数据类型[行下标表达行][列下标表达式];

方法二：

数据类型[][] 数组名 = new 数据类型[行下标表达行][列下标表达式];

上述两种方法均可用于二维数组的声明及动态内存空间的分配。其中，"[][]"用于标识二维数组类型，其前面的数据类型指定了数组元素的数据类型，既可以是基本数据类型，也可以是引用数据类型。"[][]"之后的是数组名，即所声明的数组变量。使用 new 运算符可以创建并初始化数组，同时分配连续的内存空间以存储数组元素。数组的长度（即行数）可通过"数组名.length"属性获取。一旦数组被创建，其长度便不可更改。

（1）先声明二维数组，然后为数组动态分配空间。具体示例如下。

```
1    int[][] array1;
2    array1 = new int[3][3];
```

示例中的第 1 行代码声明了一个整型二维数组 array1。第 2 行代码则为该二维数组动态分配了内存空间，使其能够存储一个 3 行 3 列的元素矩阵。在二维数组中，每一维的索引值均从 0 起始。当行数与列数均明确时，二维数组的逻辑结构便得以确定。二维数据的逻辑结构如图 4-3 所示。

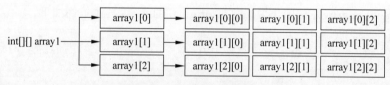

图 4-3　二维数据的逻辑结构

例 4-7 展示了二维数组 array1 的初始化及遍历输出过程。

【例 4-7】　二维数组的初始化及遍历输出。

```
1   public class Example07 {
2       public static void main(String[] args) {
3           int[][] array1;                       //声明一个二维数组
4           array1 = new int[3][3];               //分配内存空间给3行3列的二维数组
5
6           //初始化二维数组
7           for (int i = 0; i < array1.length; i++) {
8               for (int j = 0; j < array1[i].length; j++) {
9                   array1[i][j] = i * 3 + j + 1;//给数组元素赋值
10              }
11          }
12
13          //访问并打印二维数组的元素
14          for (int i = 0; i < array1.length; i++) {
15              for (int j = 0; j < array1[i].length; j++) {
16                  System.out.print(array1[i][j] + " ");
17              }
18              System.out.println();             //换行
19          }
20      }
21  }
```

运行例 4-7,运行结果如下所示。

```
1 2 3
4 5 6
7 8 9
```

(2)声明二维数组并同时为数组动态分配空间。具体示例如下。

```
1    double[][] array2 = new double[3][];
```

此示例声明了一个双精度浮点型的二维数组 array2,并为其分配了 3 行的空间。但此时,各行的列数尚未确定,需在后续操作中分别为每一行分配列空间。

对于二维数组 array2 的逻辑结构,它可能呈现为多种形式(具体形式取决于在初始化时各行为其分配的列数)。例如,若第 1 行分配了 2 个元素,第 2 行分配了 3 个元素,第 3 行分配了 1 个元素,则二维数组 array2 的逻辑结构如图 4-4 所示。

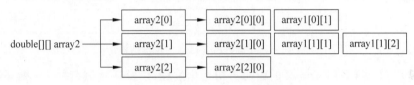

图 4-4 二维数组 array2 的逻辑结构

例 4-8 展示了二维数组 array2 的动态初始化及遍历输出的应用。

【例 4-8】 二维数组动态初始化及遍历输出。

```
1   public class Example08 {
2       public static void main(String[] args) {
3           double[][] array2 = new double[3][];      //创建一个3行二维数组,列未指定
4
5           //为第 1 行分配 2 列
6           array2[0] = new double[2];
7           array2[0][0] = 1.0;                        //第 1 行第 1 列
8           array2[0][1] = 2.1;                        //第 1 行第 2 列
9
10          //为第 2 行分配 3 列
11          array2[1] = new double[3];
12          array2[1][0] = 3.0;                        //第 2 行第 1 列
13          array2[1][1] = 4.1;                        //第 2 行第 2 列
14          array2[1][2] = 5.2;                        //第 2 行第 3 列
15
16          //为第 3 行分配 1 列
17          array2[2] = new double[1];
18          array2[2][0] = 6.0;                        //第 3 行第 1 列
19          //遍历并打印二维数组的元素
20          for (int i = 0; i < array2.length; i++) {
21              for (int j = 0; j < array2[i].length; j++) {
22                  System.out.print(array2[i][j] + " ");
23              }
24              System.out.println();                  //换行
25          }
26      }
27  }
```

运行例 4-8,运行结果如下所示。

```
1.0 2.1
3.0 4.1 5.2
6.0
```

(3) 声明二维数组，并同时初始化。具体示例如下。

```
1    int[][] array3 = {{1,2},{3,4,5},{6,7,8,9}};
```

此示例声明了一个整型的二维数组 array3。该数组包含 3 行，其中第 1 行有 2 列、第 2 行有 3 列、第 3 行有 4 列。在初始化后，array3[0][0] 的值为 1，array3[0][1] 的值为 2，array3[1][0] 的值为 3，array3[1][1] 的值为 4，array3[1][2] 的值为 5，以此类推。二维数组 array3 的逻辑结构如图 4-5 所示。

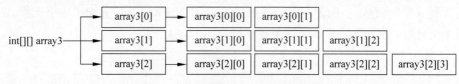

图 4-5　二维数组 array3 的逻辑结构

例 4-9 展示二维数组 array3 的声明与初始化过程，以及通过嵌套的 for 循环遍历输出其元素值的过程。

【例 4-9】　声明并初始化二维数组。

```
1    public class Example09 {
2        public static void main(String[] args) {
3            //声明并初始化二维数组 array3
4            int[][] array3 = {{1, 2}, {3, 4, 5}, {6, 7, 8, 9}};
5
6            //遍历二维数组并输出其内容
7            for (int i = 0; i < array3.length; i++) {              //外层循环遍历行
8                for (int j = 0; j < array3[i].length; j++) {       //内层循环遍历列
9                    System.out.print(array3[i][j] + " ");          //输出当前数组元素
10               }
11               System.out.println();
12           }
13       }
14   }
```

运行例 4-9，运行结果如下所示。

```
1 2
3 4 5
6 7 8 9
```

4.3.2　三维以上的多维数组

三维及更高维度的数组，统称为高维数组。基于二维数组的理解，增加数组的维数仅需在声明时额外添加一对方括号。例如，声明三维数组使用"[][][]"，四维数组使用"[][][][]"，以此类推，直至五维数组"[][][][][]"等。在 Java 编程实践中，高维数组常用于表示复杂的数据结构，如张量、视频数据等应用场景。

对于高维数组，其输入与输出的处理依赖于多层循环的嵌套实现。例 4-10 展示了通过嵌套的 for 循环来遍历并输出三维数组的内容。类似地，对于更高维度的数组，可以增加循环的嵌套层数来适应数组的维度。

【例 4-10】 三维数组的声明、遍历及输出。

```java
1   import java.util.Scanner;
2   public class Example10 {
3       public static void main(String[] args) {
4           Scanner scanner = new Scanner(System.in);
5           //声明一个 3×3×3 的三维数组
6           final int NUM = 3;
7           int[][][] thrArray = new int[NUM][NUM][NUM];
8
9           System.out.println("请输入一个 3×3×3 三维数组的元素:");
10
11          //通过键盘输入数组元素
12          for (int i = 0; i < NUM; i++) {
13              for (int j = 0; j < NUM; j++) {
14                  for (int k = 0; k < NUM; k++) {
15                      thrArray[i][j][k] = scanner.nextInt();
16                  }
17              }
18          }
19
20          //关闭 scanner
21          scanner.close();
22
23          //输出三维数组
24          System.out.println("三维数组的内容如下:");
25          for (int i = 0; i < NUM; i++) {          //遍历第一层
26              for (int j = 0; j < NUM; j++) {      //遍历第二层
27                  for (int k = 0; k < NUM; k++) {  //遍历第三层
28                      System.out.print(thrArray[i][j][k] + " ");
29                  }
30                  System.out.println();            //每完成一行的打印后换行
31              }
32              System.out.println();                //每完成一个二维数组的打印后换行
33          }
34      }
35  }
```

运行例 4-10,运行结果如下所示。

```
请输入一个 3×3×3 三维数组的元素:
1 2 3 4 5 6 7 8 9 10 11 12 13 14 15 16 17 18 19 20 21 22 23 24 25 26 27
三维数组的内容如下:
1 2 3
4 5 6
7 8 9

10 11 12
13 14 15
16 17 18

19 20 21
22 23 24
25 26 27
```

4.4 字 符 串

字符串是由一系列字符按序排列组成,用于表示和存储文本信息。这些字符涵盖了字母、数字、标点符号、空格及特殊字符等。字符串通过一对双引号("")来界定。字符串的应用涵盖了用户输入处理、文件操作、网络数据传输、数据展示等多个方面。

在处理字符串操作时,主要涉及两个类,分别是 String 类和 StringBuffer 类。String 类是不可变的,意味着 String 对象一旦被创建,其内部字符序列便固定不变,无法直接修改其中任何字符。若需修改字符串内容,则需构建新的字符串对象。为了支持可变字符串的操作,Java 提供了 StringBuffer 和 StringBuilder 类。这两类允许在原有字符串基础上进行修改,从而避免了因修改而频繁创建新字符串对象的开销。注意,尽管 StringBuffer 类与 StringBuilder 类在功能上相似,但 StringBuffer 类是线程安全的,因此在多线程环境下,其性能表现更为可靠。

4.4.1 字符串声明与赋值

在 Java 编程语言中,通过字符串常量直接初始化 String 对象是一种普遍且高效的实践方法。此方式得益于 Java 的字符串常量池机制,该机制能够优化内存使用。当创建具有相同内容的字符串常量时,系统会复用字符串常量池中已存在的对象,而非创建新的对象。字符串的定义遵循以下语法格式。

方法一:

利用字符串常量直接初始化 String 对象。

```
String 变量名 = "字符串";
```

具体示例如下。

```
1    String string1 = "Hello Java";      //变量 string1 引用字符串"Hello Java"
2    String string2 = "";                //变量 string2 引用一个空字符串
3    String string3 = null;              //变量 string3 未引用任何字符串对象
4    string1 = "my Java program";        /* 重新为变量 string1 赋值,
5                                           引用字符串"my Java program" */
6    String string4 = "my Java program"; /* 变量 string4 引用字符串
7                                           "my Java program" */
8    String string5 = "我" + "和你";      /* 变量 string5 引用通过字符串
9                                           连接操作生成的字符串"我和你" */
```

使用 String 类声明的变量,称为字符串对象变量。由于 String 类所处理的字符串具有不可变性,即一旦字符串对象被创建,其内容便无法更改。因此,当示例中的第 1 行代码被第 4 行代码覆盖时,变量 string1 将重新引用新的字符串常量"my Java program",此过程涉及字符串在内存中的重新分配与引用变化。字符串的内存变化如图 4-6 所示。

在字符串的内存管理机制中,当变量 string1 首次初始化时,它存储的是对字符串常量池中"Hello Java"字符串的引用,该字符串位于内存地址 0x0F001(此地址仅为示例,实际地址由 JVM 分配)。随后,当 string1 被重新赋值为"my Java program"时,程序会在字符串常量池中为新字符串分配一块内存空间,并将 string1 的引用更新为指向新字符串"my Java program"的内存地址。这一过程中,string1 所引用的地址发生了变化,变为 0x0F002(此地

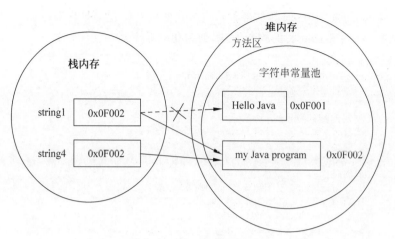

图 4-6 字符串的内存变化

址仅为示例,实际地址由 JVM 分配),即其指向发生了改变,但原先创建的字符串"Hello Java"仍然保留在常量池中,其值保持不变。

对于示例中的第 6 行代码,变量 string4 被赋值为字符串"my Java program"。由于 String 是引用数据类型,string4 存储的是对新字符串"my Java program"的引用,假设该字符串位于内存地址 0x0F002。此时,若 string1 已指向同一字符串,则 string1 和 string4 将共享对同一字符串对象的引用。

示例的第 6 行代码展示了字符串常量的连接运算,也称为字符串拼接。通过"+"操作符,可以将多个字符串常量连接成一个新的字符串。在此过程中,字符串"我"和"你"被拼接成新字符串"我和你",并在内存中为新字符串分配一个独立的存储空间。注意,这一合并过程并非在原有字符串的存储空间上进行修改,而是在内存中创建一个全新的位置来存放拼接后的新字符串。

此外,字符串对象还可以通过调用 String 类的构造方法进行初始化。这种方法提供了另一种创建字符串对象的途径,与直接使用字符串常量进行初始化相比,具有更灵活的构造能力和更广泛的应用场景。

方法二:

String 变量名;
变量名 = new String("字符串");

示例如下。

```
1    //声明字符串变量 string1,初始值为 null
2    String string1;
3    //在堆内存中动态分配内存空间用来存储字符"Hello Java",并将首地址给变量 string1
4    String1 = new String("Hello Java");
```

上述的两条语句代码可以合并成一条语句,语法格式如下。

方法三:

String 变量名 = new String("字符串");

示例如下。

```
1    String string1 = new String("Hello Java");
```

例 4-11 展示了通过 String 类的各种构造方法实现初始化字符串对象的应用。

【例 4-11】 利用 String 类的构造方法,初始化字符串对象。

```java
1   public class Example11 {
2       public static void main(String[] args) {
3           //创建空字符串
4           String string1 = new String();
5           //创建内容为"my Java program"的字符串
6           String string2 = new String("my Java Program");
7           //创建指向字符数组的字符串
8           String string3 = new String(new char[]{'H', 'E', 'L', 'L', 'O'});
9           //创建指向字节数组的字符串
10          String string4 = new String(new byte[]{65, 66, 67, 68, 69});
11          System.out.println("你" + string1 + "好");
12          System.out.println(string2);
13          System.out.println(string3);
14          System.out.println(string4);
15      }
16  }
```

运行例 4-11,运行结果如下所示。

```
你好
my Java Program
HELLO
ABCDE
```

4.4.2 字符串的常见操作

Java 为 String 类提供了一系列方法,用于处理和操作字符串。这些方法涵盖了字符串的查找、替换、比较、连接、截取、分割以及大小写转换等多种操作,简化了字符串处理过程。调用字符串方法的语法格式如下。

字符串变量名.方法名();

具体示例如下。

```java
1   String string1 = "Hello Java";
2   String string2 = "";
3   System.out.println(string1.length());    //输出字符串 string1 的长度:10
4   System.out.println(string2.length());    //输出字符串 string2 的长度:0
```

在上述示例中,第 3 行和第 4 行代码分别调用了 String 类的 length()方法,用于计算字符串 string1 和 string2 的长度。此外,String 类还提供了诸如 concat()、substring()、split()、toLowerCase()、toUpperCase()等一系列方法,以实现字符串的各种操作。String 类的常用方法及其主要功能如表 4-1 所示。

表 4-1 String 类的常用方法及其主要功能

常用方法	主要功能
public int length()	返回当前字符串的长度。长度等于字符串中 Unicode 代码单元的数量
public String concat(String str)	将指定的字符串 str 连接到当前字符串对象之后

续表

常用方法	主要功能
public boolean equals(Object anObject)	将当前字符串与指定的对象 anObject 进行比较,判断对象 anObject 指向的字符序列与当前字符串对象指向的字符序列是否相同
public boolean equalsIgnoreCase(String s)	忽略字母大小写,判断字符串 s 是否与当前字符串对象的内容相同
public int compareTo(String s)	按对应字符的 Unicode 编码比较字符串 s 与当前字符串对象。若相等则返回0,若当前字符串对象大于 s,则返回正整数;反之,则返回负整数
public String substring(int beginIndex)	返回一个新字符串,该字符串是当前字符串的一个子字符串。子字符串从指定索引处的字符开始,即 beginIndex 索引处,一直延伸到此字符串的末尾
public String substring(int beginIndex, int endIndex)	返回一个新字符串,该字符串是当前字符串的一个子字符串。子字符串从指定的起始索引 beginIndex 开始,并一直延伸到索引 endIndex－1 处的字符。因此,子字符串的长度为 endIndex－beginIndex
public int indexOf(int ch)	返回指定字符 ch 在当前字符串中第一次出现的索引值
public int lastIndexOf(int ch)	返回指定字符 ch 在当前字符串中最后一次出现的索引值
public int indexOf(String str)	返回指定子字符串 str 在字符串第一次出现的索引值
public int lastIndexOf(String str)	返回指定子字符串 str 在此字符串中最后一次出现的索引值
public char charAt(int index)	返回当前字符串中 index 位置上的字符,index 的取值范围是 0 到字符串长度减 1
public String replace(char oldChar, char newChar)	将当前字符串中所有的 oldChar 替换为 newChar 后,返回一个新的字符串
public String[] split(String regex)	根据给定的正则表达式 regex,将当前字符串拆分成多个子字符串
public boolean contains(CharSequence cs)	判断此字符串中是否包含指定的字符序列 cs
public String toLowerCase()	将当前字符串中的所有字符转换为小写
public String toUpperCase()	将当前字符串中的所有字符转换为大写
public char[] toCharArray()	将当前字符串转换为字符数组
public static String valueOf(int i)	将一个 int 类型的整数 i 转换成一个 String 类型的字符串
public String trim()	去除当前字符串首尾的空格。
public boolean isEmpty()	判断字符串长度是否为 0,如果为 0 则返回 true,反之则返回 false

例 4-12 展示了 String 类的常用方法的具体应用。

【例 4-12】 String 类的常用方法的应用示例。

```
1    public class Example12 {
2        public static void main(String[] args) {
3            String str = "Hello, World!";
4
5            //连接字符串
6            String conStr = str.concat(" How are you?");
7            String plStr = str + " How are you?";
8            System.out.println("连接后的字符串:" + conStr);
```

```java
9         System.out.println("用+连接后的字符串:" + plStr);
10
11         //比较字符串
12         boolean isEqual = str.equals("Hello, World!");
13         boolean igEqual = str.equalsIgnoreCase("hello, world!");
14         int comToResult = str.compareTo("Hello, Java!");
15         System.out.println("字符串是否相等:" + isEqual);
16         System.out.println("忽略大小写字符串是否相等:" + igEqual);
17         System.out.println("字符串比较结果:" + comToResult);
18
19         //查找字符串
20         int indexOfCh = str.indexOf('W');
21         int indexOfStr = str.indexOf("World");
22         int lIndexOfCh = str.lastIndexOf(',');
23         int lIndexOfStr = str.lastIndexOf("World");
24         System.out.println("字符的索引:" + indexOfCh);
25         System.out.println("字符串的索引:" + indexOfStr);
26         System.out.println("字符的最后索引:" + lIndexOfCh);
27         System.out.println("字符串的最后索引:" + lIndexOfStr);
28
29         //截取字符串
30         String subFromBegin = str.substring(7);
31         String subBetween = str.substring(7, 12);
32         System.out.println("从索引7开始截取的子字符串:" + subFromBegin);
33         System.out.println("从索引7到索引12截取的子字符串:" + subBetween);
34
35         //替换字符串
36         String repStr = str.replace('o', 'O');
37         System.out.println("替换后字符串:" + repStr);
38
39         //分割字符串
40         String[] splStr = str.split(", ");
41         for (String part : splStr) {
42             System.out.println("分割后的部分:" + part);
43         }
44
45         //转换大小写
46         String lowStr = str.toLowerCase();
47         String uppStr = str.toUpperCase();
48         System.out.println("小写形式:" + lowStr);
49         System.out.println("大写形式:" + uppStr);
50
51         //其他常用方法
52         int length = str.length();
53         String trimStr = str.trim();
54         char charAtIndex = str.charAt(2);
55         boolean isEmpty = str.isEmpty();           //注意:这里的str不是空的
56         System.out.println("字符串长度:" + length);
57         System.out.println("去除空格后的字符串:" + trimStr);
58         System.out.println("索引2处的字符:" + charAtIndex);
59         System.out.println("字符串是否为空:" + isEmpty);
60     }
61 }
```

运行例4-12,运行结果如下所示。

```
连接后的字符串: Hello, World! How are you?
用+连接后的字符串: Hello, World! How are you?
```

```
字符串是否相等: true
忽略大小写字符串是否相等: true
字符串比较结果: 13
字符的索引: 7
字符串的索引: 7
字符的最后索引: 5
字符串的最后索引: 7
从索引 7 开始截取的子字符串: World!
从索引 7 到索引 12 截取的子字符串: World
替换后字符串: HellO, WOrld!
分割后的部分: Hello
分割后的部分: World!
小写形式: hello, world!
大写形式: HELLO, WORLD!
字符串长度: 13
去除空格后的字符串: Hello, World!
索引 2 处的字符: l
字符串是否为空: false
```

4.5 StringBuffer 类

在 Java 中,StringBuffer 是字符缓冲区类,代表一种可变字符序列。它继承自 AbstractStringBuilder 并实现了 CharSequence 接口。StringBuffer 被设计为线程安全的类。

StringBuffer 类为开发者提供了一系列丰富的字符串操作方法,以下是对 StringBuffer 类中常用方法及其主要功能的详细介绍,如表 4-2 所示。

表 4-2 StringBuffer 类的常用方法及其主要功能

常 用 方 法	主 要 功 能
public StringBuffer()	创建初始容量为 16 个字符,且不含任何内容的字符串缓冲区
public StringBuffer(int capacity)	创建初始容量为 capacity 个字符,且不含任何内容的字符串缓冲区
public StringBuffer(String s)	根据提供的字符串 s,创建初始容量为(s.length()+16)个字符,内容为 s 的字符串缓冲区
public int length()	获取缓冲区中字符串内容的长度
public int capacity()	获取字符串缓冲区的当前容量
public StringBuffer append(char c)	将指定的字符 c 添加到 StringBuffer 对象的末尾
public StringBuffer insert(int offset,String str)	在字符串的 offset 位置插入字符串 str
public StringBuffer deleteCharAt(int index)	移除缓冲区中指定位置 index 的字符
public StringBuffer delete(int start,int end)	删除 StringBuffer 对象中从 start(含)到 end(不含)之间指定的字符或字符串序列
public StringBuffer replace(int start, int end, String s)	用字符串 s 替换 StringBuffer 对象中从 start(含)到 end(不含)之间指定的字符或字符串序列
public void setCharAt(int index, char ch)	将缓冲区中指定位置 index 处的字符修改为 ch
public String substring(int start,int end)	获取缓冲区中字符串从索引 start(含)至索引 end(不含)之间的子字符串

上述方法使得 StringBuffer 类能够高效地进行字符串的创建、修改、查询和删除等操作，尤其在处理大量字符串动态变化时，其性能优势尤为明显。同时，StringBuffer 类的线程安全性也使得它在多线程环境中能够安全地被多个线程共享和修改。

例 4-13 展示 StringBuffer 类的常用方法的具体应用。

【例 4-13】 StringBuffer 类的常用方法的应用示例。

```
1   public class Example13 {
2       public static void main(String[] args) {
3           //定义一个字符串缓冲区,初始容量为16个字符
4           StringBuffer str = new StringBuffer();
5           str.append("my");                              //在末尾添加字符串
6           str.append(" Java").append(" Program");        //调用 append()方法添加字符串
7           System.out.println("append 添加结果:" + str);
8
9           //将所有"abc"替换为"xyz"
10          StringBuffer str1 = new StringBuffer("111abc222abc333abc");
11          int index = str1.indexOf("abc");
12          while (index != -1) {
13              str1.replace(index, index + 3, "xyz");
14              index = str1.indexOf("abc", index + 3);//更新索引以查找下一个"abc"
15          }
16          System.out.println("替换'abc'为'xyz'结果:" + str1);
17
18          StringBuffer str2 = new StringBuffer("hello world!");
19          str2.delete(1, 5);                             //指定范围删除
20          System.out.println("删除指定位置结果:" + str2);
21
22          str2.deleteCharAt(2);
23          System.out.println("删除指定位置后的 str2 结果:" + str2);
24
25          str2.delete(0, str2.length());                 //清空缓冲区
26          System.out.println("清空缓冲区结果:" + str2);
27
28          StringBuffer str3 = new StringBuffer("hello world!");
29          str3.setCharAt(1, 'p');                        //修改指定位置字符
30          System.out.println("修改指定位置字符结果:" + str3);
31          str3.replace(1, 3, "qq");                      //替换指定位置字符串或字符
32          System.out.println("替换指定位置字符(串)结果:" + str3);
33          System.out.println("字符串翻转结果:" + str3.reverse());
34
35          StringBuffer str4 = new StringBuffer();        //定义一个字符串缓冲区
36          System.out.println("获取 str4 的初始容量:" + str4.capacity());
37          str4.append("hello ke wei ni hao!");           //在末尾添加字符串
38          System.out.println("append 添加结果:" + str4);
39
40          System.out.println("截取第 7～12 个字符:" + str4.substring(6, 12));
41      }
42  }
```

运行例 4-13,运行结果如下所示。

```
append 添加结果:my Java Program
替换'abc'为'xyz'结果:111xyz222xyz333xyz
删除指定位置结果:h world!
删除指定位置后的 str2 结果:h orld!
清空缓冲区结果:
```

```
修改指定位置字符结果:hpllo world!
替换指定位置字符(串)结果:hqqlo world!
字符串翻转结果:!dlrow olqqh
获取 str4 的初始容量:16
append 添加结果:hello ke wei ni hao!
截取第 7~12 个字符:ke wei
```

4.6 示例学习

4.6.1 从身份证号中截取出生日期

【例 4-14】 编写一个 Java 程序,实现通过键盘输入一个有效的身份证号码,并输出该身份证号码对应的出生日期(格式为 YYYY-MM-DD)。

```
1   import java.util.Scanner;
2   public class Example14 {
3       public static void main(String[] args) {
4           Scanner sc = new Scanner(System.in);
5           System.out.println("请输入一个身份证号码:");
6           String idCard = sc.nextLine();
7
8           //截取出生日期
9           String birthday = idCard.substring(6, 14);
10
11          //将截取的出生日期格式化为 YYYY-MM-DD
12          String formatBirthday = birthday.substring(0, 4) + "-" +
13                  birthday.substring(4, 6) + "-" +
14                  birthday.substring(6, 8);
15
16          System.out.println("出生日期是:" + formatBirthday);
17          sc.close();
18      }
19  }
```

运行例 4-14,运行结果如下所示。

```
请输入一个身份证号码:
320222200805174635
出生日期是:2008 - 05 - 17
```

4.6.2 翻译摩尔斯电码

【例 4-15】 编写一个 Java 程序,实现将摩尔斯电码翻译成明文。程序要求如下。
(1) 使用字符串常量表示摩尔斯电码与英文字母的映射关系。
(2) 使用数组存储摩尔斯电码的每个字符,每个摩尔斯电码字符之间用空格分隔。
(3) 程序应能够读取用户输入的摩尔斯电码字符串,并翻译成对应的英文字符串。字符串中的每个摩尔斯电码字符应被视为数组的一个元素。

```
1   import java.util.Scanner;
2   public class Example15 {
3       public static void main(String[] args) {
4           //摩尔斯电码与英文字母的对应关系,例如.- 对应 A
```

```java
5         final String[] M_CODES = {".-", "-...", "-.-.", "-..", ".",
6                         "..-.", "--.", "....", "..", ".---", "-.-", ".-..", "--",
7                         "-.", "---", ".--.", "--.-", ".-.", "...", "-", "..-"
8                         , "...-", ".--", "-..-", "-.--", "--.."};
9         final String[] ALPHABET = {"A", "B", "C", "D", "E", "F", "G", "H",
10                         "I","J", "K", "L", "M", "N", "O", "P", "Q",
11                         "R", "S", "T", "U", "V", "W", "X","Y", "Z"};
12        //输入的摩尔斯电码以按空格分隔每个电码
13        System.out.print("请输入摩尔斯电码:");
14        Scanner sc = new Scanner(System.in);
15        String inMorseCode = sc.nextLine();
16        sc.close();
17
18        //输入的摩尔斯电码按空格分隔成数组
19        String[] morseArray = inMorseCode.trim().split("\\s+");
20        StringBuilder translatedText = new StringBuilder();
21        for (String code : morseArray) {
22            //翻译摩尔斯电码
23            for (int i = 0; i < M_CODES.length; i++) {
24                if (M_CODES[i].equals(code)) {
25                    translatedText.append(ALPHABET[i]);
26                    break;
27                }
28            }
29            //可以添加空格以分隔翻译后的字母,也可以不用
30            //translatedText.append(" ");
31        }
32
33        System.out.println("翻译结果是:" + translatedText.toString().trim());
34    }
35 }
```

运行例 4-15,运行结果如下所示。

```
请输入摩尔斯电码:-- .   -.   .-.. .-.. ---.
翻译结果是:HELLO
```

4.7 本章小结

本章主要介绍了 Java 中的数组与字符串的相关知识。首先,详细介绍了 Java 数组的概念,涵盖了一维数组的定义、使用方法及其常见操作,并进一步探讨了多维数组的定义与应用场景。然后,对字符串进入了深入讲解,包括字符串的声明与赋值方式,以及字符串的常见操作技巧。此外,还对 String 类与 StringBuffer 类进行了对比分析,并详细阐述了 StringBuffer 类所提供的各类常见操作。通过本章的学习,读者将能够熟练掌握 Java 程序中数组与字符串的声明、初始化及使用方法,为后续章节的学习奠定坚实的基础。

习 题 4

一、填空题

1. 数组用 new 运算符创建数组并分配内存空间后,如果没有显性地对数组赋值,数组

的每个元素会自动赋值一个默认值。整型数组元素的默认值是_____。

2. 在 Java 中数组被创建后,获取数组的长度可以通过"数组名._____"获得。

3. double[] drr={1.0,2.1,3.2,4.3,5.4,6.5};drr[3]的内容是_____。

4. String string1 = "my Java program!",String s = string1.substring(3,7),执行后 s 的值是_____。

5. 已知 strb 为 StringBuffer 的一个实例,且 strb.toString()的值为"Hello",则执行 strb.reverse()后,strb.toString()的值为_____。

二、选择题

1. 在 Java 中,以下选项中正确地声明了一个可以存储 10 个整数数组的是(　　)。
　　A. int arr[10];　　　　　　　　　　　　B. int arr = new int[10];
　　C. int[] arr = new int[10];　　　　　　D. int[10] arr = new int;

2. 数组元素在内存中的存储特点是(　　)。
　　A. 非连续存储
　　B. 元素的存储顺序与逻辑顺序可能不一致
　　C. 连续存储,且元素的存储顺序与逻辑顺序一致
　　D. 以上都不对

3. 数组元素的索引值范围通常是(　　)。
　　A. 从 1 到数组长度　　　　　　　　　　B. 从 0 到数组长度
　　C. 从 0 到数组长度−1　　　　　　　　　D. 从 1 到数组长度−1

4. 假设有一个二维数组 int[][] arr = new int[3][4];,则这个数组有(　　)个元素。
　　A. 3　　　　　B. 4　　　　　C. 7　　　　　D. 12

5. 下列选项中不是 String 类的方法的是(　　)。
　　A. substring(int beginIndex)　　　　　B. length()
　　C. concat(String s)　　　　　　　　　　D. append(String s)

6. String s = "abc"; String t = s.substring(1);执行后,t 的值是(　　)。
　　A. "abc"　　　B. "bc"　　　C. "a"　　　D. ""

7. String s1 = "hello java"; String s2 = s1.concat("world");执行后,s1 的值是(　　)。
　　A. "hello world"　　　　　　　　　　　B. "hello java world"
　　C. null　　　　　　　　　　　　　　　　D. 编译错误

8. "AbA".compareTo("abC")返回值是(　　)。
　　A. −32　　　B. 2　　　C. −2　　　D. −1

三、简答题

1. 简述 Java 中一维数组静态初始化和动态初始化的主要区别,并给出每种初始化方式的适用场景。

2. 简述 String 类和 StringBuffer 类之间的主要区别。

3. 解释 String.concat(String s)方法的作用,并说明它与"＋"操作符在字符串连接上的主要区别。

四、程序分析题

阅读下面的程序,分析代码是否能够编译通过,如果能编译通过,请列出运行的结果;

否则,请说明编译失败的原因,并在不改变程序结构的情况下修改程序使之编译通过。

代码一:

```java
public class Test01 {
    public static void main(String[] args) {
        int[] numbers = new int[5];
        for(int i = 0; i < numbers.length; i++) {
        numbers[i] = i * 2;
        }
        for(int i = 0; i < numbers.length; i++) {
            System.out.println("numbers[" + i + "] = " + numbers[i]);
        }
        System.out.println("numbers[5] = " + numbers[5]);}
    }
```

五、编程题

1. 编写一个 Java 程序,给定一个整数数组 int[] arr = {1,2,3,4,5};,请逆序遍历该数组,并计算所有元素的总和,最后输出总和。

2. 编写一个 Java 程序,给定一个整数数组 int[] arr = {15,3,28,4,2,1};,使用冒泡排序算法对数组进行排序(升序),然后输出排序后的数组。

第 5 章　类 和 对 象

学习目标
- 了解面向过程编程思想与面向对象编程思想的区别。
- 重点掌握类与对象的概念。
- 重点掌握类的属性(成员变量)和方法。
- 了解匿名对象。

本章将深入探讨 Java 中的类和对象,学习如何定义类、如何创建对象,以及如何通过这些对象来交互和执行操作,从基础概念到高级特性,逐步揭示使用它们来设计和实现各种各样的 Web 和 App 应用。

5.1　面向对象概述

在当前的编程领域,面向对象编程(Object-Oriented Programming,OOP)已经成为一种广受欢迎的程序设计方法。

在过去,程序员在编写程序时往往需要按照计算机的逻辑来思考问题,这可能与人类的自然思维方式存在差异。如果完全按照计算机的逻辑来编程,可能会牺牲编程的愉悦感,特别是在面对复杂的系统开发时,这种差异会使代码变得难以管理和维护。因此,如何使用程序来描述和解决复杂的系统问题,成为每位程序员必须面对的问题。

20 世纪 70 年代,一种新的编程范式——面向对象编程(OOP)诞生了。在 OOP 的框架下,数据和操作数据的函数被统一封装成对象。这些对象能够响应消息,而解决问题的方法则是创建对象并向其发送各种消息。通过这种方式,程序中的多个对象可以相互协作,共同构建出复杂的系统,以解决现实世界的问题。

5.2　类

类是现实世界实体的抽象,定义了一组具有相同属性和行为的对象结构。对象则是类的实例,每个实例可以拥有不同的属性值,但共享相同的行为集合。例如,风景优美或有古代遗迹的著名地方统称为名胜古迹,那么读者最喜欢的名胜古迹是哪里?故宫。名胜古迹就是类,故宫就是实例。

随着人工智能和机器人技术的飞速发展,仿生机器人逐渐成为科技创新的热点,而在众多仿生机器人中,机器狗以其独特的设计和功能特别引人注目,比如波士顿动力(Boston Dynamics)的 Spot 机器狗、小米公司的 CyberDog 机器狗等。Spot 仿生狗,如图 5-1 所示。这些充满未来感的仿生狗集成了多种传感器和执行器,还拥有高度自主的运动和交互能力,因此，本章将借用小米的 CyberDog 仿生狗，向读者介绍 Java 面向对象编程的核心概念。

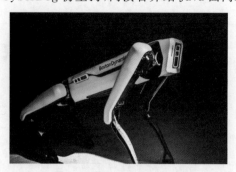

图 5-1　Spot 仿生狗(图片来自 unsplash.com)

5.2.1　类声明

在 Java 中类声明是定义类的基础。声明一个类需要通过关键字 class。那么，首先声明一个 CyberDog 类代表仿生狗，如例 5-1 所示。

【例 5-1】　仿生狗 CyberDog 类的定义。

```
1    class CyberDog {
2
3    }
```

关键字 class，表示后面正在定义一个类，类的名字叫 CyberDog，这第 1 行就叫作类声明。在 Java 编程中，类名是一个很重要的概念。标识一个 Java 类的名称，命名规则请参考 2.2.2 节。

5.2.2　类体

在类声明之后，花括号({})及花括号之间的内容就叫作类体。类体分为两部分：变量的声明和方法的定义。

```
class [类名称]{
    成员变量
    成员方法
}
```

5.2.3　成员变量

成员变量(有时也叫"字段")用来描述类的具体属性。如例 5-1 声明中，name(名字)、batteryLevel(电池电量)都是 CyberDog 类的属性。

成员变量的类型可以是基本类型，如 int、double、String 等，也可以是指向对象的一个引用，但是该引用必须已经初始化。若是基本类型，则可在类定义位置直接初始化，如例 5-2 所示。

【例 5-2】　仿生狗 CyberDog 成员变量的定义。

```
1    class CyberDog {
2        String name = "旺财";           //仿生狗的名字
3        int batteryLevel = 100;         //电池电量
4    }
```

5.2.4 成员方法

成员方法(通常叫作"方法")就是类所具有的动态功能。如例 5-1 中 CyberDog 声明的 run、rollOver、jump 都是其所具有的功能。成员方法的声明格式如下。

```
[修饰符] [方法返回类型] [方法名](方法参数列表) {
    若干方法语句;
    return 方法返回值;
}
```

(1) 方法返回类型：指定方法执行完毕后返回的数据类型。
(2) 方法名：标识方法的名称，在调用该方法时使用。
(3) 方法参数列表：定义方法调用时需要传递的参数，括号内列出参数类型和名称。
(4) 修饰符：将在 5.2.6 节进行详细阐述。

5.2.5 对象的创建

类是现实世界中某些具有共同特征和行为的事物的抽象。每个对象都是其类的一个实例，拥有自己的状态和行为。

状态指对象的属性，即对象的数据。例如，对于 CyberDog 类，状态可能包括 name(名字)、batteryLevel(电量)等属性。

行为指对象可以执行的操作，通常通过类中定义的方法来实现。对于 CyberDog 类，行为可能包括 run(奔跑)、rollOver(打滚)等方法。

应用程序想要完成具体的功能，仅有类是远远不够的，还需要根据类创建实例对象。在 Java 程序中可以使用 new 关键字创建对象，具体格式如下。

```
[类名] [对象名称] = new 类名();
```

在创建对象后，可以通过对象的引用来访问对象所有的成员，具体格式如下。

```
对象引用.对象成员
```

根据例 5-2 可以创建一个名为"旺财"的 CyberDog，并访问其提供的"奔跑""打滚"等方法，例 5-3 展示了具体的应用。

【例 5-3】 CyberDog 对象的创建。

```
1  class Example03 {
2      public static void main(String[] args){
3          CyberDog myDog = new CyberDog();
4          myDog.run();
5          myDog.rollOver();
6      }
7  }
```

运行结果如下所示。

```
旺财正在奔跑,消耗 15% 电量.
旺财正在打滚,消耗 8% 电量.
```

每个 CyberDog 对象都是独一无二的，即使它们都是根据同一个类创建的。例如，一个 CyberDog 对象可能被命名为"旺财"，电量为 75%，而另一个可能被命名为"富贵"，电量为

50%。至于如何为 CyberDog 在初始时赋予不同的参数,将在 5.3 节中详细讲解。

5.2.6 类的封装

封装是面向对象编程(OOP)中的一个核心概念,通过封装可以隐藏对象的内部状态和实现细节,只暴露出一个可以被外界访问和操作的接口。这种信息隐藏提高了代码的安全性和可维护性,同时也促进了代码的重用。

假设需要给上述的 CyberDog 增加一个低电量告警的功能,那么要在类 CyberDog 中定义一个方法 checkBatteryStatus()表示检测当前电量状态,例 5-4 展示了具体的应用。

【例 5-4】 利用定义方法,检测当前电量状态。

```
1    class CyberDog {
2        String name;            //仿生狗的名字
3        int batteryLevel;       //电池电量
4        void checkBatteryStatus() {
5            if ( batteryLevel < 20) {
6                System.out.println("当前电量为" + batteryLevel + "%,请注意充电!");
7            } else {
8                System.out.println("当前电量为" + batteryLevel + "%,请放心使用!");
9            }
10       }
11   }
12   针对设计的 CyberDog 类创建对象,并访问该对象的成员
13   class Example04 {
14       public static void main(string[] args){
15           CyberDog myDog = new CyberDog();
16           myDog.batteryLevel = -10;
17           myDog.checkBatteryStatus();
18       }
19   }
```

运行例 5-4,运行结果如下所示。

```
当前电量为 -10%,请注意充电!
```

在例 5-4 的 main()方法中,将电量赋值为一个负数-10,这在程序中不会有任何问题,但在现实生活中明显是不合理的。为了解决电量不能为负数的问题,在设计一个类时,应该对成员变量的访问做出一些限定,不允许外界随意访问。这就需要实现类的封装。

所谓类的封装是指在定义一个类时,将类中的属性私有化,即使用 private 关键字来修饰,私有属性只能在它所在类中被访问。因此,需要对 CyberDog 成员变量的声明重新修改,如例 5-5 所示。

【例 5-5】 成员变量的私有化。

```
1    class CyberDog {
2        private String name;            //仿生狗的名字
3        private int batteryLevel;       //电池电量
4    }
```

由此可以看出,完整的成员变量声明应该由三部分组成,依次为访问修饰符、变量类型、变量名称。

访问修饰符用于控制哪些类可以访问该成员变量或方法。Java 共支持 4 种不同的访

问权限。

(1) default(即默认,无访问修饰符):在同一包内可见,不使用任何修饰符。
(2) private:在同一类内可见。
(3) public:对所有类可见。
(4) protected:对同一包内的类和所有子类可见。

目前,本小节只考虑 public 和 private,其他访问修饰符将在 5.8 节及第 6 章再进行讨论。因此,根据封装的原则,一般会将成员变量私有化,即设为 private。这意味着 name、batteryLevel 这些字段只能从 CyberDog 类的内部直接访问。

同成员变量一样,方法也需要设定访问修饰符,一般会将方法设为 public 允许外部代码直接调用。例如,为了能让外界访问私有属性,需要提供一些使用 public 修饰的公有方法,其中包括用于获取属性值的 getXxx()方法和设置属性值的 setXxx()方法。

下面将通过例 5-6 中 CyberDog 类低电量告警的案例展示类的封装的应用。

【例 5-6】 CyberDog 低电量告警功能。

```
1   class CyberDog {
2       private String name = "旺财";           //仿生狗的名字
3       private int batteryLevel = 10;          //电池电量
4       //公有的 getXxx()和 setXxx()方法
5       public String getName() {
6           return name;
7       }
8       public void setName(String dogName) {
9           name = dogName;
10      }
11      public int getBatteryLevel() {
12          return batteryLevel;
13      }
14      public void setBatteryLevel(int newBatteryLevel) {
15          //下面是对传入的参数进行检查
16          if (newBatteryLevel < 0 || newBatteryLevel > 100) {
17              System.out.println("设置电量不合法,将保持原值");
18          } else {
19              batteryLevel = newBatteryLevel;              //对属性赋值
20              System.out.println("设置电量成功");
21          }
22      }
23      public void checkBatteryStatus() {
24          if ( batteryLevel < 20) {
25              System.out.println(name + "当前电量为" + batteryLevel + "%,请注意充电!");
26          } else {
27              System.out.println(name + "当前电量为" + batteryLevel + "%,请放心使用!");
28          }
29      }
30  }
31  public class Example06 {
32      public static void main(String[] args) {
33          CyberDog myDog = new CyberDog();
34          myDog.setBatteryLevel(-10);
35          myDog.checkBatteryStatus();
36          myDog.setBatteryLevel(80);
```

```
37          myDog.checkBatteryStatus();
38      }
39  }
```

运行例5-6,运行结果如下所示。

```
设置电量不合法,将保持原值
旺财当前电量为 10%,请注意充电!
设置电量成功
旺财当前电量为 80%,请放心使用!
```

在例5-6中,使用private关键字将属性name和batteryLevel声明为私有变量,并向外界提供了几个公有的方法,其中,getName方法用于获取name属性的值,setName方法用于设置name属性的值。同理,getBatteryLevel和setBatteryLevel方法用于获取和设置batteryLevel属性的值。在main方法中创建CyberDog对象,并调用setBatteryLevel方法传入一个负数−10,在setBatteryLevel方法中对参数batteryLevel的值进行检查,由于当前传入的值小于0,因此会打印"设置电量不合法"的信息,batteryLevel属性没有被赋值,仍为默认初始值10,最终显示"当前电量为10%,请注意充电!"。同理,当调用setBatteryLevel方法传入80时,判断传入的值为非负数,则显示"设置电量成功",表示充电成功。在setBatteryLevel方法中进行电量数值的校验,这样就保证了设置电量的合理性。

5.3 构造方法与对象的创建

从前面所学到的知识中可以发现,实例化一个类的对象后,如果要为这个对象中的属性赋值,则必须通过直接访问对象的属性或调用setXxx方法的方式才可以。如果需要在实例化对象的同时就为这个对象的属性进行赋值,可以通过构造方法来实现。构造方法是类的一个特殊成员,它会在类实例化对象时被自动调用。接下来学习构造方法的具体用法。

5.3.1 构造方法

在Java中,构造方法是一种特殊的方法,用于在创建对象时初始化对象的状态。在一个类中定义的方法如果同时满足以下三个条件,该方法称为构造方法。

(1) 方法名与类名相同。
(2) 在方法名的前面没有返回值类型的声明。
(3) 在方法中不能使用return语句返回一个值。

构造方法分为无参构造方法和有参构造方法。无参构造方法没有参数,通常用于提供类的默认配置。如果开发者没有为类定义任何构造方法,Java编译器会自动提供一个无参构造方法。有参构造方法允许在创建对象时传递参数,用于自定义对象的初始状态。

下面将通过例5-7实现给CyberDog初始化参数来演示如何在类中定义构造方法。

【例5-7】 构造方法的定义。

```
1   class CyberDog {
2       private String name;              //初始姓名
3       private int batteryLevel;         //电量
4       //无参构造方法,提供默认配置
```

```
5       public CyberDog() {
6           //初始化属性为默认值
7           name = "旺财";
8           batteryLevel = 100;  //假设电量以百分比表示
9           System.out.println(name + "初始化完成," + "此时电量为" + batteryLevel);
10      }
11  }
12  public class Example07 {
13      public static void main(String[] args) {
14          CyberDog myDog = new CyberDog();
15      }
16  }
```

运行例5-7,运行结果如下所示。

旺财初始化完成,此时电量为100

在例5-7的CyberDog类中定义了一个无参的构造方法CyberDog()。从运行结果可以看出,CyberDog类中无参的构造方法被调用了。这是因为第14行代码在实例化CyberDog对象时会自动调用类的构造方法,new CyberDog()语句的作用除了会实例化CyberDog对象,还会调用构造方法CyberDog()。

在一个类中除了定义无参的构造方法,还可以定义有参的构造方法,通过有参的构造方法可以实现对属性的赋值。下面将对例5-7进行改写,如例5-8所示。

【例5-8】 有参构造方法和无参构造方法的定义。

```
1   class CyberDog {
2       private String name;              //初始姓名
3       private int batteryLevel;         //电量
4       //无参构造方法,提供默认配置
5       public CyberDog() {
6           //初始化属性为默认值
7           name = "旺财";
8           batteryLevel = 100;           //假设电量以百分比表示
9           System.out.println(name + "初始化完成," + "初始电量为" + batteryLevel);
10      }
11      //有参构造方法,使用自定义配置
12      public CyberDog(String cName, int cBatteryLevel) {
13          name = cName;
14          batteryLevel = cBatteryLevel;
15          System.out.println(name + "初始化完成," + "设置电量为" + batteryLevel);
16      }
17  }
18  public class Example08 {
19      public static void main(String[] args) {
20          CyberDog myDog = new CyberDog("富贵", 80);
21      }
22  }
```

运行例5-8,运行结果如下所示。

富贵初始化完成,设置电量为80

例5-8的CyberDog类中定义了有参的构造方法CyberDog(String cName,int cBatteryLevel)。第20行代码中的new CyberDog会在实例化对象的同时调用有参的构造方法,并传入了名称(name)、电量(batteryLevel)。通过运行结果可以看出,CyberDog对象在初始化后,其

name 属性已经被赋值为"富贵"。

5.3.2 对象的内存布局

5.2.5 节中介绍了对象如何创建,然而对象的创建并不仅限于编写几行代码并看到一个结果。在对象的生命周期中,内存管理是一个至关重要的环节,它影响着程序的性能和稳定性。本小节将会对 Java 中的对象创建进行更深层次的讲解,包括对象是如何在内存中布局的,以及对象是如何在这些内存区域中被创建和销毁的。

在对象创建和销毁时,主要关注以下两种内存空间。

(1)栈(Stack):局部变量存储的地方,每个线程都有自己的栈。

(2)堆(Heap):所有线程共享的内存区域,用于存储对象和数组。

下面通过创建 CyberDog 的对象,详细描述在 Java 中对象创建的过程。

```
1    CyberDog myDog = new CyberDog();
```

① new 创建对象:new CyberDog()用于创建 CyberDog 类的一个实例对象,此为对象创建的开始操作。

② 堆分配:Java 会在堆上为新 CyberDog 实例分配必要的内存空间。

③ 调用构造方法:CyberDog 的构造方法被调用,同时在堆上分配的内存空间里初始化 name 和 batteryLevel 等属性。

④ 返回引用:构造方法执行完成后,它会返回一个指向该对象的引用,这个引用实际上是对象在堆内存中的地址,可以把这个引用想象成一个指向 CyberDog 实例的指针。

⑤ 栈分配:CyberDog myDog 声明了一个 CyberDog 类型的变量 myDog,Java 会在栈上为 myDog 分配一个空间,用于存放④中返回的 CyberDog 实例的地址。

在内存中变量 myDog 和对象之间的引用关系,Java 对象内存分布如图 5-2 所示。

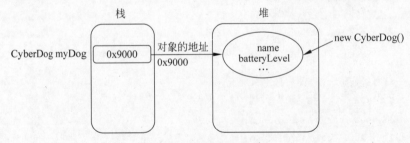

图 5-2 Java 对象内存分布

下面通过例 5-9 展示从内存分布的角度学习访问对象成员时的内存情况。

【例 5-9】 CyberDog 对象的创建。

```
1    public class Example09 {
2        public static void main(String[] args) {
3            CyberDog dog1 = new CyberDog("旺财", 20);     //创建第一个 CyberDog 对象
4            CyberDog dog2 = new CyberDog("富贵", 80);     //创建第二个 CyberDog 对象
5        }
6    }
```

运行例 5-9,运行结果如下所示。

```
旺财初始化完成,设置电量为 20
富贵初始化完成,设置电量为 80
```

例 5-9 中，dog1、dog2 分别引用了 CyberDog 类的两个实例对象。从运行结果可以看出，dog1 和 dog2 对象打印的 name 值不相同。这是因为 dog1 对象和 dog2 对象是两个完全独立的个体，它们分别拥有各自的 name 属性。程序运行期间 dog1、dog2 引用的对象在内存中的状态如图 5-3 所示。

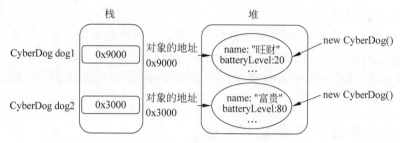

图 5-3　例 5-9 中对象在内存中的状态

当对象被实例化后，在程序中可以通过对象的引用变量来访问该对象的成员。需要注意的是，当没有任何变量引用这个对象时，它将成为垃圾对象，不能再被使用。接下来通过两段程序代码来分析对象是如何成为垃圾对象的。

第一段程序代码：

```
1  {
2      CyberDog dog1 = new CyberDog();      //创建第一个 CyberDog 对象
3      //...
4  }
```

上面的代码中使用变量 dog1 引用了一个 CyberDog 类型的对象，当这段代码运行完毕时，变量 dog1 就会超出其作用域而被销毁，这时 CyberDog 类型的对象没有被任何变量引用，而变成垃圾对象。

第二段程序代码如例 5-10 所示。

【例 5-10】　对象的销毁。

```
1  public class Example10 {
2      public static void main(String[] args) {
3          CyberDog dog = new CyberDog();      //创建 CyberDog 对象
4          dog.run();                          //调用 run()方法
5          dog = null;                         //将 CyberDog 对象置为 null
6          dog.run();
7      }
8  }
```

运行例 5-10，运行结果如下所示。

```
旺财初始化完成,设置电量为 80 %
正在奔跑,消耗 15 % 电量
Exception in thread "main" java.lang.NullPointerException: Cannot invoke "CyberDog.run()" because "dog" is null
        at Example10.main(Example10.java:6)
```

在例 5-10 中，创建了一个 CyberDog 类的实例对象，并两次调用了该对象的 run()方法。第一次调用 run()方法时可以正常打印，但在第 5 行代码中将变量 dog 的值置为 null，当再次调用 run()方法时抛出了空指针异常（在第 7 章中会详细解释，此处理解为错误即可）。在 Java 中，null 是一种特殊的常量，当一个变量的值为 null 时，则表示该变量不指向任何一个对象。当把变量 dog 置为 null 时,被 dog 所引用的 CyberDog 对象就会失去引用,成为垃圾对象。

5.4 参 数 传 递

函数的参数传递有两种,按值传递和按引用传递。按值传递表示函数接收的是调用者提供的值,按引用传递表示函数接收的是调用者提供的变量地址。需要注意的是,函数可以修改按引用传递的参数对应的变量值,但不可以修改按值传递的参数对应的变量值,这是两者的最大区别。

5.4.1 基本数据类型参数的传值

对于 Java 的 8 种基本数据类型(如 int、double、char 等),参数传递是按值进行的。这意味着当一个基本数据类型的变量作为参数传递给方法时,方法接收到的是原始值的一个复制,方法内部对参数的修改不会影响到原始变量。

下面通过例 5-11 定义 CyberDog 类实现添加充电的功能。

【例 5-11】 基本数据类型参数的传值。

```
1   public class Example11 {
2       private static void charge(int bLevel, int delta) {
3           if (bLevel + delta <= 100) {
4               bLevel += delta;
5               System.out.println("已充入" + delta + "%电量");
6           } else {
7               bLevel = 100;
8               System.out.println("充电已满.");
9           }
10      }
11      public static void main(String[] args) {
12          CyberDog myDog = new CyberDog("旺财", 20);
13          System.out.println("充电前电量:" + myDog.getBatteryLevel() + "%.");
14          charge(myDog.getBatteryLevel(), 30); //尝试给 CyberDog 充电 30 %
15          System.out.println("充电后电量:" + myDog.getBatteryLevel() + "%.");
16      }
17  }
```

例 5-11 中的代码定义了一个 charge 方法,方法内部将传入的参数 batteryLevel 的值增加 delta 数值的电量。

运行例 5-11,运行结果如下所示。

```
充电前电量:20%
已充入 30%电量
充电后电量:20%
```

从上面的运行结果来看,charge 方法中 delta 的值是 30,charge 方法执行结束后,CyberDog 的电量依然是 20。

由上可以看出,charge 方法里的 bLevel,并不是 main 方法里 myDog 的成员变量 batteryLevel,charge 方法内部对 bLevel 的值的修改并没有改变实际参数 myDog.batteryLevel 的值,改变的只是 charge 方法中 bLevel 的值,因为 charge 方法中的 bLevel 只是 myDog.batteryLevel 的复制品。

因此,Java 中基本数据类型的参数在进行传递时,是按值传递的。

5.4.2 引用数据类型参数的传值

前面看到的只是基本数据类型的参数,那如果参数是一个对象,结果又是怎样的? 仍然是为 CyberDog 类添加充电的功能,如例 5-12 所示。

【例 5-12】 引用数据类型参数的传值。

```
1   public class Example12 {
2       private static void charge(CyberDog innerDog, int delta) {
3           if (innerDog.getBatteryLevel() + delta <= 100) {
4               innerDog.setBatteryLevel(innerDog.getBatteryLevel() + delta);
5               System.out.println("已充入" + delta + "%电量");
6           } else {
7               innerDog.setBatteryLevel(100);
8               System.out.println("充电已满.");
9           }
10      }
11      public static void main(String[] args) {
12          CyberDog myDog = new CyberDog("旺财", 20);
13          System.out.println("充电前电量:" + myDog.getBatteryLevel() + "%.");
14          charge(myDog, 30); //尝试给 CyberDog 充电 30%
15          System.out.println("充电后电量:" + myDog.getBatteryLevel() + "%.");
16      }
17  }
```

在例 5-12 的第 14 行代码中,charge 方法传入了 myDog 对象。运行例 5-12,运行结果如下所示。

```
充电前电量:20%
设置电量成功
已充入 30%电量
充电后电量:50%
```

经过 charge 方法执行后,innerDog 的电量 batteryLevel 被改变了。分析上述代码,main 方法中的 myDog 是一个引用,它保存了 CyberDog 对象的地址值,当把 myDog 的值赋给 charge 方法的 innerDog 形参后,即让 charge 方法的 innerDog 形参也保存了这个地址值,因此也会引用到堆内存中的 CyberDog 对象。程序运行期间 myDog、innerDog 引用的对象在内存中的状态,如图 5-4 所示。

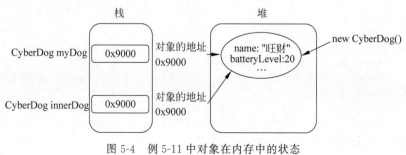

图 5-4 例 5-11 中对象在内存中的状态

【小提示】 结合生活中的场景,深入理解值传递和引用传递。

你有一个房子,当你的朋友想要去你家的时候,你给他一个你的房子的复制品(或者一个房子的模型)。你的朋友可以进入这个复制的房子,但他们对复制品做的任何改变都不会影响到你原来的那个房子,这就是值传递。

你有一个房子,当你的朋友想要去你家的时候,你直接把钥匙给他了,这就是引用传递。这种情况下你的朋友可以进入你家,看电视(查询操作)、改变你的家具位置(修改操作)、变卖你的家电(删除操作)等。

综上所述,在 Java 的方法中,传递基本数据类型的时候是值传递,这意味着传递的是值的复制。在传递引用数据类型的时候是引用传递,这意味着传递的是引用值(地址),所有引用都指向同一个对象。

5.5 方法的重载

在 Java 编程语言中,重载(Overloading)是一种允许根据输入参数的数量、类型或顺序来定义多个同名方法的机制,它可以为同一个行为提供多种不同的实现方式。重载方法可以对不同的输入数据执行相同的操作,但具体的行为会根据输入参数的不同而有所区别,这不仅提高了代码的可读性,还增加了方法的灵活性。

5.5.1 重载的特点

1. 方法名相同

被重载的方法必须具有相同的方法名。例如,bark 方法可以被重载,以适应不同的使用场景,但是方法的名字必须一致,如例 5-13 所示。

【例 5-13】 方法的重载。

```
1    class CyberDog {
2        private String name;              //仿生狗的名字
3        private int batteryLevel;         //电池电量
4        //其他成员变量及方法…
5        public void bark() {
6            System.out.println("woof!");
7        }
8        public void bark(int numberOfTimes) {
9            for (int i = 0; i < numberOfTimes; i++) {
10               System.out.println("汪!");
11           }
12       }
13   }
14   public class Example13 {
15       public static void main(String[] args) {
16           CyberDog myDog = new CyberDog();
17           myDog.bark();
18           myDog.bark(3);
19       }
20   }
```

运行例 5-13,运行结果如下所示。

```
旺财初始化完成,初始电量为100
woof!
汪!
汪!
汪!
```

2. 参数列表不同

可以是参数的数量不同、参数的类型不同,或者参数的排列顺序不同。例如,move 方法被重载了三次,每次接收不同的参数组合,以满足不同的移动需求。这样,当需要调用移动方法时,可以根据实际情况选择最合适的方法重载,如例 5-14 所示。

【例 5-14】 利用方法重载实现不同方法的调用。

```
1   class CyberDog {
2       private String name;                    //仿生狗的名字
3       private int batteryLevel;               //电池电量
4       //其他成员变量及方法...
5       //第一种重载:根据方向和速度移动
6       public void move(String direction, double speed) {
7           System.out.println("向" + direction + "方向,以每小时" + speed + "公里的速度移动.");
8       }
9       //第二种重载:根据方向、速度和持续时间移动
10      public void move(String direction, double speed, int duration) {
11          System.out.println("向" + direction + "方向,以每小时" + speed + "公里的速度,持续移动" + duration + "秒");
12      }
13      //第三种重载:直接移动到指定坐标
14      public void move(double newX, double newY) {
15          //实现坐标移动逻辑
16          System.out.println("移动到新坐标:(" + newX + "," + newY + ")");
17      }
18  }
19  public class Example14 {
20      public static void main(String[] args) {
21          CyberDog myDog = new CyberDog();
22          myDog.move("东", 2.0);
23          myDog.move("南", 5.0, 5);
24          myDog.move(10.0, 20.0);
25      }
26  }
```

运行例 5-14,运行结果如下所示。

```
旺财初始化完成,初始电量为100
向东方向,以每小时 2.0 公里的速度移动.
向南方向,以每小时 5.0 公里的速度,持续移动 5 秒
移动到新坐标:(10.0, 20.0)
```

5.5.2 重载的注意事项

1. 返回类型不作为区分条件

返回类型并不是方法重载的条件之一,如下面的例子,尽管方法名 fetch 相同,返回类型不同,会导致编译错误,因为编译器无法根据返回类型来区分这两个方法。

```
1   class CyberDog {
2       //其他成员变量及方法...
3       public String fetch() {
4           return "Fetched item details";
5       }
6       public int fetch() {
7           return 42;      //返回一个整数值
8       }
9   }
```

2. 访问修饰符不作为区分条件

访问修饰符定义了方法的可见性，而不是用来区分重载的方法。如下面的例子，尽管访问控制符不同，但 Java 编译器仍会把这两个 displayInfo 方法作为相同的方法，导致编译错误。

```
1   class CyberDog {
2       //其他成员变量及方法...
3       //公共访问修饰符
4       public void displayInfo() {
5       }
6       //受保护的访问修饰符
7       protected void displayInfo() {
8       }
9   }
```

3. 构造方法的重载

与普通方法一样，构造方法也可以重载，在一个类中可以定义多个构造方法，只要每个构造方法的参数类型或参数个数不同即可。如 5.3.1 节中例 5-8 所示，在创建对象时，可以通过调用不同的构造方法为不同的属性赋值。

5.6 this 关键字

在 Java 编程语言中，this 关键字是一个特殊的关键字，每当创建一个对象时，Java 都会自动为该对象生成一个 this 关键字引用，用于访问该对象的状态和行为。this 关键字的使用非常广泛，它不仅可以访问当前对象的成员变量和方法，还可以在构造方法中区分同名的局部变量和成员变量，或者在方法重载时明确指定调用哪个对象的方法。

5.6.1 this 关键字调用成员变量

在例 5-8 中，有参构造方法中使用的是 cName、cBatteryLevel，而成员变量使用的是 name、batteryLevel，从而导致程序的可读性很差。因此需要将一个类中表示姓名、电量的变量进行统一的命名，如都声明为 name。但是，这样会导致成员变量和局部变量的名称冲突，在方法中将无法访问成员变量 name。

为了解决这个问题，Java 中提供了一个 this 关键字，用于在方法中访问对象的其他成员，从而解决与局部变量名称冲突问题。下面将例 5-8 的有参构造方法进行重写，具体示例如例 5-15 所示。

【例 5-15】 利用关键字 this 调用成员变量。

```
1   class CyberDog {
2       private String name;              //仿生狗的名字
3       private int batteryLevel;         //电池电量
4       //其他成员变量及方法...
5       //有参构造方法,使用自定义配置
6       public CyberDog(String name, int batteryLevel) {
7           this.name = name;
8           this.batteryLevel = batteryLevel;
9           System.out.println(name + "初始化完成," + "设置电量为" + batteryLevel);
10      }
11      //其他方法
12  }
```

在例 5-15 的代码中,构造方法的参数被定义为 name,它是一个局部变量,在类中还定义了一个成员变量,名称也是 name。在构造方法中如果使用 name,则是访问局部变量,但如果使用 this.name 则是访问成员变量。

5.6.2 this 关键字调用成员方法

this 关键字不仅是对当前对象的引用,还可以用来调用当前对象的成员方法。假设需要给 CyberDog 增加一个助跑跳跃的功能,那么要在类 CyberDog 中定义一个方法 runAndJump,其具体的实现可以直接调用已有的 run()和 jump()方法,如例 5-16 所示。

【例 5-16】 利用关键字 this 调用成员方法。

```
1   class CyberDog {
2       private String name;              //仿生狗的名字
3       private int batteryLevel;         //电池电量
4       //其他成员变量及方法...
5       //助跑跳跃
6       public void runAndJump() {
7           this.run();
8           this.jump();
9           System.out.println(name + "完成助跑跳跃...");
10      }
11  }
12  public class Example16 {
13      public static void main(String[] args) {
14          CyberDog myDog = new CyberDog();
15          myDog.runAndJump();
16      }
17  }
```

运行例 5-16,运行结果如下所示。

```
旺财初始化完成,初始电量为 100
旺财正在奔跑,消耗 15% 电量.
旺财正在跳跃,消耗 15% 电量...
旺财完成助跑跳跃...
```

在上面的 runAndJump()方法中,使用 this 关键字调用 run()和 jump()方法。注意,此处的 this 关键字可以省略,也就是说例 5-16 中第 7 行代码写成 this.run()和 run(),效果是完全一样的。

5.6.3 this 关键字调用构造方法

构造方法是在实例化对象时被 Java 虚拟机自动调用的,在程序中不能像调用其他方法一样去调用构造方法,如 this.CyberDog(),这就是错误的。但是可以在一个构造方法中直接使用 this([参数 1,参数 2,…])的形式来调用其他的构造方法。接下来通过例 5-17 改写构造方法 CyberDog()来演示 this 关键字的用法。

【例 5-17】 利用关键字 this 调用构造方法。

```
1    class CyberDog {
2        private String name;                    //仿生狗的名字
3        private int batteryLevel;               //电池电量
4        //其他成员变量及方法…
5        //无参构造方法,提供默认配置
6        public CyberDog() {
7            this("旺财", 100);
8            System.out.println(name + "初始化完成," + "初始电量为" + batteryLevel);
9        }
10       //有参构造方法,使用自定义配置
11       public CyberDog(String name, int batteryLevel) {
12           this.name = name;
13           this.batteryLevel = batteryLevel;
14           System.out.println(name + "初始化完成," + "设置电量为" + batteryLevel);
15       }
16   }
17   public class Example17 {
18       public static void main(String[] args) {
19           CyberDog myDog = new CyberDog();
20       }
21   }
```

运行例 5-17,运行结果如下所示。

```
旺财初始化完成,设置电量为 100
```

例 5-17 中第 19 行代码在实例化 CyberDog 对象时,调用了无参的构造方法,在该方法中通过 this 关键字调用了有参的构造方法,因此运行结果中显示有参构造方法被调用了。

在使用 this 关键字调用类的构造方法时,应注意以下两点。

(1) 只能在构造方法中使用 this 关键字调用其他的构造方法,不能在成员方法中使用。

(2) this 关键字调用其他的构造方法时,这条语句必须作为构造方法的第一行代码出现,此外,每个构造方法中只能包含一次 this 关键字调用,不能多次使用。

下面的写法是非法的。

```
1    public class CyberDog {
2        private String name;
3        private int batteryLevel;
4        //正确的 this 关键字调用方式
5        public CyberDog() {
6            this("DefaultName", 100);          //调用带参数的构造方法
7        }
8        //带参数的构造方法
9        public CyberDog(String name, int batteryLevel) {
10           this.name = name;
```

```
11          this.batteryLevel = batteryLevel;
12          //其他初始化代码...
13      }
14      //错误的 this 关键字调用方式:不是构造方法的第一行语句
15      public CyberDog(String name) {
16          System.out.println("Initializing with name only.");
17          this(name, 100);   //非法:this 关键字调用不是第一行
18      }
19      //错误的 this 关键字调用方式:不能在成员方法中调用 this
20      public void run() {
21          this(name, 100);
22      }
23  }
```

不能在一个类的两个构造方法中使用 this 关键字互相调用,下面的写法编译也会报错。

```
1   class CyberDog {
2       public CyberDog() {
3           this("DefaultName", 100);        //调用带参数的构造方法
4       }
5       public CyberDog(String name, int batteryLevel) {
6           this();
7       }
8   }
```

5.7　static 关键字

在 Java 中,定义了一个 static 关键字,它为类和方法赋予了特殊的属性和行为。static,意味着"静态的"或"全局的",当一个成员(方法或变量)被声明为 static 时,它就与类本身绑定在一起,而不是与类的任何特定实例绑定。这使得 static 成员可以在没有创建类的实例的情况下被访问和使用,为程序设计提供了极大的灵活性和便利。

5.7.1　静态变量

类的定义不仅是对事物特征和行为的描述,更是一种创建具体实例的模板。在 Java 中,使用 new 关键字创建类的实例时,系统会为每个新对象分配独立的内存空间,以存储其独特的数据。然而在某些情况下,内存中只需要为某些特定的数据保留一份副本即可,类的所有实例都共享这份数据。这种做法不仅节省内存,还能保证数据的一致性。例如在 CyberDog 的设计中,硬件规格基本上是统一的,如型号、电机数量、传感器类型等,因此可以将这些属性定义为静态属性,所有实例共享同一组属性,如例 5-18 所示。

【例 5-18】　静态变量的定义与使用。

```
1   class CyberDog {
2       private String name;                                    //仿生狗的名字
3       private int batteryLevel;                               //电池电量
4       private static String model = "CyberDog V1.0";          //型号
5       private static int motorCount = 4;                      //电机数量
6       private static String sensorType = "Infrared";          //传感器类型
7       //其他成员变量及方法...
8   }
```

```
9   public class Example18 {
10      public static void main(String[] args) {
11          CyberDog myDog1 = new CyberDog();
12          CyberDog myDog2 = new CyberDog("富贵", 100);
13          //访问静态属性,获取硬件规格信息
14          System.out.println("CyberDog 型号: " + CyberDog.model);
15          System.out.println("Dog1 的型号: " + myDog1.model);
16          System.out.println("Dog2 的型号: " + myDog2.model);
17          CyberDog.model = "CyberDog V2.0";
18          System.out.println("Dog1 的新型号: " + myDog1.model);
19          System.out.println("Dog2 的新型号: " + myDog2.model);
20      }
21  }
```

运行例 5-18,运行结果如下所示。

```
旺财初始化完成,设置电量为 100
富贵初始化完成,设置电量为 100
CyberDog 型号: CyberDog V1.0
Dog1 的型号: CyberDog V1.0
Dog2 的型号: CyberDog V1.0
Dog1 的新型号: CyberDog V2.0
Dog2 的新型号: CyberDog V2.0
```

在 CyberDog 类中,第 4~6 行代码使用 static 关键字来修饰成员变量,则这些变量就被称作静态变量。静态变量被所有实例共享,使用"类名.变量名"的形式来访问。

例如,model 变量用于表示 CyberDog 的型号,它被所有的实例所共享。由于 model 是静态变量,因此可以直接使用 CyberDog.model 的方式进行调用,也可以通过 CyberDog 的实例对象进行调用,如 myDog1.model。第 17 行代码将变量 model 修改为"CyberDog V2.0",通过运行结果可以看出,对象 myDog1 和 myDog2 的 model 属性均变为"CyberDog V2.0"。具体内存中的分配情况如图 5-5 所示。

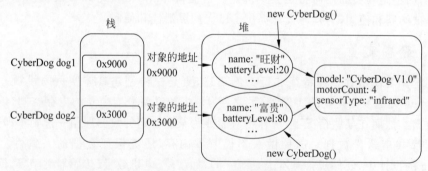

图 5-5 内存中的分配情况

注意:static 关键字只能用于修饰成员变量,不能用于修饰局部变量,否则编译会报错,例如下面的代码是非法的。

```
1   class CyberDog {
2       public run() {
3           static double speed = 10.0;        //这行代码是非法的,编译会报错
4       }
5   }
```

5.7.2 静态方法

静态方法,也称为类方法,是与类本身相关联的,而不是与类的任何特定实例相关联。这意味着静态方法可以在没有创建类的实例的情况下被调用,它们通过类名直接访问。同样,静态方法也是使用 static 关键字声明,并且它们不能访问类的非静态成员,因为非静态成员需要实例化后才能使用,所以静态方法通常用于实现与类实例状态无关的功能。

例如,可以将 CyberDog 类的欢迎语和唤醒词设计成静态方法,如例 5-19 所示。

【例 5-19】 静态方法的定义与使用。

```
1   class CyberDog {
2       private String name;              //仿生狗的名字
3       private int batteryLevel;         //电池电量
4       //静态方法:CyberDog 的欢迎语
5       public static void welcome() {
6           System.out.println("主人你好,欢迎使用 CyberDog!");
7       }
8       //静态方法:CyberDog 的唤醒词
9       public static void wakeUp(String word) {
10          if (word.equals("小汪同学")) {
11              System.out.println("主人,我在!");
12          }
13      }
14      //其他成员变量及方法…
15  }
16  public class Example19 {
17      public static void main(String[] args) {
18          CyberDog.welcome();
19          CyberDog.wakeUp("小汪同学");
20      }
21  }
```

运行例 5-19,运行结果如下所示。

```
主人你好,欢迎使用 CyberDog!
主人,我在!
```

5.8 包与权限访问

在 Java 编程中,随着项目规模的扩大,管理越来越多的类成为一个挑战。这时,"包"(Package)的概念就显得尤为重要。包是 Java 中的一个命名空间,用于逻辑上组织类和接口,使得大型项目的维护和导航变得更加容易。

5.8.1 包的声明

包提供了一个命名空间,可以避免类的名称冲突。在 Java 中,包的声明是通过 package 关键字完成的,通常位于 Java 源文件的最顶部。声明包时,通常使用点(.)分隔的路径,这与文件系统的目录结构相对应。

假设 CyberDog 类,它属于一个名为 com.example.robots 的包,意味着它是 robots 模块的一部分,可以按照如下方式定义:

```
1   package com.example.robots;        //声明包
2   public class CyberDog {
3       //类定义…
4   }
```

5.8.2 类的导入

要在Java程序中使用其他包中的类,可以使用import语句,具体示例如下。

```
1   import com.example.robots.CyberDog;    //导入CyberDog类
2   public class Main {
3       public static void main(String[] args) {
4           CyberDog myDog = new CyberDog();
5       }
6   }
```

在上面的例子中,import语句允许Main类使用CyberDog类,而无须每次都指定完整的包路径。

5.8.3 包的命名规范

包的名称采用反域名命名法。例如,QQ邮箱的域名是mail.qq.com,那么QQ邮箱的研发工程师在开发过程中使用的包名就是com.qq.mail。而且,包名称通常使用小写字母,以避免与Java关键字或类名冲突。

5.8.4 包的作用域

在5.2.6节中,介绍了Java中4种不同的访问修饰符default、private、public、protected,并对private、public做了详细介绍,而default(即默认,无访问修饰符)的访问级别,也称为包访问级别(package-private),是当类成员没有指定访问修饰符时的默认行为。这意味着这些成员仅在它们所属的包内可见,对于包外的类则是不可见的。

```
1   package com.example.robots;              //定义包
2   class CyberDog {
3       String breed;                        //默认访问权限(package-private)
4       void bark() {
5           System.out.println("Woof! Woof!");
6       }
7   }
```

在上述例子中,CyberDog类的breed变量和bark方法具有default访问权限,它们可以在com.example.robots包内的其他类中被访问,但对其他包不可见。下面的写法尝试在com.example.other包中的一个类OtherClass访问CyberDog类的breed成员,将会导致编译错误,因为breed只在com.example.robots包内可见。

```
1   //文件位置:com/example/other/OtherClass.java
2   package com.example.other;               //定义另一个包
3   import com.example.robots.CyberDog;      //尝试导入CyberDog类
4   public class OtherClass {
5       public void interactWithDog() {
6           CyberDog dog = new CyberDog();   //可以实例化CyberDog
7           //下面的代码将导致编译错误,因为breed是package-private
```

```
8            System.out.println(dog.breed);
9        }
10   }
```

在这个 OtherClass 类中,尽管能够导入并实例化 CyberDog 类,但由于 breed 成员具有默认访问权限,尝试访问 dog.breed 将导致编译时错误,原因就是 breed 在 OtherClass 包中并不可见。

5.9 示 例 学 习

以下通过设计一个 CyberDog 的充电站,深入了解类与对象的概念,并将本章的知识点进行融会贯通。

【例 5-20】 设计充电站类 ChargingStation,要求如下:
(1) 成员变量:充电端口数量、当前正在充电的 CyberDog 对象列表。
(2) 静态成员变量:所有充电站的总充电次数。
(3) 方法:充电(可以选择充满自停或充入任意合法电量)、停止充电。
(4) 静态方法:获取当前所有充电站的总充电次数。

```
1    class ChargingStation {
2        private int portCount;                              //充电端口数量
3        private List<CyberDog> chargingDogs;                //当前正在充电的 CyberDog 列表
4        private static int totalCharges;                    //静态变量存储总充电次数
5        public ChargingStation() {
6            this.portCount = 5;                             //默认充电端口数量为 5
7            this.chargingDogs = new ArrayList<>();
8        }
9        public ChargingStation(int portCount) {
10           this.portCount = portCount;
11           this.chargingDogs = new ArrayList<>();
12       }
13       //为 CyberDog 充电,充满自停
14       public void charge(CyberDog dog) {
15           if (dog == null) {
16               System.out.println("CyberDog 不存在,无法为其充电.");
17               return;
18           }
19           if (chargingDogs.size() < portCount) {
20               chargingDogs.add(dog);
21               System.out.println(dog.getName() + "开始充电...");
22               incrementTotalCharges();
23               //TODO: 充电逻辑
24               dog.setBatteryLevel(100); //充满电
25           } else {
26               System.out.println("充电站已满,无法为" + dog.getName() + "充电.");
27           }
28       }
29       //CyberDog 充电,设置充电量
30       public void charge(CyberDog dog, int chargeAmount) {
31           if (dog == null) {
32               System.out.println("CyberDog 不存在,无法为其充电.");
33               return;
34           }
```

```java
35              if (chargingDogs.size() < portCount) {
36                  chargingDogs.add(dog);
37                  System.out.println(dog.getName() + "开始充电...");
38                  incrementTotalCharges();
39                  dog.setBatteryLevel(dog.getBatteryLevel() + chargeAmount <= 100 ? dog.
                    getBatteryLevel() + chargeAmount : 100); //充电
40              } else {
41                  System.out.println("充电站已满,无法为" + dog.getName() + "充电.");
42              }
43          }
44          //CyberDog 停止充电
45          public void stop(CyberDog dog) {
46              if (chargingDogs.contains(dog)) {
47                  chargingDogs.remove(dog);
48                  System.out.println(dog.getName() + "停止充电.");
49              } else {
50                  System.out.println(dog.getName() + "未在充电站充电.");
51              }
52          }
53          //静态方法,用于获取当前所有充电站的总充电次数
54          public static void getTotalCharges() {
55              //静态变量存储总充电次数
56              System.out.println("充电站总充电次数: " + totalCharges);
57          }
58          //静态方法,用于记录充电次数
59          private static void incrementTotalCharges() {
60              totalCharges++;
61          }
62      }
63      public class Example20 {
64          public static void main(String[] args) {
65              CyberDog myDog1 = new CyberDog();
66              myDog1.run();
67              myDog1.rollOver();
68              //myDog1 奔跑、打滚后电量下降
69              myDog1.checkBatteryStatus();
70              System.out.println("-------------------------------------");
71              CyberDog myDog2 = new CyberDog("富贵", 20, 1.0, new double[] { 0.0, 0.0 },
                "poweredOff");
72              //myDog2 出厂后即电量不足
73              System.out.println("-------------------------------------");
74              ChargingStation station = new ChargingStation();
75              //将两只 CyberDog 送入充电站
76              station.charge(myDog1);
77              station.charge(myDog2, 50);
78              System.out.println("-------------------------------------");
79              //充电等待中...
80              station.stop(myDog1);
81              station.stop(myDog2);
82              System.out.println("-------------------------------------");
83              //检查电量
84              myDog1.checkBatteryStatus();
85              myDog2.checkBatteryStatus();
86          }
87      }
```

运行例 5-20,运行结果如下所示。

```
旺财初始化完成,设置电量为 100
旺财正在奔跑,消耗 15% 电量.
旺财正在打滚,消耗 8% 电量...
当前电量为 77%,请放心使用!
富贵初始化完成,设置电量为 20
旺财开始充电...
设置电量成功
富贵开始充电...
设置电量成功
旺财停止充电.
富贵停止充电.
当前电量为 100%,请放心使用!
当前电量为 70%,请放心使用!
充电站总充电次数: 2
```

例 5-20 定义了一个名为 ChargingStation 的类,用于模拟充电站。对 ChargingStation 类进行解析如下所示。

(1) 成员变量。

portCount:表示充电站的充电端口数量。

chargingDogs:存储当前正在充电的 CyberDog 对象的列表。

totalCharges:一个静态变量,用于记录所有充电站的总充电次数。

(2) 构造方法。

无参构造方法,将 portCount 默认设置为 5,表示可以接入 5 个 CyberDog,并初始化 chargingDogs 列表。

有参构造方法,允许设置充电端口的数量 portCount,并初始化 chargingDogs 列表。

(3) 方法。

charge:通过重载 charge 方法,实现充满自停和充入任意电量的功能。charge(CyberDog dog)为 CyberDog 对象充电至满电量。charge(CyberDog dog, int chargeAmount)为 CyberDog 对象充入指定的电量。

stop(CyberDog dog):对指定的 CyberDog 对象停止充电,并从 chargingDogs 列表中移除。

getTotalCharges():返回所有充电站的总充电次数。

incrementTotalCharges():私有静态方法,表示增加总充电次数,类内调用即可,无须对外暴露,因此设置为私有方法。

(4) main()方法。

main()方法用于演示如何使用 ChargingStation 类,创建两个 CyberDog 对象,分别模拟不同的场景(消耗电量后)。创建一个 ChargingStation 对象,并使用它为两个 CyberDog 充电。

5.10 本章小结

本章主要讲解了 Java 面向对象中类与对象的内容。介绍了类的声明、对象的创建,以及如何通过对象来调用方法和访问属性。同时,也介绍了访问修饰符的重要性,它确保了数据的安全性和类的封装性。

面向对象编程的核心在于将现实世界的事物抽象成代码中的类,并通过对象来模拟现实世界中的行为。这种编程范式提高了代码的可读性、可维护性和可扩展性。

习 题 5

一、填空题

1. 类的封装性可以通过使用_____访问修饰符来实现。

2. Java 中如果类中的成员变量有_____变量,那所有的对象为此类变量分配相同的一处内存空间。

3. 方法重载是指在同一个类中可以有多个同名方法,它们具有相同的方法名但_____不同。

4. this 关键字用于引用当前对象的_____。

5. Java 的包声明是通过使用_____关键字来完成的。

二、选择题

1. 下列选项中不是 Java 访问修饰符的是( )。

   A. public   B. private   C. protected   D. this

2. 关于以下程序代码的说明正确的是( )。

```
1   public class HasStatic {
2       private static int x = 100;
3       public static void main(String args[]) {
4           HasStatic hs1 = new HasStatic();
5           hs1.x++;
6           HasStatic hs2 = new HasStatic();
7           hs2.x++;
8           hs1 = new HasStatic();
9           hs1.x++;
10          HasStatic.x--;
11          System.out.println(" x = " + x);
12      }
13  }
```

   A. 程序通过编译,输出结果为:x=102

   B. 程序通过编译,输出结果为:x=103

   C. 10 行不能通过编译,因为 x 是私有静态变量

   D. 5 行不能通过编译,因为引用了私有静态变量

3. 以下说法正确的是( )。

   A. public 关键字只能修饰类名

   B. public 关键字只能修饰方法

   C. public 关键字只能修饰成员变量

   D. 以上说法都不对

4. 在 Java 中,假设 A 有构造方法 A(int a),则在类 A 的其他构造方法中调用该构造方法和语句格式应该为( )。

   A. this.A(x)   B. this(x)   C. super(x)   D. A(x)

三、简单题

1. 解释类的封装性,并给出一个封装类的示例。
2. 描述构造方法的作用,并说明如何在 Java 中调用它们。
3. 解释方法重载的概念,并给出一个包含方法重载的类的示例。
4. 阐述 this 关键字的作用,并给出使用 this 的代码示例。
5. 描述 static 关键字的用途,并给出一个使用 static 的类的例子。
6. 解释包在 Java 中的作用,并说明如何声明和使用它们。

四、编程题

1. 定义一个 Circle(圆)类,提供显示圆周长、面积的方法。
2. 创建一个 Calculator(计算器)类,在其中定义两个私有变量作为操作数,再定义四个方法分别实现和、差、商、积。
3. 按照以下要求设计类:

(1) 编写一个名为 Car 的类,包含品牌(brand)、型号(model)和颜色(color)三个属性,以及一个构造方法和相应的 getters 和 setters。

(2) 在 Car 类中添加两个重载的 display 方法,一个打印车辆的基本信息,另一个还额外打印车辆的生产年份(year)。

(3) 在 Car 类中,使用 this 关键字来区分局部变量和实例变量。

(4) 在 Car 类中添加一个 static 变量 count,用于跟踪创建的 Car 对象的数量。同时,添加一个 static 方法来获取当前创建的 Car 对象总数。

(5) 将 Car 类放入名为 com.example.vehicles 的包中,并编写一个测试类 CarTest,位于同一个包中,用于创建 Car 对象并调用其方法。

(6) 修改 Car 类的属性访问权限,使它们只能通过类的方法被访问和修改,体现封装的概念。

第 6 章　继承、抽象类和接口

学习目标
- 了解什么是抽象类,什么是接口。
- 掌握抽象类和接口的定义方法。
- 理解接口和抽象类的使用场景。
- 掌握多态的含义和用法。
- 掌握内部类的定义方法和使用方法。

第 5 章中介绍了类和对象的基本用法,类是现实世界实体的抽象,对象则是类的实例,它们共同构成了 Java 程序的基本构建块。本章将继续深入探讨面向对象编程的一些高级特性,以进一步提高编写代码的质量和开发效率。

继承允许基于现有类创建新的类,继承现有类的特性并添加或修改行为,实现代码的复用和扩展。多态性则允许以统一的方式处理不同类型的对象,使得程序更加灵活和可扩展。此外,抽象类和接口作为高级抽象机制,提供了定义通用行为的手段。

通过学习本章内容,读者将能够更深入地理解 Java 的面向对象特性,并掌握如何将这些特性应用于解决实际问题,构建更加健壮和灵活的软件系统。

6.1　类 的 继 承

继承是 Java 面向对象编程中的基石之一。在程序中,继承描述的是事物之间的所属关系,通过继承可以建立一个类与另一个类之间的 "is-a" 关系,即子类是父类的特殊形式。这种关系允许子类使用父类的属性和方法,同时还可以扩展或重写这些方法以满足特定的需求。继承不仅提高了代码的复用性,还有助于构建清晰的类层次结构,使得程序设计更加直观和易于维护。例如,智能穿戴设备已经深入日常生活的方方面面,智能手表、智能眼镜都属于智能穿戴设备,在程序中可以描述为继承关系。同理,增强现实体验的 AR 眼镜和虚拟现实的 VR 眼镜又继承自智能眼镜,这些设备之间就形成了一个继承体系。穿戴设备类图如图 6-1 所示。

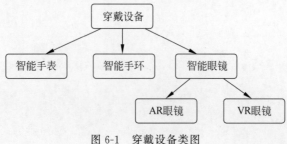

图 6-1　穿戴设备类图

在 Java 中,若要声明一个类继承自另一个类,需要使用 extends 关键字。这不仅是一个语法要求,更是明确表达类之间关系的方式。通过这种方式,子类自然而然地获得了父类中所有可继承的属性和方法。

本章将继续使用 CyberDog 来讲解子类是如何继承父类的。为了便于讲解继承的特点,以下选用例 5-1 的 CyberDog 作为父类,用例 6-1 展示继承的应用。

【例 6-1】 类的继承。

```
1   class CyberDog2 extends CyberDog {
2   }
3   public class Example01 {
4       public static void main(String[] args) {
5           CyberDog2 myDog = new CyberDog2();
6           myDog.run();
7           myDog.rollOver();
8       }
9   }
```

运行例 6-1,运行结果如下所示。

```
旺财正在奔跑,消耗 15% 电量.
旺财正在打滚,消耗 8% 电量...
```

在例 6-1 中,CyberDog2 类通过 extends 关键字继承了 CyberDog 类。这使得 CyberDog2 类成为了 CyberDog 类的子类。从运行结果可以看出,尽管 CyberDog2 类没有显式定义 name 属性和 run() 方法,它仍然能够访问这些成员。这表明,当子类继承父类时,它会自动继承父类的所有成员。

然而,在类的继承过程中,需注意以下三方面。

(1) 在 Java 中,类仅支持单继承,不允许多重继承。这意味着一个类只能有一个直接的父类。例如,下面的代码是不合法的。

```
class A{}
class B{}
class C extends A, B{}       //C 类不可以同时继承 A 类和 B 类
```

(2) 多个类可以继承一个父类,例如下面这种情况是允许的。

```
class A{}
class B extends A{}
class C extends A{}          //类 B 和类 C 都可以继承 A 类
```

(3) 在 Java 中,支持多层继承,即一个类可以继承另一个类,而这个被继承的类又可以继续继承其他类。这种继承链可以形成多层的层次结构。例如,假设有一个类 A,类 B 继承自 A,再有类 C 继承自 B。在这种情况下,C 类不仅继承了 B 类的属性和方法,同时也间接继承了 A 类的属性和方法。因此,C 类可以被认为是 A 类的间接子类。下面这种情况是允许的。

```
class A{}
class B extends A{}          //类 B 继承类 A,类 B 是类 A 的子类
class C extends B{}          //类 C 继承类 B,类 C 是类 B 的子类,同时也是类 A 的子类
```

6.1.1 子类的创建

随着技术的不断进步,机器人技术正逐渐从科幻小说的页面走向现实世界,它们在各个

领域的应用正变得越来越广泛和深入。特别是在救援领域,智能机器人以其独特的优势,如适应复杂环境的能力、长时间的工作耐力及减少人类救援人员面临的风险等,正在成为不可或缺的助手。

因此,本章节设计一款具有抢修救援功能的 CyberDog2,它不仅继承了其前身 CyberDog 的所有功能,还需要在其基础上增加 GPS 导航和热成像功能,从而在搜索与救援任务中更加精准和高效。以下选取 5.9 节中的 CyberDog 作为父类,如例 6-2 所示。

【例 6-2】 子类的创建。

```
1    class CyberDog2 extends CyberDog {
2        private String gps;
3        private String thermalImaging;
4        public String getGps() {
5            return gps;
6        }
7        public void setGps(String gps) {
8            this.gps = gps;
9            System.out.println(this.gps + "模块装配完成.");
10       }
11       public String getThermalImaging() {
12           return thermalImaging;
13       }
14       public void setThermalImaging(String thermalImaging) {
15           this.thermalImaging = thermalImaging;
16           System.out.println(this.thermalImaging + "模块装配完成.");
17       }
18   }
19   public class Example02 {
20       public static void main(String[] args) {
21           CyberDog2 myDog = new CyberDog2();
22           myDog.setGps("北斗定位");
23           myDog.setThermalImaging("热成像");
24           myDog.run();
25       }
26   }
```

运行例 6-2,运行结果如下所示。

```
旺财初始化完成,设置电量为 100
北斗定位模块装配完成.
热成像模块装配完成.
旺财正在奔跑,消耗 15% 电量.
```

在例 6-2 中,为设计抢修救援功能的 CyberDog2,使用 extends 关键字继承了 CyberDog 的所有属性和方法,因此 CyberDog2 创建的实例 mydog,可以直接使用 CyberDog 的 run() 方法。同时又增加了 gps 和 thermalImaging 两个新模块,并增加 getter 和 setter 方法便于访问。

6.1.2 在子类中访问父类的成员

在面向对象编程中,继承是实现代码复用的重要机制。通过继承,子类可以访问父类的成员,包括属性和方法。这使得子类在扩展父类功能的同时,能够保持父类的原始行为。

正如例 6-2 中所示,子类可以直接调用父类中的 run() 方法。但并不是所有的父类成员都可以被直接访问的,访问权限取决于这些属性在父类中的声明方式。

如果父类的成员变更或者方法被声明为 public 或 protected,子类可以直接调用这些方法,如例 6-3 所示。

【例 6-3】 在子类中访问父类成员变量。

```
1   class CyberDog2 extends CyberDog {
2       private String gps;
3       private String thermalImaging;
4
5       public String getGps() {
6           return gps;
7       }
8
9       public void setGps(String gps) {
10          this.gps = gps;
11          System.out.println(this.gps + "模块装配完成.");
12      }
13
14      public String getThermalImaging() {
15          return thermalImaging;
16      }
17
18      public void setThermalImaging(String thermalImaging) {
19          this.thermalImaging = thermalImaging;
20          System.out.println(this.thermalImaging + "模块装配完成.");
21      }
22      public void setSpeed() {
23          this.speed = 5;
24      }
25  }
26
27  public class Example03 {
28      public static void main(String[] args) {
29          CyberDog2 myDog = new CyberDog2();
30          myDog.setGps("北斗定位");
31          myDog.setThermalImaging("热成像");
32          myDog.run();
33          myDog.setSpeed();
34      }
35  }
```

运行例 6-3,运行结果如下所示。

```
Exception in thread "main" java.lang.Error: Unresolved compilation problem:
    The field CyberDog.speed is not visible.
```

在例 6-3 中要给 CyberDog2 增加改变速度的方法 setSpeed(),虽然在父类中有定义 speed 成员变量,但是 speed 的访问修饰符为 private,因此子类中无法直接使用,如第 23 行代码所示,最终编译报错。

如果想在子类中访问或修改父类中的 private 成员变量,则可以通过父类提供的公共方法(如 getter 和 setter)实现间接访问,如例 6-4 所示。

【例 6-4】 对父类中 private 成员变量的引用。

```
1   class CyberDog {
2       private String name = "旺财";           //仿生狗的名字
```

```
3        private double speed;                    //当前速度
4
5        public double getSpeed() {
6            return speed;
7        }
8
9        public void setSpeed(double speed) {
10           this.speed = speed;
11           System.out.println("设置巡航速度为" + this.speed + "km/h.");
12       }
13   }
14
15   class CyberDog2 extends CyberDog {
16       private String gps;
17       private String thermalImaging;
18
19       public String getGps() {
20           return gps;
21       }
22
23       public void setGps(String gps) {
24           this.gps = gps;
25           System.out.println(this.gps + "模块装配完成.");
26       }
27
28       public String getThermalImaging() {
29           return thermalImaging;
30       }
31
32       public void setThermalImaging(String thermalImaging) {
33           this.thermalImaging = thermalImaging;
34           System.out.println(this.thermalImaging + "模块装配完成.");
35       }
36   }
37
38   public class Example04 {
39       public static void main(String[] args) {
40           CyberDog2 myDog = new CyberDog2();
41           myDog.setGps("北斗定位");
42           myDog.setThermalImaging("热成像");
43           myDog.setSpeed(10);
44           myDog.run();
45       }
46   }
```

运行例 6-4,运行结果如下所示。

```
旺财初始化完成,设置电量为 100
北斗定位模块装配完成.
热成像模块装配完成.
设置巡航速度为 10.0km/h.
旺财正在奔跑,消耗 15% 电量.
```

【多学一招】 访问父类的私有成员变量。

访问父类的私有成员变量,一般是由父类提供相应的公共方法(如 getter 和 setter),从而实现子类访问其私有成员变量的目的,这也是推荐大家使用的方式,因为它遵循了封装的原则。

但是在某些特殊的情况下,比如父类是从外部包引入的,无法直接为其增加 setter 和

getter 方法时,那么可以通过反射(本书并不会涉及反射的章节,请读者查阅相关资料进行深入学习)来访问和修改父类的 private 变量。但是这样就破坏了类的封装性,这种做法并不推荐,但在特殊情况下这又是为数不多的解决方案之一。

6.1.3 重写父类方法

在继承关系中,子类会自动继承父类中定义的方法,但有时在子类中需要对继承的方法进行一些修改,即对父类的方法进行重写。需要注意的是,在子类中重写的方法需要和父类被重写的方法具有相同的方法名、参数列表以及返回值类型。

例 6-4 中,抢险救援型 CyberDog2 类从 CyberDog 类继承了 run()方法,该方法在被调用时会打印"旺财正在奔跑,消耗 15% 电量.",但现在需要在 CyberDog2 奔跑的过程中,同时启动 GPS 定位系统和热成像系统,从而完成救援任务。为了解决这个问题,可以在 CyberDog2 类中重写父类 CyberDog 中的 run()方法,具体代码实现如例 6-5 所示。

【例 6-5】 对父类方法的重写。

```
1   class CyberDog2 extends CyberDog {
2       private String gps;
3       private String thermalImaging;
4
5       public String getGps() {
6           return gps;
7       }
8
9       public void setGps(String gps) {
10          this.gps = gps;
11          System.out.println(this.gps + "模块装配完成.");
12      }
13
14      public String getThermalImaging() {
15          return thermalImaging;
16      }
17
18      public void setThermalImaging(String thermalImaging) {
19          this.thermalImaging = thermalImaging;
20          System.out.println(this.thermalImaging + "模块装配完成.");
21      }
22      public void run() {
23          System.out.println(name + "正在奔跑,消耗 15% 电量.");
24          System.out.println(this.gps + "模块工作中.");
25          System.out.println(this.thermalImaging + "模块工作中.");
26      }
27  }
28
29  public class Example05 {
30      public static void main(String[] args) {
31          CyberDog2 myDog = new CyberDog2();
32          myDog.setGps("北斗定位");
33          myDog.setThermalImaging("热成像");
34          myDog.setSpeed(10);
35          myDog.run();
36      }
37  }
```

运行例 6-5,运行结果如下所示。

```
旺财初始化完成,设置电量为 100
北斗定位模块装配完成.
热成像模块装配完成.
设置巡航速度为 10.0km/h.
旺财正在奔跑,消耗 15% 电量.
北斗定位模块工作中.
热成像模块工作中.
```

例 6-5 中定义了一个名为 CyberDog2 的子类,它继承自 CyberDog 类。为了展示子类如何通过重写方法来改变行为,在 CyberDog2 中定义了一个 run() 方法,用以重写父类中的同名方法。

当创建 CyberDog2 的实例并调用其 run() 方法时,可以观察到:程序只会执行子类中重写的 run() 方法,而不会执行父类中的原始 run() 方法。这也展示了 Java 的一个典型应用,即在运行时,对象的实际类型决定了调用哪个方法。

在进行方法重写时,子类不能使用比父类中被重写的方法更严格的访问权限,如父类中的方法是 public 的,子类的方法就不能是 private 的。违反这一规则将导致编译错误。

【思想启迪坊】 继承与创新。

在设计和实现软件时,不仅要关注技术实现,还要考虑其对社会的影响和责任。继承机制可以类比为社会传承,每个人都在继承前人的智慧和成果,这是尊重前人成果的表现,但同时也需要创新。程序员在继承现有代码时,应尊重原作者的设计意图,同时通过创新来解决新的问题,推动技术进步。

程序员在继承和创新的同时,也要为后人创造更好的条件。这意味着在编写代码时,应考虑到代码的可维护性和可扩展性,使后来者能够在此基础上进一步发展,这也是履行社会责任的一种方式。

6.1.4 super 关键字

从例 6-5 的运行结果可以看出,一旦子类重写了父类的方法,子类对象将无法直接调用父类中的原始方法,为了解决这个问题,Java 提供了 super 关键字,它允许子类访问其父类的成员。这包括父类的成员变量、方法,甚至构造方法。下面将通过两个具体的例子来详细了解 super 关键字的用法。

(1) 使用 super 关键字调用父类的成员变量和成员方法。具体格式如下。

```
super.成员变量;
super.方法([参数 1,参数 2,…]);
```

例 6-6 展示了 "super.方法" 的具体用法。

【例 6-6】 利用 super 关键字引用父类变量和方法。

```
1    class CyberDog2 extends CyberDog {
2        private String gps;
3        private String thermalImaging;
4
5        public String getGps() {
6            return gps;
7        }
8
```

```
9       public void setGps(String gps) {
10          this.gps = gps;
11          System.out.println(this.gps + "模块装配完成.");
12      }
13
14      public String getThermalImaging() {
15          return thermalImaging;
16      }
17
18      public void setThermalImaging(String thermalImaging) {
19          this.thermalImaging = thermalImaging;
20          System.out.println(this.thermalImaging + "模块装配完成.");
21      }
22      public void run() {
23          super.run();
24          System.out.println(this.gps + "模块工作中.");
25          System.out.println(this.thermalImaging + "模块工作中.");
26          super.setBattergLevel(super.getBattergLevel() - 15);        //消耗电量
27      }
28  }
29
30  public class Example06 {
31      public static void main(String[] args) {
32          CyberDog2 myDog = new CyberDog2();
33          myDog.setGps("北斗定位");
34          myDog.setThermalImaging("热成像");
35          myDog.setSpeed(10);
36          myDog.run();
37          myDog.checkBatteryStatus();
38      }
39  }
```

运行例 6-6,运行结果如下所示。

```
旺财初始化完成,设置电量为 100
北斗定位模块装配完成.
热成像模块装配完成.
设置巡航速度为 10.0km/h.
旺财正在奔跑,消耗 15% 电量.
北斗定位模块工作中.
热成像模块工作中.
旺财当前电量为 70%,请放心使用!
```

例 6-6 中,子类重写了 CyberDog 类的 run()方法,并且在第 23 行代码中使用"super.run()"调用了父类被重写的方法,同时在第 26 行中使用"super.setBatteryLevel()"访问父类的成员方法。从运行结果可以看出,子类通过 super 关键字可以成功地访问父类成员变量和成员方法。

(2) 使用 super 关键字调用父类的构造方法。具体格式如下。

super([参数 1,参数 2,…]);

例 6-7 展示了使用 super 关键字调用父类的构造方法。

【例 6-7】 利用 super 关键字调用父类构造方法。

```
1   class CyberDog2 extends CyberDog {
2       private String gps;
```

```java
3       private String thermalImaging;
4       CyberDog2() {
5           super("富贵", 100, 1.0, new double[] { 0.0, 0.0 }, "poweredOff");
6           this.gps = "北斗定位";
7           this.thermalImaging = "热成像";
8           this.setSpeed(10);
9       }
10      public String getGps() {
11          return gps;
12      }
13
14      public void setGps(String gps) {
15          this.gps = gps;
16          System.out.println(this.gps + "模块装配完成.");
17      }
18
19      public String getThermalImaging() {
20          return thermalImaging;
21      }
22
23      public void setThermalImaging(String thermalImaging) {
24          this.thermalImaging = thermalImaging;
25          System.out.println(this.thermalImaging + "模块装配完成.");
26      }
27      public void run() {
28          super.run();
29          System.out.println(this.gps + "模块工作中.");
30          System.out.println(this.thermalImaging + "模块工作中.");
31          super.setBattergLevel(super.getBattergLevel() - 15);       //消耗电量
32      }
33  }
34
35  public class Example07 {
36      public static void main(String[] args) {
37          CyberDog2 myDog = new CyberDog2();
38          myDog.run();
39      }
40  }
```

运行例 6-7,运行结果如下所示。

```
富贵初始化完成,设置电量为 100
设置巡航速度为 10.0km/h.
富贵正在奔跑,消耗 15% 电量.
北斗定位模块工作中.
热成像模块工作中.
```

根据前面所学的知识,例 6-7 在实例化 CyberDog2 对象时一定会调用它自己的构造方法。从运行结果可以看出,代码第 5 行中父类的构造方法也通过 super 关键字被调用了。但需要注意的是,通过 super 关键字调用父类构造方法的代码必须位于子类构造方法的第 1 行,并且只能出现一次。

将例 6-7 第 5 行代码移动到第 8 行的位置,再次编译程序会报错,如下所示。

```
Exception in thread "main" java.lang.Error: Unresolved compilation problem:
    Constructor call must be the first statement in a constructor
```

上述的错误表示调用父类构造方法必须位于子类构造方法的第1行。

将例6-7第5行代码去掉,代码也可以正常运行,运行结果如下所示。

```
旺财初始化完成,设置电量为100
设置巡航速度为10.0km/h.
旺财正在奔跑,消耗15％电量.
北斗定位模块工作中.
热成像模块工作中.
```

从运行结果可以看出,即使没有显式地调用父类的构造方法,CyberDog2依然初始化了name和batteryLevel。原因在于在子类的构造方法中一定会调用父类的某个构造方法,如果没有使用super关键字来指定的话,在实例化子类对象时,会自动调用父类无参的构造方法,所以父类CyberDog的无参构造方法就被隐式地调用了。

6.1.5 Object类

在Java的类层次结构中,Object类是所有类的父类。这意味着每个Java类都隐式地继承了Object类,从而继承了它的方法和属性。Object类位于Java类继承体系的顶端,为所有对象提供了基本的行为。Object类与Java类的继承体系如图6-2所示。

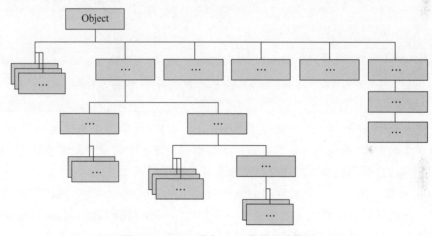

图6-2 Object类与Java类的继承体系

Object类位于java.lang包中,它是Java的核心类。由于它位于继承体系的最顶端,因此它的方法对所有对象都是通用的,这使得Object类成为实现多态性和类型转换的关键。

Object类提供了7个基本方法,具体方法如下。

(1) equals(Object obj):用于比较两个对象的等价性。

(2) hashCode():返回对象的哈希值,通常用于哈希表。

(3) toString():返回对象的字符串表示。

(4) getClass():返回对象的运行时类信息。

(5) notify():唤醒在此对象监视器上等待的一个线程。

(6) notifyAll():唤醒在此对象监视器上等待的所有线程。

(7) wait():使当前线程等待,直到另一个线程调用此对象的notify()或notifyAll()方法。

由于每个 Java 类都自动继承了 Object 类,因此开发者可以直接使用这些方法,或者重写它们以提供自定义的行为。例如,例 6-8 展示了重写 toString()方法可以提供对象的字符串表示。

【例 6-8】 toString()方法的重写。

```
1    class CyberDog2 extends CyberDog {
2        //其他成员变量...
3        //其他方法...
4        @Override
5        public String toString() {
6            return "CyberDog2 [gps = " + gps + ", thermalImaging = " + thermalImaging + ", name = " + name + ", batteryLevel = " + batteryLevel + ", speed = " + speed + ", position = " + coordinates + ", status = " + status + "]";
7        }
8    }
9
10   class Example08 {
11       public static void main(String[] args) {
12           CyberDog2 myDog = new CyberDog2();
13           System.out.println(myDog);
14       }
15   }
```

运行例 6-8,运行结果如下所示。

```
富贵初始化完成,设置电量为 100
设置巡航速度为 10.0km/h.
CyberDog2 [gps = 北斗定位, thermalImaging = 热成像, name = 富贵, batteryLevel = 100, speed = 10.0, position = [D@33909752, status = poweredOff]
```

在上述示例中,CyberDog2 类重写了 toString()方法,返回一个格式化的字符串,包含对象的所有成员变量,确保当开发者需要打印对象或在日志中记录对象状态时,能够获得清晰、有用的信息,这对调试和维护代码是非常有帮助的。

在 Object 类中另一个经常被重写的方法就是 equals(Object obj),用于比较两个对象是否相等。在前述章节中介绍了使用关系运算符"=="来判断 int、char、double 等基本数据类型的值是否相等,但是在判断对象相等时,只能通过重写 equals 方法来实现,如例 6-9所示。

【例 6-9】 equals()方法的重写。

```
1    class CyberDog2 extends CyberDog {
2        //其他成员变量...
3        //其他方法...
4        @Override
5        public boolean equals(Object obj) {
6            if (obj == null || getClass() != obj.getClass()) {
7                return false;
8            }
9            CyberDog2 other = (CyberDog2) obj;
10           return this.name.equals(other.name);
11       }
12   }
13   class Example09 {
14       public static void main(String[] args) {
```

```
15            CyberDog2 myDog1 = new CyberDog2();
16            System.out.println(myDog1);
17            CyberDog2 myDog2 = new CyberDog2();
18            System.out.println(myDog2);
19            CyberDog2 myDog3 = myDog2;
20            System.out.println(myDog1 == myDog2);
21            System.out.println(myDog2 == myDog3);
22            System.out.println(myDog1.equals(myDog2));
23        }
24    }
```

运行例 6-9，运行结果如下所示。

```
富贵初始化完成,设置电量为 100
设置巡航速度为 10.0km/h.
CyberDog2 [gps = 北斗定位, thermalImaging = 热成像, name = 富贵, batteryLevel = 100, speed = 10.0,
position = [D@33909752, status = poweredOff]
富贵初始化完成,设置电量为 100
设置巡航速度为 10.0km/h.
CyberDog2 [gps = 北斗定位, thermalImaging = 热成像, name = 富贵, batteryLevel = 100, speed = 10.0,
position = [D@12a3a380, status = poweredOff]
false
true
true
```

从上述示例中可以看到，CyberDog2 类中重写了 equals 方法，第 10 行代码表示当两个对象的 name 相同时便认为两个对象相等。因此，第 22 行运行的结果是 true，表示在 equals 方法后判断 myDog1 和 myDog2 相等。

6.2 final 关键字

在 Java 中，final 关键字表示"不可修改"，它可以用于修饰类、方法和变量，具体含义取决于它所修饰的元素的类型。

6.2.1 final 类

Java 中的类被 final 关键字修饰后，该类将不能被继承，也就是不能派生子类。下面将通过例 6-10 所示的案例来验证。

【例 6-10】 利用关键字 final 防止派生子类。

```
1   final class CyberDog2 extends CyberDog {
2       //其他成员变量...
3       //其他方法...
4   }
5   class CyberDog3 extends CyberDog2 {
6
7   }
8
9   public class Example10 {
10      public static void main(String[] args) {
11          CyberDog3 myDog = new CyberDog3();
12      }
13  }
```

运行例 6-10,运行结果如下所示。

```
Exception in thread "main" java.lang.Error: Unresolved compilation problem:
    The type CyberDog3 cannot subclass the final class CyberDog2
```

在例 6-10 中,CyberDog2 的类声明中使用了 final 进行修饰,这表明 CyberDog2 类不能被其他类继承。因此在尝试从 CyberDog3 类继承 CyberDog2 时,编译器会报错。

6.2.2 final 方法

当一个类的方法被 final 关键字修饰后,在这个类的子类中将不能重写该方法。

下面仍以 CyberDog 为例,在 CyberDog 中安全与稳定性相关的逻辑是至关重要的部分,为了防止代码被子类重写,可以使用 final 来修饰相关的方法,确保这些关键逻辑不会被改变或破坏。例 6-11 展示了紧急制动的功能应用。

【例 6-11】 利用关键字 final 防止方法被重写。

```
1    class CyberDog{
2        //其他成员变量...
3        //其他方法...
4        //紧急制动
5        final public void emergencyStop() {
6            System.out.println(name + "正在紧急制动...");
7            System.out.println("锁定机械部件...");
8            System.out.println("切换电源...");
9        }
10   }
11   class CyberDog2 extends CyberDog {
12       public void emergencyStop() {
13           System.out.println("重写紧急制动");
14       }
15   }
16
17   public class Example11 {
18       public static void main(String[] args) {
19           CyberDog2 myDog = new CyberDog2();
20       }
21   }
```

运行例 6-11,运行结果如下所示。

```
Exception in thread "main" java.lang.IncompatibleClassChangeError: class chapter06.
CyberDog2 overrides final method chapter06.CyberDog.emergencyStop()V
```

在例 6-11 中,CyberDog2 类重写父类 CyberDog 中的 emergencyStop()方法后,编译报错。这是因为 CyberDog 类的 emergencyStop()方法被 final 所修饰。由此可见,被 final 关键字修饰的方法为最终方法,子类不能对该方法进行重写。正是由于 final 的这种特性,当在父类中定义某个方法时,如果不希望被子类重写,就可以使用 final 关键字修饰该方法。

6.2.3 常量

在 Java 中,final 也可以用于修饰变量,表示该变量成为常量。一旦被初始化后,它的值就不能被再次修改。如果再次对该变量进行赋值,则程序会在编译时报错,如例 6-12 所示。

【例 6-12】 利用关键字 final 定义常量。

```
1  public class Example12 {
2      public static void main(String[] args) {
3          final int num = 2;              //第一次可以赋值
4          num = 4;                        //再次赋值会报错
5      }
6  }
```

运行例 6-12,编译程序报错,如下所示。

```
Exception in thread "main" java.lang.Error: Unresolved compilation problem:
    The final local variable num cannot be assigned. It must be blank and not using a
compound assignment
```

对于引用类型,其引用不能指向另一个对象,但是被引用的对象本身是可以被修改的,如下示例所示。

```
1  public class Example12 {
2      public static void main(String[] args) {
3          final CyberDog myDog = new CyberDog();
4          myDog.runAndJump();
5          myDog.setSpeed(10);
6      }
7  }
```

运行上述示例,运行结果如下所示。

```
旺财初始化完成,设置电量为 100
旺财正在奔跑,消耗 15% 电量.
旺财正在跳跃,消耗 15% 电量…
旺财完成助跑跳跃…
设置巡航速度为 10.0km/h.
```

在上述示例中,虽然 myDog 被 final 修饰,但是 myDog 指向的对象本身是可以被修改的,final 所限制的是 myDog 无法再指向另一个 CyberDog,如将第 4 行改为"myDog= new CyberDog()",则会编译报错,如下所示。

```
Exception in thread "main" java.lang.Error: Unresolved compilation problem:
    The final local variable myDog cannot be assigned. It must be blank and not using a
compound assignment
```

final 关键字在 Java 中提供了一种强大的机制,确保类、方法或变量的不可变性。通过将类声明为 final,开发者可以创建一个封闭的类,防止其他类继承并修改其实现,从而增强安全性并保护敏感逻辑或数据。

6.3 抽象类和接口

6.3.1 抽象类

当定义一个类时,常常需要定义一些方法来描述该类的行为特征,但有时这些方法的实现方式是无法确定的。例如,为 CyberDog2 类设计一个导航系统,具体使用 GPS 导航还是北斗导航,可能会根据不同的场景进行选择,但是无论是哪一种系统它们都会提供一个获取当前位置的方法 getLocation(),不同品牌的导航系统只需要重写 getLocation()方法即可。

针对上面描述的情况,Java 允许在定义方法时不写方法体,不包含方法体的方法为抽象方法,抽象方法必须使用 abstract 关键字来修饰,具体示例如下。

```
abstract void getLocation();          //定义抽象方法 getLocation()
```

当一个类中包含了抽象方法,该类必须使用 abstract 关键字来修饰,使用 abstract 关键字修饰的类为抽象类,具体示例如下。

```
//定义抽象类 NavigationSystem
abstract class NavigationSystem{
    //定义抽象方法 getLocation()
    abstract void getLocation();
}
```

在定义抽象类时需要注意以下 3 点。

(1) 包含抽象方法的类必须声明为抽象类,但抽象类可以不包含任何抽象方法,只需使用 abstract 关键字来修饰即可。在特定的场景下,如果想让类不能被实例化,通常可使用 abstract 关键字修饰。

(2) 抽象类由于可能包含未实现的抽象方法,未实现的方法将没有对应的执行体,因此不能被直接实例化。

(3) 如果想调用抽象类中定义的方法,则需要创建一个子类,在子类中将抽象类中的抽象方法进行实现。

下面将通过为 CyberDog2 设计导航系统来学习如何实现抽象类中的方法,如例 6-13 所示。

【例 6-13】 抽象类的定义。

```
1    //抽象类,定义导航系统的通用接口
2    abstract class NavigationSystem {
3        public abstract void getLocation();
4        public abstract void activate();
5    }
6    
7    //具体的 GPS 导航系统实现
8    class GPSNavigationSystem extends NavigationSystem {
9        @Override
10       public void activate() {
11           System.out.println("GPS 定位启动...");
12       }
13       @Override
14       public void getLocation() {
15           //提供 GPS 定位的具体实现
16           System.out.println("GPS 定位:位置已获取...");
17       }
18   }
19   
20   //具体的北斗导航系统实现
21   class BeidouNavigationSystem extends NavigationSystem {
22       @Override
23       public void activate() {
24           System.out.println("北斗定位启动...");
25       }
26       @Override
27       public void getLocation() {
```

```
28              //提供北斗定位的具体实现
29              System.out.println("北斗定位: 位置已获取...");
30         }
31  }
32
33  //测试不同的导航系统
34  public class Example13 {
35      public static void main(String[] args) {
36          //创建 GPS 导航系统实例
37          NavigationSystem gps = new GPSNavigationSystem();
38          gps.activate();
39          gps.getLocation();
40          //创建北斗导航系统实例
41          NavigationSystem beidou = new BeidouNavigationSystem();
42          beidou.activate();
43          beidou.getLocation();
44      }
45  }
```

运行例 6-13,运行结果如下所示。

```
GPS 定位启动...
GPS 定位: 位置已获取...
北斗定位启动...
北斗定位: 位置已获取...
```

从运行结果可以看出,子类实现了父类的抽象方法后,可以正常进行实例化,并通过实例化对象调用方法。

【思想启迪坊】 北斗导航。

北斗导航系统是中国自主研发的全球卫星导航系统,它不仅是国家科技进步和自主创新的重要标志,也是国家安全和发展战略的关键支撑。

北斗导航系统在减灾救灾领域发挥着至关重要的作用,其高精度定位技术和短报文通信功能为灾害应急救援提供了强大的技术支持。例如,在地质灾害频发地区,北斗系统能够进行 24 小时实时监测并及时发出预警;在海上遇险情况下,救援船只和飞机可以利用北斗系统快速找到遇险位置;在森林防火中,北斗系统帮助防火人员及时报告火情并接收指令。这些应用不仅提高了救援效率,还确保了受灾地区的信息及时、准确,有效减少了灾害带来的损失。

6.3.2 接口

如果一个抽象类中的所有方法都是抽象的,则可以将这个类用另外一种方式来定义,即接口,接口也是在开发设计中最常见的一种描述抽象的形式。在定义接口时,需要使用 interface 关键字来声明,具体示例如下。

```
interface NavigationSystem{
    int ID = 1;                    //定义全局常量
    void getLocation();            //定义抽象方法
    void activate();
}
```

在上面的代码中,NavigationSystem 即为一个接口。从示例中会发现抽象方法 getLocation()和 activate()并没有使用 abstract 关键字来修饰,这是因为接口中定义的方法和变量都包含一些默认修饰符。接口中定义的方法默认使用"public abstract"来修饰,即抽象方法。接口中的变量默认使用"public static final"来修饰,即全局常量。

与抽象类相同,接口中的方法都是抽象方法,因此不能通过实例化对象的方式来调用接口中的方法。此时需要定义一个类,并使用 implements 关键字实现接口中所有的方法。下面使用接口对例 6-13 进行改写,如例 6-14 所示。

【例 6-14】 接口的定义。

```
1    interface NavigationSystem {
2        void getLocation();
3
4        void activate();
5    }
6    //具体的 GPS 导航系统实现
7    class GPSNavigationSystem implements NavigationSystem {
8        @Override
9        public void activate() {
10           System.out.println("GPS 定位启动...");
11       }
12       @Override
13       public void getLocation() {
14           //提供 GPS 定位的具体实现
15           System.out.println("GPS 定位:位置已获取...");
16       }
17   }
18
19   //具体的北斗导航系统实现
20   class BeidouNavigationSystem implements NavigationSystem {
21       @Override
22       public void activate() {
23           System.out.println("北斗定位启动...");
24       }
25       @Override
26       public void getLocation() {
27           //提供北斗定位的具体实现
28           System.out.println("北斗定位:位置已获取...");
29       }
30   }
31
32   //测试不同的导航系统
33   public class Example14 {
34       public static void main(String[] args) {
35           //创建 GPS 导航系统实例
36           NavigationSystem gps = new GPSNavigationSystem();
37           gps.activate();
38           gps.getLocation();
39           //创建北斗导航系统实例
40           NavigationSystem beidou = new BeidouNavigationSystem();
41           beidou.activate();
42           beidou.getLocation();
43       }
44   }
```

运行例 6-14,运行结果如下所示。

```
GPS 定位启动...
GPS 定位:位置已获取...
```

```
北斗定位启动……
北斗定位：位置已获取……
```

从运行结果可以看出，类 CyberDog2 在实现了 NavigationSystem 接口后是可以被实例化的。

例 6-14 展示的是类与接口之间的实现关系，在程序中，还可以定义一个接口使用 extends 关键字去继承另一个接口，如设计手机上的导航系统就可以直接继承 NavigationSystem 接口。

```
1  interface NavigationSystem {
2      void getLocation();
3      void activate();
4  }
5  interface MobileNavigationSystem extends NavigationSystem {
6      /**
7       * 规划从当前位置到目的地的路径。
8       * @return 规划的路径描述。
9       */
10     String planRoute();
11 }
```

上述代码中定义了两个接口，其中 MobileNavigationSystem 接口继承了 NavigationSystem 接口，因此 MobileNavigationSystem 接口包含了三个抽象方法。如果有一个手机 Mobile 类实现 MobileNavigationSystem 接口时，需要实现两个接口中定义的三个方法。

为了加深初学者对接口的认识，接下来对接口的特点进行归纳，具体如下。

（1）接口中的方法都是抽象的，这些方法没有具体的实现。它只规定了实现该接口的类必须遵循的契约，即必须提供接口中所有声明方法的具体实现。

（2）Java 接口允许类实现多个接口，被实现的多个接口之间用逗号隔开即可。从而实现多继承的效果。这使得类可以继承多个不同类型的行为，增加了设计的灵活性。每个接口都可以包含独特的方法集合，实现类需要将这些方法整合到自己的实现中。具体示例如下。

```
interface Run{
    程序代码…
}
interface Fly{
    程序代码…
}
class Bird implements Run, Fly{
    程序代码…
}
```

（3）接口可以通过 extends 关键字继承多个接口，接口之间用逗号隔开。具体示例如下。

```
interface Running{
    程序代码…
}
interface Flying{
    程序代码…
}
interface Eating extends Running, Flying{
    程序代码…
}
```

(4) 一个类在继承另一个类的同时还可以实现接口,此时,extends 关键字必须位于 implements 关键字之前。具体示例如下。

```
class SmartMobile extends Mobile implements NavigationSystem{
    //先继承,再实现
    程序代码…
}
```

6.4 多 态

6.4.1 多态概述

在设计一个方法时,通常希望该方法有一定的通用性。例如,要在 CyberDog2 中实现获取当前位置的方法,由于每种导航系统的实现是不同的,因此可以在方法中接收一个导航类型的参数,当传入北斗导航系统时就使用北斗进行定位,传入 GPS 导航系统时就使用 GPS 进行定位。在同一个方法中,这种由于参数类型不同而导致执行效果各异的现象就是多态。

在 Java 中为了实现多态,允许使用一个父类类型的变量来引用一个子类类型的对象,根据被引用子类对象特征的不同,得到不同的运行结果。在例 6-13 中,BeidouNavigationSystem 和 GPSNavigationSystem 都实现了 NavigationSystem 接口,下面就可以将导航系统装配到 CyberDog2 上用于执行救援任务了,如例 6-15 所示。

【例 6-15】 多态的实现。

```
1    class CyberDog2 extends CyberDog {
2        private NavigationSystem navSystem;
3        private String thermalImaging;
4
5        CyberDog2() {
6            super("富贵", 100, 1.0, new double[] { 0.0, 0.0 }, "poweredOff");
7            this.thermalImaging = "热成像";
8            this.setSpeed(10);
9        }
10
11       public NavigationSystem getNavSystem() {
12           return navSystem;
13       }
14
15       public void setNavSystem(NavigationSystem navSystem) {
16           this.navSystem = navSystem;
17           navSystem.activate();                        //启动导航模块
18       }
19
20       public void getLocation() {
21           navSystem.getLocation();
22       }
23
24       public String getThermalImaging() {
25           return thermalImaging;
26       }
27
28       public void setThermalImaging(String thermalImaging) {
```

```
29            this.thermalImaging = thermalImaging;
30            System.out.println(this.thermalImaging + "模块装配完成.");
31        }
32
33        public void run() {
34            super.run();
35            System.out.println(this.navSystem + "模块工作中.");
36            System.out.println(this.thermalImaging + "模块工作中.");
37        }
38
39        @Override
40        public String toString() {
41            return "CyberDog2 [navSystem = " + navSystem + ", thermalImaging = " +
                  thermalImaging + ", name = " + name + ", batteryLevel = " + batteryLevel + ",
                  speed = " + speed + ", position = " + coordinates + ", status = " + status + "]";
42        }
43    }
44
45    class Example15 {
46        public static void main(String[] args) {
47            CyberDog2 myDog = new CyberDog2();
48            myDog.setNavSystem(new BeidouNavigationSystem());
49            myDog.getLocation();
50            myDog.setNavSystem(new GPSNavigationSystem());
51            myDog.getLocation();
52        }
53    }
```

运行例 6-15，运行结果如下所示。

```
富贵初始化完成,设置电量为 100
设置巡航速度为 10.0km/h.
北斗定位启动…
北斗定位: 位置已获取…
GPS 定位启动…
GPS 定位: 位置已获取…
```

在例 6-15 中，CyberDog2 的成员变量 navSystem 为 NavigationSystem 接口类型，对外提供公共的 setNavigationSystem()方法用于设置导航系统，在代码第 48 行、第 50 行分别创建了两种不同的导航系统实例，由 setter 方法传入后就实现了父类类型变量引用不同的子类对象，当代码运行第 21 行 getLocation()方法时，就会根据传入的不同子类对象执行不同的方法，结果打印出了"北斗定位启动"和"GPS 定位启动"。由此可见，多态不仅解决了方法同名的问题，而且还使程序变得更加灵活，从而有效地提高程序的可扩展性和可维护性。

6.4.2 对象的类型转换

在上述示例中可以看出，子类对象是可以当作父类类型使用的情况，例如下面两行代码。

```
1  NavigationSystem an1 = new BeidouNavigationSystem();
2  NavigationSystem an2 = new GPSNavigationSystem();
```

在子类对象当作父类使用时不需要任何显式地声明。需要注意的是，此时不能通过父类变量去调用子类中独有的方法。接下来通过一个案例来演示，如例 6-16 所示。

【例 6-16】 对象的类型转换。

```
1    interface NavigationSystem {
2        void getLocation();
3
4        void activate();
5    }
6    //具体的 GPS 导航系统实现
7    class GPSNavigationSystem implements NavigationSystem {
8        @Override
9        public void activate() {
10           System.out.println("GPS 定位启动...");
11       }
12       @Override
13       public void getLocation() {
14           //提供 GPS 定位的具体实现
15           System.out.println("GPS 定位：位置已获取...");
16       }
17   }
18
19   //具体的北斗导航系统实现
20   class BeidouNavigationSystem implements NavigationSystem {
21       @Override
22       public void activate() {
23           System.out.println("北斗定位启动...");
24       }
25       @Override
26       public void getLocation() {
27           //提供北斗定位的具体实现
28           System.out.println("北斗定位：位置已获取...");
29       }
30       //获取高精度位置。
31       public void getHighPrecisionLocation() {
32           System.out.println("北斗厘米级高精度定位：位置已获取...");
33       }
34   }
35
36   public class Example16 {
37       public static void main(String[] args) {
38           //创建北斗导航系统实例
39           NavigationSystem nav = new BeidouNavigationSystem();
40           nav.activate();
41           nav.getHighPrecisionLocation();
42       }
43   }
```

运行例 6-16，运行结果如下所示。

```
Exception in thread "main" java.lang.Error: Unresolved compilation problem:
    The method getHighPrecisionLocation() is undefined for the type NavigationSystem
```

例 6-16 中为北斗导航系统增加厘米级高精度定位方法 getHighPrecisionLocation()，这是 GPS 导航系统中所没有的，在 main 方法中将 BeidouNavigationSystem 对象当作父类 NavigationSystem 类型使用，但是当编译器检查到第 41 行代码时，发现 NavigationSystem 类中没有定义 getHighPrecisionLocation()方法，从而出现上面运行结果中所提示的错误信息,报告找不到 getHighPrecisionLocation()方法。

所以,如果将 NavigationSystem 类型的变量转换为 BeidouNavigationSystem 类型,则调用 getHighPrecisionLocation()方法就是可行的了。将例 6-16 中的 main()方法进行修改,具体代码如下。

```
1    public static void main(String[] args) {
2        //创建北斗导航系统实例
3        NavigationSystem nav = new BeidouNavigationSystem();
4        BeidouNavigationSystem bNav = (BeidouNavigationSystem) nav;
5        bNav.activate();
6        bNav.getHighPrecisionLocation();
7    }
```

修改后再次编译,程序没有报错,运行结果如下所示。

```
北斗定位启动...
北斗厘米级高精度定位:位置已获取...
```

通过运行结果可以看出,将对象由 NavigationSystem 类型转为 BeidouNavigationSystem 类型后,程序可以成功调用 getHighPrecisionLocation()方法。需要注意的是,在进行类型转换时也可能出现错误。例如,在例 6-16 修改后的代码中如果第 3 行代码创建的是 GPSNavigationSystem 类型的对象,这时进行强制类型转换就会出现出错,具体代码如下。

```
1    public static void main(String[] args) {
2        //创建北斗导航系统实例
3        NavigationSystem nav = new GPSNavigationSystem();
4        BeidouNavigationSystem bNav = (BeidouNavigationSystem) nav;
5        bNav.activate();
6        bNav.getHighPrecisionLocation();
7    }
```

修改后再次编译,程序报错。

```
Exception in thread "main" java.lang.ClassCastException: class chapter06.GPSNavigationSystem
cannot be cast to class chapter06.BeidouNavigationSystem (chapter06.GPSNavigationSystem and
chapter06.BeidouNavigationSystem are in unnamed module of loader 'app')
```

报错提示 GPSNavigationSystem 类型不能转换成 BeidouNavigationSystem 类型。

针对这种情况,Java 提供了一个关键字 instanceof,它可以判断一个对象是否为某个类(或接口)的实例或者子类实例,语法格式如下:

```
对象(或者对象引用变量)instanceof 类(或接口)
```

对例 6-16 的 main()方法进行修改,具体代码如下:

```
1    public static void main(String[] args) {
2        //创建北斗导航系统实例
3        //NavigationSystem nav = new BeidouNavigationSystem();
4        //nav.activate();
5        //nav.getHighPrecisionLocation();
6        
7        NavigationSystem nav = new GPSNavigationSystem();
8        if (nav instanceof BeidouNavigationSystem) {
9            BeidouNavigationSystem bNav = (BeidouNavigationSystem) nav;
10           bNav.activate();
```

```
11              bNav.getHighPrecisionLocation();
12          } else {
13              System.out.println("该系统非北斗导航系统,无法获取高精度位置。");
14          }
15      }
```

运行结果如下所示。

> 该系统非北斗导航系统,无法获取高精度位置。

6.5 内部类和匿名内部类

6.5.1 内部类

Java 的内部类表示一个类中可以嵌套另外一个类,语法格式如下:

```
class OuterClass{                  //外部类
    //...
    class NestedClass{             //嵌套类,或称为内部类
        //...
    }
}
```

内部类的设计使得它与外部类形成了一种特殊的嵌套关系。这种设计不仅增强了代码的封装性,还提供了更灵活的访问控制。为了访问内部类,必须首先实例化外部类,然后通过这个外部类实例来创建内部类的对象,如例 6-17 所示。

【例 6-17】 内部类的定义。

```
1   class OuterClass {
2       String x = "Hello ";
3
4       class InnerClass {
5           String y = "World!";
6       }
7   }
8
9   public class Example17 {
10      public static void main(String[] args) {
11          OuterClass outer = new OuterClass();
12          OuterClass.InnerClass inner = outer.new InnerClass();
13          System.out.println("结果: " + outer.x + inner.y);
14      }
15  }
```

运行例 6-17,运行结果如下所示。

> 结果: Hello World!

6.5.2 匿名内部类

在多态中,以接口类型作为方法的参数可以提高方法的通用性。当一个方法的参数被定义为接口类型时,通常需要一个实现该接口的类,并基于这个类创建对象实例来传递给方法。然而,Java 提供了一种更为灵活和简洁的方式来实现接口,那就是匿名内部类。为了

让初学者能更好地理解什么是匿名内部类,接下来先将例 6-14 改为内部类的实现方式,如例 6-18 所示。

【例 6-18】 NavigationSystem 内部类的实现。

```
1   interface NavigationSystem {
2       void getLocation();
3       void activate();
4   }
5
6   public class Example18 {
7       public static void main(String[] args) {
8           //具体的北斗导航系统实现
9           class BeidouNavigationSystem implements NavigationSystem {
10              @Override
11              public void activate() {
12                  System.out.println("北斗定位启动...");
13              }
14
15              @Override
16              public void getLocation() {
17                  //提供北斗定位的具体实现
18                  System.out.println("北斗定位: 位置已获取...");
19              }
20          }
21          NavigationSystem nav = new BeidouNavigationSystem();
22          nav.activate();
23          nav.getLocation();
24      }}
```

运行例 6-18,运行结果如下所示。

```
北斗定位启动...
北斗定位: 位置已获取...
```

在例 6-18 中,内部类 BeidouNavigationSystem 实现了 NavigationSystem 接口,第 21 行进行对象实例化。下面将通过匿名内部类的方式来实现例 6-18 中的效果,首先看一下匿名内部类的格式,具体如下:

```
new 父类(参数列表)或父接口(){
    //匿名内部类实现部分
}
```

对例 6-18 进行改写,如例 6-19 所示。

【例 6-19】 NavigationSystem 匿名内部类的实现。

```
1   interface NavigationSystem {
2       void getLocation();
3       void activate();
4   }
5
6   public class Example19 {
7       public static void main(String[] args) {
8           //使用匿名内部类实现北斗导航系统
9           NavigationSystem nav = new NavigationSystem() {
10              @Override
11              public void activate() {
```

```
12                System.out.println("北斗定位启动...");
13            }
14            @Override
15            public void getLocation() {
16                System.out.println("北斗定位：位置已获取...");
17            }
18        };
19        nav.activate();
20        nav.getLocation();
21    }
```

运行例 6-19，运行结果如下所示。

```
北斗定位启动...
北斗定位：位置已获取...
```

例 6-19 中使用匿名内部类实现了 NavigationSystem 接口。对于初学者而言，可能会觉得匿名内部类的写法比较难理解，接下来分两步来编写匿名内部类，具体如下。

（1）new NavigationSystem()，这相当于创建了一个实例对象，在 new NavigationSystem() 后面有一对花括号，表示创建的对象为 NavigationSystem 的子类实例，该子类是匿名的。具体代码如下：

```
NavigationSystem nav = new NavigationSystem(){};
```

（2）在花括号中编写匿名子类的实现代码，具体如下。

```
1  NavigationSystem nav = new NavigationSystem() {
2      @Override
3      public void activate() {
4          System.out.println("北斗定位启动...");
5      }
6      @Override
7      public void getLocation() {
8          System.out.println("北斗定位：位置已获取...");
9      }
10 }
```

至此便完成了匿名内部类的编写。匿名内部类是实现接口的一种简便写法，在程序中不一定非要使用匿名内部类，只需理解语法就可以了。

6.6 示例学习

2023 年 9 月，第 19 届亚运会在浙江杭州胜利召开，这场亚运会既是一次体育盛会，也是一场科技盛宴，充分展示了数字文明时代的中国魅力，其中让大家印象深刻的就是赛场上跑动的各类机器人。在杭州亚运会田径铁饼的赛场上，机器狗来来回回运送铁饼，这也是全球首次在体育赛事中使用机器狗来运输比赛器材。

本节通过为 CyberDog2 设计寻路模块，深入了解继承、多态等概念，并将本章的知识点进行融会贯通。

【例 6-20】设计寻路策略接口类 PathfindingStrategy，要求如下：

（1）设计三种不同类型的寻路策略实现（A*算法、Dijkstra 算法、贪心算法）。

（2）在 CyberDog2 中实现寻路策略切换的方法。

（3）使用 Lambda 表达式进行实例化。

```
1   interface PathfindingStrategy {
2       void findPath(Point start, Point end);
3   }
4
5   interface NavigationSystem {
6       Point getLocation();
7       void activate();
8   }
9
10  //具体的北斗导航系统实现
11  class BeidouNavigationSystem implements NavigationSystem {
12      @Override
13      public void activate() {
14          System.out.println("北斗定位启动...");
15      }
16
17      @Override
18      public Point getLocation() {
19          //提供北斗定位的具体实现
20          System.out.println("北斗定位：位置已获取(99, 100)");
21          return new Point(99, 100);
22      }
23  }
24
25  //定义位置类,用于记录坐标
26  class Point {
27      private int x;
28      private int y;
29
30      Point(int x, int y) {
31          this.x = x;
32          this.y = y;
33      }
34
35      public int getX() {
36          return x;
37      }
38
39      public int getY() {
40          return y;
41      }
42  }
43
44  class CyberDog2 extends CyberDog {
45      private NavigationSystem navSystem;
46      private PathfindingStrategy pfStrategy;
47      private String thermalImaging;
48
49      CyberDog2() {
50          super("富贵", 100, 1.0, new double[] { 0.0, 0.0 }, "poweredOff");
51          this.setThermalImaging("热成像");
52          this.setNavSystem(new BeidouNavigationSystem());
53          this.setSpeed(10);
54      }
55
56      public NavigationSystem getNavSystem() {
```

```java
57          return navSystem;
58      }
59
60      public void setNavSystem(NavigationSystem navSystem) {
61          this.navSystem = navSystem;
62          navSystem.activate();
63      }
64
65      public String getThermalImaging() {
66          return thermalImaging;
67      }
68
69      public void setThermalImaging(String thermalImaging) {
70          this.thermalImaging = thermalImaging;
71          System.out.println(this.thermalImaging + "模块装配完成.");
72      }
73
74      public void run() {
75          super.run();
76          System.out.println("定位中...");
77      }
78
79      public void setPathfindingStrategy(int i) {
80          switch (i) {
81              case 0:
82                  this.pfStrategy = (Point start, Point end) -> {
83                      System.out.println("起点: " + start.getX() + "," + start.getY());
84                      System.out.println("终点: " + end.getX() + "," + end.getY());
85                      System.out.println("使用A*算法寻路中...");
86                  };
87                  System.out.println("当前寻路算法为A*算法");
88                  break;
89              case 1:
90                  this.pfStrategy = (Point start, Point end) -> {
91                      System.out.println("起点: " + start.getX() + "," + start.getY());
92                      System.out.println("终点: " + end.getX() + "," + end.getY());
93                      System.out.println("使用Dijkstra算法寻路中...");
94                  };
95                  System.out.println("当前寻路算法为Dijkstra算法");
96                  break;
97              case 2:
98                  this.pfStrategy = (Point start, Point end) -> {
99                      System.out.println("起点: " + start.getX() + "," + start.getY());
100                     System.out.println("终点: " + end.getX() + "," + end.getY());
101                     System.out.println("使用贪心算法寻路中...");
102                 };
103                 System.out.println("当前寻路算法为贪心算法");
104                 break;
105         }
106     }
107
108     public void findPath(Point target) {
109         Point myPosition = this.navSystem.getLocation();
110         this.pfStrategy.findPath(myPosition, target);
111     }
112
113     public void getLocation() {
114         navSystem.getLocation();
```

```
115        }
116
117        @Override
118        public String toString() {
119            return "CyberDog2 [navSystem = " + navSystem + ", thermalImaging = " +
                   thermalImaging + ", name = " + name + ", batteryLevel = " + batteryLevel + ",
                   speed = " + speed + ", position = " + coordinates + ", status = " + status
                   + "]";
120        }
121 }
122
123 public class Example20 {
124     public static void main(String[] args) {
125         CyberDog2 myDog = new CyberDog2();
126         myDog.setPathfindingStrategy(1);
127         System.out.println("-------------------------------------");
128         myDog.run();
129         myDog.findPath(new Point(50, 543));
130     }
131 }
```

运行例 6-20,运行结果如下所示。

```
富贵初始化完成,设置电量为 100
热成像模块装配完成.
北斗定位启动…
设置巡航速度为 10.0km/h.
当前寻路算法为 Dijkstra 算法
-------------------------------------
富贵正在奔跑,消耗 15% 电量.
定位中…
北斗定位:位置已获取(99, 100)
起点:99,100
终点:50,543
使用 Dijkstra 算法寻路中…
```

例 6-20 中定义了 CyberDog2 的完整实现,它继承自 CyberDog 基类。以下是对代码的分析。

(1) 接口定义。

PathfindingStrategy:定义了一个 findPath 方法,用于根据起点和终点进行路径查找。

NavigationSystem:定义了 activate 方法用于启动导航系统,以及 getLocation 方法用于获取当前位置。

(2) 类定义。

BeidouNavigationSystem:实现了 NavigationSystem 接口,代表一个具体的北斗导航系统实现。它重写了 activate 和 getLocation 方法,模拟北斗系统的激活和位置获取。

Point:一个简单的数据类,用于表示二维空间中的点,包含 x 和 y 坐标。

(3) CyberDog2 类。

继承自 CyberDog 基类,并增加了导航和路径规划的功能。

成员变量:

navSystem:NavigationSystem 类型的私有变量,用于存储导航系统实例。

pfStrategy：PathfindingStrategy 类型的私有变量，用于存储路径查找策略。

thermalImaging：私有字符串变量，存储热成像模块的信息。

构造方法：初始化 CyberDog2 实例，设置热成像模块、导航系统，并激活导航系统，同时设置速度。

(4) 方法定义。

setNavSystem：设置导航系统并启动它。

setThermalImaging：设置热成像模块并打印装配信息。

run：重写 CyberDog 类中的 run 方法，添加了定位信息的打印。

setPathfindingStrategy：根据传入的整数值设置不同的路径查找策略。使用 Lambda 表达式定义了三种不同的路径查找算法（A*算法、Dijkstra 算法、贪心算法）。

findPath：使用当前设置的路径查找策略从当前位置到目标位置进行路径查找。

getLocation：获取当前位置。

toString：重写 Object 类的 toString 方法，返回 CyberDog2 实例的字符串表示。

(5) main()方法。

main()方法：创建 CyberDog2 实例，设置路径查找策略为 Dijkstra 算法，运行并寻找从当前位置到新目标位置的路径。

6.7 本章小结

本章主要介绍了 Java 中的继承、抽象类和接口。继承允许子类扩展或修改父类的行为，促进代码复用；抽象类提供了一种方式，通过定义抽象方法来强制子类实现特定功能，增强了代码的封装性；而接口则允许类承诺实现一组方法，支持多态性，使得代码更加灵活。

通过本章的学习，读者应该对 Java 中的继承、抽象类和接口有了深入的理解。这些概念是面向对象编程的核心，是构建健壮、可维护和可扩展软件系统的基础。随着对这些概念的深入掌握，开发者将能够设计出更加优雅和高效的代码结构。

习 题 6

一、填空题

1. Java 中一个类可以有_____个父类。

2. Java 中常量定义的修饰符是_____。

3. 子类如果想用父类的构造方法，必须在子类的构造方法中使用，并且必须使用关键字_____来表示。

4. 如果一个方法被修饰为 final 方法，则这个方法不能_____。

二、选择题

1. 以下关键字中可用于实现 Java 接口的是(   )。
    A. new   B. implements   C. extends   D. override

2. 下列关于继承的说法中正确的是(   )。

A. 子类只继承父类的公有方法和公有属性

B. 子类继承父类非私有属性和方法

C. 子类只继承父类的方法,而不继承父类的属性

D. 子类将继承父类的所有属性和方法

3. 下列关于抽象类说法错误的是(   )。

　　A. 抽象类不能被初始化

　　B. 抽象类的声明是在类说明中使用 abstract 修饰符

　　C. 抽象类是一种完整类

　　D. 抽象类是指没有具体对象的一种概念类

4. 下列描述中不是抽象类的条件的是(   )。

　　A. 包含有一个或多个抽象方法的声明

　　B. 从直接父类中继承了一个抽象方法

　　C. 继承于一个抽象类,并实现了所有的抽象方法

　　D. 在类的直接超接口中说明或继承了某个抽象方法,但是在这个类中既没有再声明一个方法来实现它,也没有继承一个方法来实现它

5. 下列关于接口的描述,正确的是(   )。

　　A. 接口具有继承性,子接口可继承父接口的所有属性和方法

　　B. 接口不能继承多个父接口

　　C. 接口可以被实例化

　　D. 抽象类可以使用 extends 关键字来继承接口

三、简答题

1. 解释 Java 中的继承和它的作用。
2. 什么是多态?为什么它在面向对象编程中很重要?
3. 接口和抽象类在 Java 中有何区别?
4. 解释方法重写(Override)与方法重载(Overload)的区别。

四、编程题

1. 设计一个程序,包含一个抽象类 Shape,其中声明一个抽象方法 calculateArea()用于计算面积。然后创建两个类 Circle 和 Rectangle,它们继承自 Shape 类,并提供 calculateArea()方法的具体实现,要求如下:

(1) Circle 类应包含一个 radius 属性,并在构造方法中初始化。

(2) Rectangle 类应包含 width 和 height 属性,并在构造方法中初始化。

(3) 在 Circle 类和 Rectangle 类中分别实现 calculateArea()方法。

(4) 创建一个 Shape 数组,包含 Circle 和 Rectangle 对象。

(5) 编写一个方法 printAreas(),该方法遍历数组并打印每个形状的面积。

2. 创建一个程序来模拟一个简单的员工管理系统。定义一个基类 Employee,包含属性如 name、id 和 salary。然后创建两个子类 Manager 和 Developer,它们继承自 Employee 类,并添加特定的属性,如 Manager 的 bonus 和 Developer 的 programmingLanguage。要求如下:

(1) 每个类都有自己的构造方法来初始化属性。
(2) 编写一个方法 displayInfo()，该方法打印员工的详细信息。
(3) 使用多态性，创建一个 Employee 数组，包含不同类型的员工对象。
(4) 编写一个方法 printEmployeeInfo()，该方法遍历数组并调用每个员工的 displayInfo() 方法。

第 7 章　异常处理

学习目标

- 了解异常的概念,能够区分运行时异常和编译时异常。
- 了解异常的产生及处理,能够说出处理异常的 5 个关键字。
- 掌握 try-catch-finally 语法,能灵活运用 try-catch-finally 进行异常处理。
- 掌握 throws 关键字的使用,能够使用 throws 关键字声明异常抛出。
- 掌握 throw 关键字的使用,能够使用 throw 关键字抛出异常。
- 能够运用 try-with-resources 语句进行资源自动关闭。
- 了解自定义异常,能够编写和使用自定义异常类。

异常,是程序在运行过程中可能遭遇的不符合预期的错误情况。这类错误情况不仅可能打断程序的正常执行流程,甚至可能导致程序中断或退出。为此,Java 引入了异常(Exception)处理机制,这一机制通过异常处理类,对运行时发生的错误进行封装,并提供了一种系统的方法来捕获和处理这些异常。利用这一机制,程序能够在遭遇异常时采取适当的措施,避免程序意外中断,提升程序的健壮性和稳定性。

7.1　程序中的错误

尽管人人都不想遇到错误,但当计算机程序复杂到一定程度,错误和异常往往难以完全规避。异常产生的原因多种多样,有因为用户的不当操作,有程序本身的错误,还可能因为硬件和网络的错误引起,如用户输入了非法数据无法处理、想读写的文件已经不存在了、程序运行时内存空间不足、网络连接中断等。

程序中的错误和编程语言无关,不管用什么语言进行程序开发,都有可能遇到错误。下面通过例 7-1 所示的案例来观察运行错误的产生和影响。

【例 7-1】　运行错误的程序示例。

```
1   public class Example01 {
2       public static void main(String[] args) {
3           //让用户输入两个整数计算除法
4           Scanner scanner = new Scanner(System.in);
5           System.out.print("请输入被除数:");
6           int a = scanner.nextInt();
7           System.out.print("请输入除数:");
8           int b = scanner.nextInt();
9           int result = a / b;
10          System.out.println("计算结果为:" + result);
11      }
12  }
```

运行例 7-1,当输入被除数 2 和除数 0 时,运行结果如下所示。

```
请输入被除数:2
请输入除数:0
Exception in thread "main" java.lang.ArithmeticException: / by zero
    at c07.Example01.main(Example01.java:13)
```

从以上运行结果可以看出,当用户输入的除数为 0,程序发生了异常,控制台显示了"java.lang.ArithmeticException:/ by zero"的错误信息,提示发生了被 0 除导致的算术运算异常。在这个异常发生后,程序直接退出不再向下执行。该错误由用户的错误输入引起,但程序员应能提前预料并避免这类错误或提前做出处理,以提供良好的用户体验。

7.2 Java 的错误和异常类

首先通过一张图来了解 Java 中各种错误和异常类的体系结构,Java 的错误和异常类体系结构图如图 7-1 所示。

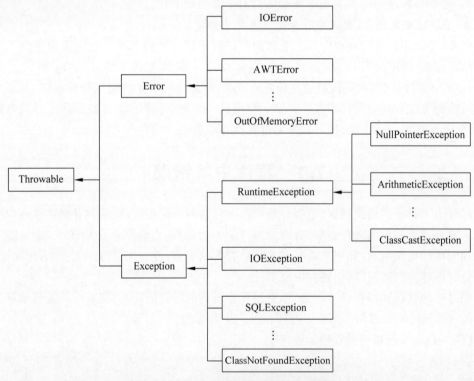

图 7-1 Java 的错误和异常类体系结构图

从图 7-1 可以看出,类 Throwable 是 Java 中所有错误和异常类的超类,该类位于 java.lang 包中。Throwable 被直译为"可抛出的",因为 Java 的异常处理正是通过底层抛出异常,上层进行捕获并处理的机制,7.3 节中将详细介绍。一个继承了 Throwable 的类,表示自身是"可抛出的"错误或异常类,可以利用 Java 异常处理机制进行捕获和处理。

Throwable 定义了所有错误和异常类共有的常用方法,如表 7-1 所示。

表 7-1　Throwable 的常用方法

方　法　名	主　要　功　能
String getMessage()	返回错误和异常的描述信息
String toString()	返回错误和异常的类名、描述信息
void printStackTrace()	将错误和异常的类名、描述信息及方法调用的追溯跟踪信息，通过标准错误控制台 System.err 打印输出

Java 中所有的错误和异常类都可以通过表 7-1 中的方法打印错误信息，便于程序开发和调试。

如图 7-1 所示，Throwable 类有两个直接子类 Error 和 Exception，分别代表了 Java 程序中的错误和异常。

（1）Error 类及其子类被称为错误类，通常表示系统级别的严重问题，这些问题往往是致命的，且超出了应用程序本身能够处理或控制的范围。这些错误通常与硬件或操作系统相关，如系统崩溃、内存溢出、硬件驱动错误等。由于这些错误通常无法用应用程序代码来恢复或处理，因此开发者通常不需要在代码中显式地处理它们。

（2）Exception 类及其子类被称为异常类，表示在程序执行过程中因编程错误或外部因素（如用户输入错误、文件不存在等）而引发的非致命性错误。这些异常不会导致程序立即终止，但如果不加以处理，可能会导致程序无法按预期执行。Java 提供了完善的异常处理机制，允许开发者在代码中捕获和处理这些异常，从而确保程序的健壮性和可靠性。

Error 和 Exception 拥有众多子类，分别代表各种具体的错误和异常。程序员根据错误和异常的类型选择具体子类使用，也可以根据需要扩展自定义的错误和异常类。在 Exception 的子类中，有一个特殊的类 RuntimeException，据此又可将所有异常分为两类：运行时异常和编译时异常。

（1）运行时异常。RuntimeException 类及其子类均属于运行时异常，这类异常是在程序运行时由 Java 虚拟机自动地捕获到某些错误而产生的。在编写代码时，程序员可以选择不显式处理这些异常，程序依然能够编译通过，但可能会在运行时抛出异常，导致程序出错，如例 7-1。常见的运行时异常包括空指针异常（NullPointerException）、类型转换异常（ClassCastException）、数组下标越界异常（ArrayIndexOutOfBoundsException）等。

（2）编译时异常。除了 RuntimeException 类及其子类外，Exception 的其他子类均属于编译时异常。这类异常往往是在程序运行过程中由环境原因造成的异常，如输入输出异常（IOException）、文件未找到异常（FileNotFoundException）等。在编写代码时，这类异常必须被显式处理，否则无法通过编译，因此这类异常也被称为必检异常。相对而言，RuntimeException、Error 及它们的子类则被称为非必检异常（或免检异常）。非必检异常通常不要求强制进行异常处理。

7.3　Java 的异常处理机制

当程序遭遇异常时，其正常执行流程会被打断并可能导致程序终止。为了确保程序的健壮性和稳定性，异常处理成为一个不可或缺的环节。Java 异常处理机制的核心在于异常的捕获与处理，主要通过 5 个关键字来实现：try、catch、finally、throw 和 throws。

7.3.1 try-catch-finally

try-catch-finally 是进行异常捕获和处理的核心语法结构,它体现了一种积极主动的异常处理机制,旨在及时发现问题并妥善解决。通过 try 语句块,监控可能引发异常的代码段。当异常发生时,程序将自动跳转到与异常类型相匹配的 catch 语句块中,对异常进行具体的处理。而无论是否发生异常,finally 语句块中的代码都会被执行,用于执行必要的清理工作或善后措施,确保资源的正确释放和程序的稳定性。

try-catch-finally 语句的语法格式如下:

```
try {
    //可能发生异常的代码
} catch(异常类型 形参对象名){
    //对捕获的异常进行处理
} finally {
    //无论异常是否发生、是否被处理都要执行的代码
}
```

其中,try 代码块是异常捕获的主体,在一段异常处理代码中,必须有且仅有一个 try 代码块。try 代码块中放置可能发生异常的代码,正常运行时,try 代码块中的代码执行方式和其他代码并无区别,仅当出现异常时,try 会捕获该异常,并将捕获的异常交由 catch 代码块处理,此时 try 代码块中导致异常的语句之后的语句将不再执行。

catch 代码块用于处理捕获的异常,在一段异常处理代码中,当不存在 finally 代码块时,应有一个或多个 catch 代码块,当存在 finally 代码块时,可以有零个或多个 catch 代码块。每个 catch 代码块通过参数声明其所能接收的异常类型,只有声明的异常类型或其子类才会被该 catch 代码块处理。当存在多个 catch 代码块时,捕获的异常将依次与这些 catch 代码块进行匹配,直到找到第一个能处理该异常类型的 catch 代码块,并忽略后面剩余的 catch 代码块。如果所有 catch 代码块都无法处理捕获的异常类型,异常将由 Java 运行时系统处理,这通常会导致程序异常终止,并在标准输出设备上显示相关的异常信息。

finally 代码块是对 try-catch 结构的可选补充,在一段异常处理代码中,可以有零个或一个 finally 代码块。不论 try 代码块是否捕获到异常,也不论捕获的异常是否找到了匹配的 catch 代码块进行处理,finally 代码块都会无条件地执行。即使在 finally 块执行前(如在 try 块或 catch 块中)存在 return 语句,finally 块一样会执行,唯一可中断 finally 块执行的是 System.exit()语句。通常,会在 finally 代码块中执行清理操作,如关闭已打开的数据库连接、I/O 流等,以确保资源的正确释放。

下面通过例 7-2 展示 Java 异常处理机制的应用。

【例 7-2】 利用 try-catch-finally 处理异常。

```
1    public class Example02 {
2        public static void main(String[] args) {
3            try {
4                //让用户输入两个整数计算除法
5                Scanner scanner = new Scanner(System.in);
6                System.out.print("请输入被除数:");
7                int a = scanner.nextInt();
8                System.out.print("请输入除数:");
9                int b = scanner.nextInt();
```

```
10                int result = a / b;
11                System.out.println("计算结果为:" + result);
12           } catch (InputMismatchException e) {
13                System.out.println("错误:请输入整数");
14           } catch (ArithmeticException e) {
15                System.out.println("错误:除数不能为 0");
16           } finally {
17                System.out.println("finally:无论异常是否发生、是否处理,我都会执行");
18           }
19      }
20 }
```

例7-2在例7-1的基础上,面向两种可能发生的异常情况引入了异常处理机制:一种情况是当除数为0时可能引发的 ArithmeticException;另一种情况是当用户输入的不是整数时导致的 InputMismatchException。此外,还添加了 finally 代码块,以测试其使用效果。

运行例7-2,当用户的输入不是正确的整数时,运行结果如下所示。

```
请输入被除数:12a
错误:请输入整数
finally:无论异常是否发生、是否处理,我都会执行
```

可以看到,由于用户输入的是无效整数,在执行到"int a = scanner.nextInt()"语句时,代码抛出了 InputMismatchException 异常。该异常被捕获后,try 代码块中后续语句将不再执行。随后,该异常与后续的两个 catch 代码块依次进行匹配,并最终交由第一个 catch 代码块处理。处理完毕后,finally 代码块被无条件地执行。

再次运行例7-2,当用户输入的除数为0时,运行结果如下所示。

```
请输入被除数:2
请输入除数:0
错误:除数不能为 0
finally:无论异常是否发生、是否处理,我都会执行
```

在此情况下,try 代码块捕获到了"int result = a / b"语句抛出的 ArithmeticException 异常,经 catch 代码块依次匹配后,由第二个 catch 代码块处理,之后进入 finally 代码块执行。

如果修改例7-2代码,将第二个 catch 代码块去除,则此时缺少了对 ArithmeticException 的异常处理,此时再运行代码输入为0的除数,程序会如何执行?请读者自行尝试。

【多学一招】 为什么 catch(Exception) 几乎总是一个坏主意?

在 Java 的 try-catch-finally 异常处理机制中,catch 代码块用于捕获并处理特定类型的异常。有时,为了简化代码,开发者会使用 catch(Exception) 来捕获所有异常,但这种做法并不被推荐。因为 Java 异常处理的核心在于精准捕获和有效处理异常,而 catch(Exception) 会捕获所有类型的异常,包括未预料和无法处理的异常,这会阻止异常向上层传播,使得上层代码无法采取适当的处理措施。因此,编写异常处理代码时,应尽可能捕捉最具体的异常类型,仅在必要时谨慎使用 catch(Exception)。

7.3.2 throws

try-catch 是一种主动型的异常处理方式,在有可能引发异常的代码处设置捕获点,并

定义相应的处理逻辑。然而,过度使用 try-catch 来积极捕获每一处潜在异常,可能导致异常处理代码过于分散,难以管理和维护。实际上,对于可能出现的异常,并不总是需要在当前代码段中立即处理;相反,可以将异常处理延后,交由上层调用代码负责。

在 Java 中,如果方法内部不希望直接处理可能出现的异常,可以在方法声明中添加 throws 子句,列出该方法可能抛出的异常类型,提醒方法调用者注意。通过这种方式,将异常处理的责任转移到上层调用代码,使得代码结构更加清晰,并便于管理和维护。

throws 基本语法格式如下:

```
[修饰符] 返回值类型 方法名(参数1,参数2,...) throws 异常类1,异常类2,... {
    //方法体...
}
```

从上述语法格式中可以观察到,throws 关键字在方法声明之后使用,用于声明该方法在运行时可能会抛出一个或多个不同类型的异常。注意,throws 并不是用来实际抛出异常的,而是作为一种声明机制,指示该方法在执行过程中可能会遇到并抛出这些特定类型的异常,从而提醒方法调用者注意潜在的异常风险,并据此采取适当的异常处理措施。

下面将对例 7-1 进行修改,抽象出一个 divide() 方法,该方法被设计为在除数为零可能引发异常的情况下,通过抛出异常来通知调用者,如例 7-3 所示。

【例 7-3】 利用关键字 throws 在方法上声明异常抛出。

```
1   public class Example03 {
2       public static void main(String[] args) {
3           //让用户输入两个整数计算除法
4           Scanner scanner = new Scanner(System.in);
5           System.out.print("请输入被除数:");
6           int a = scanner.nextInt();
7           System.out.print("请输入除数:");
8           int b = scanner.nextInt();
9           int result = divide(a, b);
10          System.out.println("计算结果为:" + result);
11      }
12
13      public static int divide(int a, int b) throws ArithmeticException {
14          int result = a / b;
15          return result;
16      }
17  }
```

相较于例 7-1,例 7-3 封装了专门的除法方法 divide(),并通过 throws 关键字声明该方法有可能抛出 ArithmeticException 类型的异常。然而,注意,ArithmeticException 是一个运行时异常,属于非必检异常,在 main() 方法中,并未对可能抛出的异常进行显式处理。因此,如果用户输入 0 作为除数,程序将直接抛出 ArithmeticException,与例 7-1 的运行结果相同。

接下来,进一步尝试将 divide() 方法的 throws ArithmeticException 修改为 throws Exception。由于 Exception 是必检异常,在 main() 方法中必须对可能抛出的 Exception 进行处理,否则编译器会报错,提示"Unhandled exception type Exception"。

遇到这种编译错误时,IDEA 等开发工具通常会提示两种解决方案:一种方案是"Add throws declaration",即在 main() 方法上继续使用 throws 声明抛出异常,将异常处理责任传递给更上层调用者,但考虑到 main() 方法是程序运行的入口,并不存在更上层的调用者,故此方案不推荐;另一种方案是 "Surround with try/catch",即使用 try-catch 语句来捕获并处理该异常,基于此方案修改代码,如例 7-4 所示。

【例 7-4】 异常的抛出与异常的捕获并处理示例。

```
1   public class Example04 {
2       public static void main(String[] args) {
3           //让用户输入两个整数计算除法
4           Scanner scanner = new Scanner(System.in);
5           System.out.print("请输入被除数:");
6           int a = scanner.nextInt();
7           System.out.print("请输入除数:");
8           int b = scanner.nextInt();
9           //在调用 divide()方法时利用 try-catch 进行异常捕获
10          try {
11              int result = divide(a, b);
12              System.out.println("计算结果为:" + result);
13          } catch (Exception e) {
14              System.out.println("捕获到异常信息:" + e.getMessage());
15          }
16      }
17
18      public static int divide(int a, int b) throws Exception {
19          int result = a / b;
20          return result;
21      }
22  }
```

运行例 7-4,运行结果如下所示。

```
请输入被除数:2
请输入除数:0
捕获到异常信息:/ by zero
```

从上述示例中可以看出,try-catch 机制能够主动捕获并处理异常,确保程序的健壮性,提升用户体验;而 throws 关键字则用于声明方法可能会抛出的异常,将异常处理的责任传递给上层调用者。在编写代码时,两种异常处理方式可搭配使用,以确保代码结构的合理性。

【思想启迪坊】 责任与担当在异常处理中的体现。

在编程中,异常处理不仅体现技术要求,更彰显责任与担当。try-catch 语句确保了程序稳定运行,避免程序直接崩溃,是对代码深度负责和对用户真诚关怀的体现;throws 关键字虽仅声明异常,但能提示后续调用者注意潜在风险,也展现了程序员的前瞻性和责任感。在生活和工作中,也应秉持这种精神,面对问题主动寻求解决方案,预见风险并提醒他人,共同贡献力量。这种精神有助于自己成为值得信赖和尊敬的人,在人生的道路上更加稳健前行。

7.3.3 throw

在探讨了 try-catch 和 throws 两种异常处理方式后,不禁进一步思考:在程序运行时,异常究竟是如何被触发并精确地抛出的呢?读者跟踪产生异常的代码语句,深入 JDK 的底层代码,便会发现,程序之所以抛出异常,并非意味着发生了无法挽回的错误或造成了实质性的损失,而是在执行过程中,程序判断某段代码无法按照预期正确执行,于是创建了相应的异常实例,并通过 throw 关键字抛出该异常实例。

与 throws 不同,throw 并不用于方法声明,而是直接在方法内部发挥作用。它不是声明有可能抛出异常,而是立即抛出一个具体的异常类实例。异常实例被抛出后,就会立即中断当前方法的执行,将异常信息传递给上层调用者。

throw 基本语法格式如下:

throw 异常实例(Throwable 的子类实例)

在例 7-4 中,如果除数 b 为 0,那么执行"int result = divide(a, b)"语句时,程序将不可避免地遭遇一个异常。程序不必等到该语句实际执行时才抛出异常,可以在进行除法操作之前进行预判,并自定义抛出异常的形式,以提供更清晰和具体的错误信息,如例 7-5 所示。

【例 7-5】 利用关键字 throw 抛出异常示例。

```
1   public class Example05 {
2       public static void main(String[] args) {
3           //让用户输入两个整数计算除法
4           Scanner scanner = new Scanner(System.in);
5           System.out.print("请输入被除数:");
6           int a = scanner.nextInt();
7           System.out.print("请输入除数:");
8           int b = scanner.nextInt();
9           //在调用 divide()方法时利用 try-catch 进行异常捕获
10          try {
11              int result = divide(a, b);
12              System.out.println("计算结果为:" + result);
13          } catch (Exception e) {
14              System.out.println("捕获到异常信息:" + e.getMessage());
15          }
16      }
17
18      public static int divide(int a, int b) throws Exception {
19          if (b == 0) {
20              throw new Exception("除数为 0");
21          }
22          int result = a / b;
23          return result;
24      }
25  }
```

在例 7-5 中,在 divide()方法中当检测到除数为 0 时,程序主动抛出异常,并自定义异常信息为"除数为 0",之后 divide()方法的执行将立即终止,随后在 main()方法中捕获并处理了该异常。运行例 7-5,运行结果如下所示。

```
请输入被除数:2
请输入除数:0
捕获到异常信息:除数为 0
```

7.4 try-with-resources 语句

在 Java 中,处理资源(如文件、数据库连接等)时,一个常见的需求是在使用完毕后确保资源被正确关闭,以避免资源泄露。在 JDK 7 之前,通常需要在 finally 代码块中显式关闭这些资源。如果关闭资源时也可能抛出异常，就需要在 finally 代码块中嵌套使用 try-catch 语句。例如，下面是一段文件输入流的典型代码。

```
1   FileReader fr = null;
2   try {
3       fr = new FileReader("file.txt");
4       //使用 FileReader 读取文件…
5   } catch (IOException e) {
6       e.printStackTrace();
7   } finally {
8       if (fr != null) {
9           try {
10              fr.close();
11          } catch (IOException e) {
12              e.printStackTrace();
13          }
14      }
15  }
```

在本例中，尽管 finally 代码块确保了无论是否发生异常，资源都会被关闭，但这种写法较为烦琐，特别是当需要关闭的资源数量增多时，代码的可读性和可维护性都会大打折扣。

为了解决这个问题，JDK 7 引入了 try-with-resources 语句。try-with-resources 语句是一种自动管理资源（如文件流、数据库连接等）的 try 语句的扩展，无须手动编写关闭资源的代码，即可确保资源在语句结束时自动关闭，简化了资源关闭操作。

try-with-resources 语句的语法格式如下：

```
try (
    //声明并初始化资源
){
    //使用资源
} catch(异常类型 形参对象名){
    //处理异常
} finally {
    //此处无须编写关闭资源的代码
}
```

相对于 try-catch-finally 的语法，try-with-resources 语句仅在 try 关键词后增加了一对括号，在括号内可以声明一个或多个资源。这些资源必须是实现了 java.lang.AutoCloseable 接口或 java.io.Closeable 接口。这样，在 finally 代码块中就无须再显示调用 close()方法关闭资源。在 try-catch 代码块执行完后，将无条件调用资源的 close()方法，确保资源被关闭。

例 7-6 是一个使用 try-with-resources 语句来读取文件的示例。

【例 7-6】 利用 try-with-resources 语句读取文件。

```
1   public class Example06 {
2       public static void main(String[] args) {
3           try (BufferedReader br =
4                   new BufferedReader(new FileReader("hello.txt"))) {
5               String line;
6               while ((line = br.readLine()) != null) {
7                   System.out.println(line);
8               }
9           } catch (IOException e) {
10              e.printStackTrace();
```

```
11        }
12        //注意：这里不需要关闭BufferedReader,try-with-resources已经处理了
13    }
14 }
```

注意，在try-catch-finally语句中，要求至少存在一个catch或finally代码块。但是，在try-with-resources语句中，允许省略全部catch和finally代码块，因为该语法内部已经隐含了一个自动的、隐式的finally代码块，用于关闭在try语句中声明的资源。

7.5　自定义异常

Java提供了丰富的异常类，可以满足编程时出现的大部分异常情况，尽管如此，程序员有时还是需要描述程序中特有的情况，或者定制专门的异常处理逻辑，这就需要利用Java的自定义异常功能。

要声明一个新的异常类，必须继承Throwable类或其子类，若无特殊要求，通常情况只需继承Exception类或其子类即可。自定义的异常类可以像普通的异常类一样被处理，兼容throw、throws及try-catch等关键字。

下面通过例7-7展示自定义异常类的使用。

【例7-7】　自定义异常类及其使用展示。

```
1  public class Example07 {
2      public static void main(String[] args) {
3          //让用户输入两个整数计算除法
4          Scanner scanner = new Scanner(System.in);
5          System.out.print("请输入被除数:");
6          int a = scanner.nextInt();
7          System.out.print("请输入除数:");
8          int b = scanner.nextInt();
9          //在调用divide()方法时利用try-catch进行异常捕获
10         try {
11             int result = divide(a, b);
12             System.out.println("计算结果为:" + result);
13         } catch (MyException e) {
14             System.out.println("捕获到异常信息:" + e.getMessage());
15         }
16     }
17
18     public static int divide(int a, int b) throws MyException {
19         if (b == 0) {
20             throw new MyException("除数为0");
21         }
22         int result = a / b;
23         return result;
24     }
25 }
26 //自定义异常类
27 class MyException extends Exception {
28     public MyException() {
29         super();
30     }
31
32     public MyException(String message) {
```

```
33              super(message);
34         }
35  }
```

在例 7-7 中,自定义了名为 MyException 的异常类,该类继承了 Exception 类。在 divide()方法中,当检测到除数为 0 的非法情形时,程序创建了 MyException 异常实例,并通过 throw 关键字抛出。同时,divide()方法通过 throws 关键字声明本方法存在潜在的 MyException 异常风险。在 main()方法中,调用 divide()方法时通过 try-catch 结构捕获该异常并进行了处理。

7.6 示例学习

7.6.1 索引越界异常

【例 7-8】 以整数数组的形式给定一组学生成绩,并给出一组待查询的序号,查询并输出相应序号的学生成绩。

```
1   public class Example08 {
2       public static void main(String[] args) {
3           int[] scores = { 80, 90, 83, 74, 78, 86, 91, 68, 72, 83 };
4           int[] indexes = { 4, 12, 6, 8 };
5   
6           for (int index : indexes) {
7               try {
8                   int score = scores[index - 1];
9                   System.out.println("第" + index + "位成绩为" + score);
10              } catch (ArrayIndexOutOfBoundsException e) {
11                  System.out.println("错误:序号" + index + "超出范围");
12              }
13          }
14      }
15  }
```

程序中给定的成绩数组长度为 10,合理的数组访问索引范围为 0~9,超出该范围将抛出 ArrayIndexOutOfBoundsException 异常,被 try-catch 语句捕获并处理。运行例 7-8,运行结果如下所示。

```
第 4 位成绩为 74
错误:序号 12 超出范围
第 6 位成绩为 86
第 8 位成绩为 68
```

7.6.2 finally 和 return

finally 是对 try-catch 结构的补充,其特性是无论是否捕获到异常,也无论异常是否被妥善处理,finally 代码块都必然会被执行,即便 try-catch 代码块中出现了 return 语句也不例外。然而,return 语句表示方法的结束和返回,应是方法的最后一条实际执行语句,这似乎与 finally 总要在 try-catch 后必然执行有冲突。二者具体是怎样执行以避免冲突的,下面通过例 7-9 具体介绍。

【例 7-9】 请阅读以下代码,写出代码的运行结果。

```java
1   public class Example11 {
2       public static void main(String[] args) {
3           System.out.println(test1());
4           System.out.println(test2().getName());
5       }
6
7       public static int test1() {
8           int i = 1;
9           try {
10              i++;
11              return i;
12          } finally {
13              i = 6;
14          }
15      }
16
17      public static Student test2() {
18          Student student = new Student();
19          try {
20              student.setName("张三");
21              return student;
22          } finally {
23              student.setName("李四");
24          }
25      }
26  }
27
28  class Student {
29      private String name;
30
31      public String getName() {
32          return name;
33      }
34
35      public void setName(String name) {
36          this.name = name;
37      }
38  }
```

运行例 7-9，运行结果如下所示。

```
2
李四
```

例 7-9 通过方法 test1() 和 test2() 展示在 finally 代码块之前存在 return 语句时，finally 和 return 的执行方式。首先，需深入理解 return 语句的执行方式。return 语句虽然只是一条 Java 指令，实际编译后却需分步执行，第一步先将返回值保存在一个待返回的存储单元，第二步将该存储单元返回。当存在 finally 代码块时，会在两个步骤之间执行 finally 代码块。

因此，运行 test1() 方法时，return 语句先计算并存储了待返回值为 2，然后执行 finally 代码库将 i 修改为 6，最后返回之前计算得到的返回值 2。而 test2() 方法的不同之处在于，其返回值为引用数据类型，待返回值为 student 对象的引用，且该引用所指向的 student 对象在 finally 代码块中被修改为"李四"了。

7.7 本章小结

本章主要讲解了 Java 的异常处理机制。介绍了 Java 中常见的错误与异常类型,通过 try-catch 和 finally 进行异常的捕获和处理,通过 throws 进行异常抛出的声明,通过 throw 进行异常抛出,以及自定义异常的使用。通过本章的学习,读者应了解异常捕获、处理、声明、抛出所适用的不同场景,在复杂项目中综合使用以形成完整的异常处理体系。

习 题 7

一、填空题

1. Java 中,所有错误和异常类的超类是_____。
2. _____类及其子类表示运行时异常。
3. 在 try-catch-finally 语句中,_____代码块是必不可少的。
4. Java 异常通常分为两种类型,分别是_____和_____。
5. 方法可以使用_____关键字声明可能抛出的异常。

二、判断题

1. Error 类及其子类属于编译时异常。   (   )
2. 运行时异常不需要处理,即使发生异常,也不影响程序正常运行。   (   )
3. 在处理异常时,try 代码块中存放可能发生异常的代码。   (   )
4. 在 try-catch-finally 语句中,不能没有 catch 代码块。   (   )
5. 在 try-with-resources 语句中,可以同时设有 catch 代码块和 finally 代码块。 (   )

三、选择题

1. 下列说法错误的是(   )。
   A. 自定义异常类一般都继承自 Exception 类
   B. 使用 throws 声明抛出多个异常,多个异常之间使用分号";"隔开
   C. 使用 throw 抛出一个异常对象
   D. 异常可分为必检异常和免检异常
2. 在异常处理时,释放资源、关闭文件等操作通常放在(   )代码块中。
   A. try   B. catch   C. finally   D. throw
3. 能单独和 finally 语句一起使用的块是(   )。
   A. try   B. catch   C. throw   D. throws
4. 下列选项中属于非必检型异常的是(   )。
   A. ClassNotFoundException   B. SQLException
   C. NullPointerException   D. IOException
5. 下列异常声明中正确的是(   )。
   A. public void fun throw IOException(){ }
   B. public void fun() throws IOException(){ }
   C. public void fun() throw IOException(){ }

D. public void fun() throws IOException | SQLException(){ }

四、简答题

1. 写出 Java 异常处理的 5 个关键字。
2. 运行时异常和编译时异常在异常处理方式上有什么区别？
3. 假设以下程序在执行语句 1 时抛出了 Exception2 类型的异常，写出各语句的执行顺序。

```
try {
    语句 1;
    语句 2;
} catch(Exception1 e1){
    语句 4;
} catch(Exception2 e2){
    语句 5;
} finally {
    语句 6;
}
语句 7;
```

五、编程题

1. 编写程序，让用户输入语数外三门课程的成绩，计算并输出平均分。正确的成绩应为 0~100 的浮点数，若用户输入不正确，提示重新输入，直到输入三个正确的数值。

2. 创建一个名为 IllegalTriangleException 的自定义异常类，用于处理不满足三角形三边关系的异常情况。设计一个名为 Triangle 的类，其中包含三个成员变量，分别表示三角形的三条边长。此外，Triangle 类应包含一个构造方法，该方法接收三个参数来初始化三角形的边长，并在内部进行验证，确保这三条边符合三角形的构成条件(即任意两边之和大于第三边)。如果不满足这一条件，则抛出 IllegalTriangleException 异常。

第8章　Java 中的常用类

学习目标

- 熟悉 System 类与 Runtime 类的使用。
- 掌握 Math 类和 Random 类的使用,能够熟练使用 Math 类和 Random 类解决程序中的数学计算和随机数生成问题。
- 掌握 BigInteger 类和 BigDecimal 类的使用,能够熟练使用 BigInteger 类和 BigDecimal 类解决程序中的大数运算问题。
- 掌握日期与时间类的使用,能对日期与时间进行设定、修改及格式化等操作。
- 掌握正则表达式的使用,能够利用正则表达式对字符串进行校验、检索、替换操作。
- 熟悉包装类的使用,掌握 Java 基本数据类型与对应的包装类之间的关联和转换。

Java 在 JDK 中配备了强大的基础类库,开发者通过灵活运用这些类库,能够高效地实现各类复杂功能,进而提升编程效率,降低开发难度。

JDK 中的应用程序编程接口(Application Programming Interface,API)被有序地组织成各个包,每个包内包含了众多相关的类和接口。在类库中,以 java 为前缀的包通常被视为 Java 的核心包,如 java.util 包;而以 javax 为前缀的包则是 Java 的扩展包,如 javax.swing 包,所有这些 API 共同构筑了 Java 强大的类库体系。

常用的 Java 核心包及其主要功能如表 8-1 所示。

表 8-1　常用的 Java 核心包及其主要功能

包　　名	主　要　功　能
java.lang	提供 Java 编程语言的基本类和接口,是 Java 的核心类库
java.applet	提供创建 applet 及用于与 applet 上下文进行通信的类和接口
java.awt	提供创建用户图形界面及绘制和管理图形图像的类和接口
java.io	通过数据流、序列化和文件系统提供系统输入和输出
java.util	包含集合框架、旧集合类、事件模型、日期和时间设施,以及国际化和其他实用程序类
java.math	提供执行任意精度整数运算和小数运算的类
java.sql	提供访问和处理存储在数据源(通常是关系数据库)中的数据的 API
java.net	提供实现网络应用程序的类和接口
java.security	提供安全框架的类和接口

本章及后续章节将选择这些类库中的一些常用类进行讲解。

8.1　System 类

System 类位于 Java 的 java.lang 核心包中,代表了 Java 运行时的系统环境。System 类封装了许多与系统相关的属性和控制方法。System 类中的成员方法和成员变量都是静态的,可以无须创建对象,直接通过类名来调用它们。

下面将通过一些具体案例来解析 System 类中主要变量和方法的用途。

8.1.1 in、out 和 err

System 类中包含了 in、out 和 err 三个成员变量。三个变量都被 public final static 修饰符修饰,分别代表标准输入流、标准输出流和标准错误输出流。默认的输入设备为键盘,默认的输出设备为显示器,用户也可以重定向默认的输入输出设备。

out 和 err 都是输出流,但使用上有区别。out 是标准输出流,err 是专门面向错误的输出流。二者的区别主要体现在 out 具有一定缓存功能,内容并不是实时输出,有时会积累到一定的量才输出;而 err 是实时输出,会第一时间把错误信息传递给用户。

下面通过例 8-1 来观察二者的区别。

【例 8-1】 out 和 err 的输出效果测试。

```
1    public class Example01 {
2        public static void main(String[] args) {
3            System.out.println("我是out输出");
4            System.out.println("我是out输出");
5            System.out.println("我是out输出");
6            System.err.println("我是err输出");
7        }
8    }
```

多次运行例 8-1,可以发现运行结果并不唯一,如下是可能出现的运行结果之一。

```
我是 out 输出
我是 err 输出
我是 out 输出
我是 out 输出
```

从例 8-1 的运行结果可以看出,编码的顺序和实际文字输出的顺序并不完全一致,会出现 out 输出被 err 输出插队的现象,这正是因为 out 具有缓存功能,而 err 是实时输出。

8.1.2 currentTimeMillis()

该方法用于获取系统当前的时间,但其呈现形式并非直观的"年月日时分秒"格式,而是返回一个 long 类型的值。该值表示当前时间与 1970 年 1 月 1 日 0 时 0 分 0 秒(也称为 UNIX 纪元或 UNIX 时间戳起点)之间的毫秒数差值。这种数值化的时间表示方式被称为时间戳,因其高效且精确的时间度量方式,在计算机系统中被广泛使用。

注意,时间戳是基于操作系统的系统时间获取的,而操作系统时间的准确性可能受到多种因素的影响,如用户的手动调整、系统或硬件的时钟精度等。

下面通过例 8-2 介绍 currentTimeMillis() 方法在计算程序执行时长方面的应用。

【例 8-2】 利用 currentTimeMillis() 方法计算程序执行时长。

```
1    public class Example02 {
2        public static void main(String[] args) {
3            //开始执行时的时间戳
4            long beginTime = System.currentTimeMillis();
5            long sum = 0;
6            for (int i = Integer.MAX_VALUE; i > 0; i--) {
```

```
7              sum += i;
8          }
9          System.out.println("从1累加至" + Integer.MAX_VALUE + "结果为:" + sum);
10         //执行完毕时的时间戳
11         long endTime = System.currentTimeMillis();
12         //时间戳之差为程序执行时长
13         System.out.println("程序执行时长为:" + (endTime - beginTime) + "毫秒");
14     }
15 }
```

运行例8-2,运行结果如下所示。

```
从1累加至2147483647 结果为:2305843008139952128
程序执行时长为:773毫秒
```

8.1.3 getProperties()和getProperty(String key)

在编程过程中,程序员有时需要获取系统的相关属性,如Java运行环境信息、操作系统详情或当前用户信息等。这时,可以利用System类中的getProperties()方法或getProperty(String key)方法。

getProperties()方法会返回一个Properties对象,该对象包含以键值对形式存储的当前系统的所有属性。程序员可对Properties对象进行遍历或查找特定的属性值。

getProperty(String key)方法用于查询某一具体属性的值,使用时需传入一个字符串类型的参数,该参数代表想要查询的属性名。常用的系统属性名及其含义见表8-2。

表8-2 常用的系统属性名及其含义

属 性 名	含 义
os.name	操作系统的名称
os.arch	操作系统的架构
os.version	操作系统的版本
java.version	Java运行时环境版本
java.home	Java安装目录
java.io.tmpdir	Java默认的临时文件路径
user.name	用户的账户名称
user.home	用户的主目录

下面通过例8-3介绍具体用法。

【例8-3】 利用getProperties()和getProperty(String key)方法获取系统属性信息。

```
1  public class Example03 {
2      public static void main(String[] args) {
3          System.out.println("操作系统名称:" + System.getProperty("os.name"));
4          System.out.println("Java版本:"
5                  + System.getProperty("java.version"));
6
7          Properties properties = System.getProperties();
8          System.out.println("遍历输出所有属性:");
9          for (String key : properties.stringPropertyNames()) {
10             System.out.println(key + "-->" + properties.getProperty(key));
11         }
12     }
13 }
```

运行例 8-3,可以看出,使用 getProperties()可获取全部系统属性,全部属性有数十项之多,使用 getProperty(String key)可以根据需要获取特定属性值,在编程时实用性更高。

8.1.4　arraycopy(Object src,int srcPos,Object dest,int destPos,int length)

该方法提供了便捷的数组之间的元素复制功能。方法提供了 5 个参数,具体含义如下:
src:表示复制的源数组。
srcPos:表示从源数组复制时的起始复制位置。
dest:表示复制到的目标数组。
destPos:表示复制到目标数组时的起始存储位置。
length:表示复制的元素的个数。

需要注意的是,源数组 src 和目标数组 dest 的数据类型应保持一致,否则程序运行时会抛出 ArrayStoreException 异常;复制时,要防止索引越界问题,即源数组从 srcPos 位置开始到最后一个位置长度应不低于 length,同样目标数组从 destPos 位置开始到最后一个位置长度也应不低于 length,否则程序运行时会抛出 ArrayIndexOutOfBoundsException 异常。

下面通过例 8-4 展示该方法的具体应用。

【例 8-4】 利用 arraycopy()方法复制数组。

```
1    public class Example04 {
2        public static void main(String[] args) {
3            int[] src = new int[] { 1, 2, 3, 4, 5, 6, 7, 8, 9 };
4            int[] dest = new int[] { 101, 102, 103, 104, 105, 106, 107 };
5
6            System.arraycopy(src, 2, dest, 3, 4);
7
8            for (int i = 0; i < dest.length; i++) {
9                System.out.print(dest[i] + " ");
10           }
11       }
12   }
```

运行例 8-4,运行结果如下所示。

```
101 102 103 3 4 5 6
```

8.2　Runtime 类

Runtime 类位于 java.lang 核心包中。Runtime 类表示 Java 虚拟机运行时的状态。每一个 Java 程序启动时都启动了一个虚拟机进程,每个虚拟机进程都会对应一个 Runtime 类实例。

Runtime 类采用了单例模式,确保在整个虚拟机进程中只有一个 Runtime 实例存在。通过调用 Runtime.getRuntime()方法可获取其唯一的实例对象,格式如下:

```
Runtime rc = Runtime.getRuntime();
```

下面介绍 Runtime 类最常用的两大功能——获取运行时信息和执行外部命令。

8.2.1 获取运行时信息

Runtime 类封装了 Java 虚拟机进程，是 Java 程序和运行时环境的关联纽带，通过 Runtime 实例对象可在运行时实时获取环境状态信息。下面通过例 8-5 展示 Runtime 类的使用。

【例 8-5】 利用 Runtime 类获取运行时环境状态信息。

```
1   public class Example05 {
2       public static void main(String[] args) {
3           Runtime rt = Runtime.getRuntime();
4           System.out.println("处理器的个数:"
5                   + rt.availableProcessors() + "个");
6           System.out.println("最大可用内存大小:"
7                   + rt.maxMemory() / 1024 / 1024 + "MB");
8           System.out.println("内存总量:"
9                   + rt.totalMemory() / 1024 / 1024 + "MB");
10          System.out.println("空闲内存量:"
11                  + rt.freeMemory() / 1024 / 1024 + "MB\n");
12          System.out.println("占用内存量:"
13                  + (rt.totalMemory() - rt.freeMemory()) + "B");
14          for (int i = 0; i < 5; i++) {
15              rt.gc();          //进行垃圾回收
16              System.out.println("运行过 gc()方法后占用内存量:"
17                      + (rt.totalMemory() - rt.freeMemory()) + "B");
18          }
19      }
20  }
```

运行例 8-5，运行结果如下所示。

```
处理器的个数:4 个
最大可用内存大小:3641MB
内存总量:245MB
空闲内存量:242MB

占用内存量:2684392B
运行过 gc()方法后占用内存量:1662152B
运行过 gc()方法后占用内存量:1662008B
运行过 gc()方法后占用内存量:1661264B
运行过 gc()方法后占用内存量:1661264B
运行过 gc()方法后占用内存量:1661264B
```

例 8-5 展示了 Runtime 类主要方法的应用，可以获取当前虚拟机的处理器个数、最大可用内存、内存总量、空闲内存量等信息，其中内存相关信息以字节为计量单位。

另外，例 8-5 通过调用 Runtime 的 gc()方法进行了垃圾回收。可以看到，垃圾回收不是一蹴而就的，调用了 gc()方法后并不是立刻完成了内存清理，此时虚拟机的内存并不稳定，往往需要多次执行且内存不再变化时才认为垃圾回收执行完成。

8.2.2 执行外部命令

Runtime 类提供了 exec()方法，用于在 Java 代码中调用外部命令，将该命令置于操作系统层面执行。在不同的操作系统上运行 Java 虚拟机，exec()方法所能执行的外部命令集跟随操作系统而变化。以 Windows 系统为例，Runtime 类 exec()方法可执行 DOS 命令，在系统的 DOS 命令行窗口中执行可产生同样效果。

下面通过例 8-6 展示如何在 Windows 系统中打开和关闭记事本。

【例 8-6】 利用 Runtime 类打开和关闭记事本应用。

```
1   public class Example06 {
2       public static void main(String[] args) {
3           try {
4               Runtime rc = Runtime.getRuntime();
5               Process p = rc.exec("notepad.exe");        //打开记事本
6               Thread.sleep(3000);                        //休眠 3 秒
7               p.destroy();                               //关闭记事本
8           } catch (Exception e) {
9               e.printStackTrace();
10          }
11      }
12  }
```

在 Windows 系统中运行例 8-6,程序将打开记事本应用,并在 3 秒后自动关闭。

在例 8-6 中,notepad 即为 Windows 系统打开记事本的命令,在命令行窗口中同样可以执行成功。exec() 方法在调用外部命令时,会返回一个 Process 对象,该对象表示在操作系统中执行命令启动的进程,后续可通过此进程对象实现进一步管理,如例 8-6 中通过 destroy() 方法关闭了此进程。

8.3 Math 类和 Random 类

Math 类是一个工具类,位于 java.lang 核心包中,提供用于执行数学运算的属性和方法。其内部的成员变量和成员方法都是静态的,可通过类名直接调用。

下面介绍 Math 类的主要功能。

8.3.1 科学计算

Math 类的核心功能是科学计算。Math 类提供了两个静态常量 PI 和 E,分别代表数学中的 π 和 e,另外提供了许多用来进行科学计算的方法,涉及一些数学专业知识,读者可结合 JDK API 文档了解各个方法的具体功能。

下面通过例 8-7 介绍 Math 类中一些常用的科学计算方法的使用。

【例 8-7】 Math 类的常用方法使用示例。

```
1   public class Example07 {
2       public static void main(String[] args) {
3           System.out.println("常量 PI:" + Math.PI);
4           System.out.println("常量 E:" + Math.E);
5
6           System.out.println("计算-3 的绝对值:" + Math.abs(-3));
7
8           System.out.println("计算 4 的平方根:" + Math.sqrt(4));
9           System.out.println("计算-1 的立方根:" + Math.cbrt(-1));
10
11          System.out.println("计算 3、5 的较大值:" + Math.max(3, 5));
12          System.out.println("计算-1、1 的较小值:" + Math.min(-1, 1));
13
```

```
14              System.out.println("计算 e 的 2 次方:" + Math.exp(2));
15              System.out.println("计算 2 的 4 次方:" + Math.pow(2, 4));
16
17              System.out.println("计算 e 的自然对数:" + Math.log(Math.E));
18              System.out.println("计算 100 的底数为 10 的对数:" + Math.log10(100));
19
20              System.out.println("计算 9.1 的向上取整:" + Math.ceil(9.1));
21              System.out.println("计算 -9.1 的向上取整:" + Math.ceil(-9.1));
22              System.out.println("计算 9.1 的向下取整:" + Math.floor(9.1));
23              System.out.println("计算 -9.1 的向下取整:" + Math.floor(-9.1));
24              System.out.println("计算 8.5 的四舍五入:" + Math.round(8.5));
25              System.out.println("计算 -8.5 的四舍五入:" + Math.round(-8.5));
26
27              System.out.println("计算 π/2 的正弦:" + Math.sin(Math.PI / 2));
28              System.out.println("计算 -1 的反余弦:" + Math.acos(-1));
29
30              System.out.println("生成[0,1)区间内的随机浮点数:" + Math.random());
31          }
32      }
```

运行例 8-7,运行结果如下所示。

```
常量 PI:3.141592653589793
常量 E:2.718281828459045
计算 -3 的绝对值:3
计算 4 的平方根:2.0
计算 -1 的立方根:-1.0
计算 3、5 的较大值:5
计算 -1、1 的较小值:-1
计算 e 的 2 次方:7.38905609893065
计算 2 的 4 次方:16.0
计算 e 的自然对数:1.0
计算 100 的底数为 10 的对数:2.0
计算 9.1 的向上取整:10.0
计算 -9.1 的向上取整:-9.0
计算 9.1 的向下取整:9.0
计算 -9.1 的向下取整:-10.0
计算 8.5 的四舍五入:9
计算 -8.5 的四舍五入:-8
计算 π/2 的正弦:1.0
计算 -1 的反余弦:3.141592653589793
生成[0,1)区间内的随机浮点数:0.9117894396654633
```

8.3.2 产生随机数

随机数在程序设计中有着重要作用,Math 类提供了 random()方法可以便捷地生成一个[0,1)区间内的随机浮点数,但如果需要其他范围或其他类型的随机数,则程序员需要做一些额外的计算或映射。

除此之外,Java 提供了功能更强大的 Random 类,可以生成各种类型随机数,包括 boolean、int、long、double 和 float 等。在使用时,首先需要创建 Random 类的对象。Random 类提供了两个构造方法,一个是无参构造方法,一个需传入 long 型的种子参数。由于 Random 类底层使用种子创建伪随机数生成器,当传入的种子参数相同时,则创建的 Random 对象生成的随机数序列也对应相同,若使用无参构造方法,Random 类默认会基于系统当前时间戳构造种子创建伪随机数生成器。

下面通过例 8-8 展示 Random 类的使用。

【例 8-8】 利用 Random 类生成各种随机数。

```
1   public class Example08 {
2       public static void main(String[] args) {
3           Random r = new Random();
4           System.out.println("生成 boolean 类型随机数:" + r.nextBoolean());
5           System.out.println("生成 int 类型随机数:" + r.nextInt());
6           System.out.println("在[0,10)区间内生成 int 类型随机数:"
7                   + r.nextInt(10));
8           System.out.println("在[100,200)区间内生成 int 类型随机数:"
9                   + r.nextInt(100,200));
10          System.out.println("生成 long 类型随机数:" + r.nextLong());
11          System.out.println("生成 double 类型随机数:" + r.nextDouble());
12          System.out.println("生成 float 类型随机数:" + r.nextFloat());
13
14          System.out.println("\n 使用相同种子的多个 Random 对象的随机数生成效果:");
15          for (int i = 0; i < 3; i++) {
16              Random r1 = new Random(1);
17              System.out.println(r1.nextInt() + " " + r1.nextInt() + " "
18                      + r1.nextBoolean() + " " + r1.nextBoolean() + " "
19                      + r1.nextFloat() + " " + r1.nextFloat());
20          }
21      }
22  }
```

运行例 8-8,运行结果如下所示。

```
生成 boolean 类型随机数:true
生成 int 类型随机数:187840132
在[0,10)区间内生成 int 类型随机数:3
在[100,200)区间内生成 int 类型随机数:167
生成 long 类型随机数:3692940272821119543
生成 double 类型随机数:0.585378760954571
生成 float 类型随机数:0.39181215

使用相同种子的多个 Random 对象的随机数生成效果:
-1155869325 431529176 false false 0.2077148 0.036235332
-1155869325 431529176 false false 0.2077148 0.036235332
-1155869325 431529176 false false 0.2077148 0.036235332
```

从运行结果可以看出,通过调用 Random 类的不同方法可以生成不同类型的随机数。而当使用相同种子创建多个 Random 对象时,产生的随机数序列也是相同的。

8.4 BigInteger 类和 BigDecimal 类

BigInteger 类和 BigDecimal 类位于 java.math 包中,支持执行任意范围整数运算和任意精度浮点数运算,突破了 Java 原生整数、浮点数在范围和精度方面的限制。

8.4.1 BigInteger 类

在 Java 中,提供了 byte、short、int、long 等基本数据类型来表示整数数值,其中表示范围最大的为 long 类型。这些数值可直接通过 CPU 指令进行快速计算,但有时程序需要处理更大的整数,超出了 long 型的表示范围,这时就需要使用 BigInteger 类。

BigInteger 类可用来表示任意大小的整数,类内部使用数组模拟整数的存储和运算。在创建 BigInteger 对象时,可传入字符串形式表示的数值作为参数,格式如下:

```
BigInteger bi = new BigInteger("12345679");
```

程序员需要确保传入的参数为字符串形式的十进制数值,如参数含有非数字字符,运行时会抛出 NumberFormatException 异常。

BigInteger 类的常用运算方法及其主要功能如表 8-3 所示。

表 8-3 BigInteger 类的常用运算方法及其主要功能

方 法 名	主 要 功 能
public BigInteger add(BigInteger val)	计算当前对象与参数对象的和
public BigInteger subtract(BigInteger val)	计算当前对象与参数对象的差
public BigInteger multiply(BigInteger val)	计算当前对象与参数对象的积
public BigInteger divide(BigInteger val)	计算当前对象与参数对象的商
public BigInteger remainder(BigInteger val)	计算当前对象与参数对象的余
public BigInteger abs()	计算当前对象的绝对值
public BigInteger pow(int exponent)	计算当前对象的 n 次幂
public BigInteger shiftLeft(int n)	计算当前对象左移 n 位的结果
public BigInteger shiftRight(int n)	计算当前对象右移 n 位的结果
public BigInteger and(BigInteger val)	计算当前对象与参数对象的按位与的结果
public BigInteger or(BigInteger val)	计算当前对象与参数对象的按位或的结果
public BigInteger xor(BigInteger val)	计算当前对象与参数对象的按位异或的结果
public BigInteger not()	计算当前对象按位取反的结果

下面通过例 8-9 展示通过 BigInteger 类的常用运算。

【例 8-9】 BigInteger 类型的常用运算示例。

```
1   public class Example09 {
2       public static void main(String[] args) {
3           BigInteger a = new BigInteger("12345679");
4           BigInteger b = new BigInteger("81");
5           System.out.println("a + b = " + a.add(b));
6           System.out.println("a - b = " + a.subtract(b));
7           System.out.println("a * b = " + a.multiply(b));
8           System.out.println("a / 8 = " + a.divide(b));
9           System.out.println("a ^ 8 = " + a.pow(8));
10          System.out.println("a << 1 = " + a.shiftLeft(1));
11          System.out.println("~a = " + a.not());
12      }
13  }
```

运行例 8-9,运行结果如下所示。

```
a + b = 12345760
a - b = 12345598
a * b = 999999999
a / 8 = 152415
a ^ 8 = 53965952341815280854995047545159378859440620380869398976l
a << 1 = 24691358
~a = -12345680
```

需要注意的是，BigInteger 类是不变类，和 String 类一样。BigInteger 对象在运算时，都是创建新的对象返回，原对象保持不变。

8.4.2 BigDecimal 类

在 Java 中，提供了 float、double 等基本数据类型来表示浮点数值，其中取值范围最大的为 double 类型。这些数值可直接通过 CPU 指令进行快速计算，但存在的问题一是超出范围的数值无法表示，二是浮点数的计算精度不够精确。例 8-10 展示了使用 double 表示浮点数值的精确问题。

【例 8-10】 利用 double 表示浮点数值的不精确问题示例。

```
1    public class Example10 {
2        public static void main(String[] args) {
3            double a = 0.7, b = 0.2;
4            System.out.println(a + b);
5        }
6    }
```

运行例 8-10，运行结果如下所示。

```
0.8999999999999999
```

从运行结果可以看出，利用 double 计算 0.7 和 0.2 的加法运算时，其和并不完全等于 0.9。这是因为计算机本质上采用二进制进行存储和计算，但有些十进制浮点数无法使用一个有限的二进制数来表达，故而造成了精度丢失。

与 BigInteger 类类似，BigDecimal 类没有大小限制，可用来表示任意大小且精度完全准确的浮点数。在创建 BigDecimal 对象时，可传入 double 类型或 String 类型的数值作为参数。但 double 类型参数会将自身不精确的问题传递给 BigDecimal 类型，故不推荐使用。

参考格式如下：

```
//法一，传 double 参数，易造成精度丢失，不推荐
BigDecimal bd = new BigDecimal(0.7);

//法二，传 String 参数，不丢失精度，推荐
BigDecimal bd = new BigDecimal("0.7");
```

BigDecimal 类提供的运算方法与 BigInteger 类类似，提供了加、减、乘、除、余、绝对值、幂等常用运算，取消了左移、右移及按位与、或等位运算。值得注意的是除法运算，当除法运算无法整除时，会触发 ArithmeticException 异常。为了规避这一情形，BigDecimal 类提供了多个重载的除法方法，允许通过传递参数来设定计算结果的精度和舍入模式。对普通 BigDecimal 对象，也可通过 setScale() 方法调整其精度和指定舍入模式。

下面通过例 8-11 展示这些方法的使用。

【例 8-11】 BigDecima 类型的常用运算示例。

```
1    public class Example11 {
2        public static void main(String[] args) {
3            BigDecimal a = new BigDecimal("123.456789");
4            BigDecimal b = new BigDecimal("0.23");
5
6            //设置 a 保留 4 位小数,向下取整模式,舍弃尾数
```

```
7         a = a.setScale(4, RoundingMode.DOWN);
8         System.out.println("a = " + a);
9         //加、减、乘
10        System.out.println("a + b = " + a.add(b));
11        System.out.println("a - b = " + a.subtract(b));
12        System.out.println("a * b = " + a.multiply(b));
13        //除法:结果精度默认和 a 一致,指定四舍五入模式
14        System.out.println("a / b = " + a.divide(b, RoundingMode.HALF_UP));
15        //除法:指定结果保留 2 位小数,指定向下取整模式
16        System.out.println("a / b = " + a.divide(b, 2, RoundingMode.FLOOR));
17        try {
18            //除法:此处由于无法整除将抛出异常
19            System.out.println("a / b = " + a.divide(b));
20        } catch (ArithmeticException e) {
21            e.printStackTrace();
22        }
23    }
24 }
```

运行例 8-11,运行结果如下所示。

```
a = 123.4567
a + b = 123.6867
a - b = 123.2267
a * b = 28.395041
a / b = 536.7683
a / b = 536.76
java.lang.ArithmeticException: Non-terminating decimal expansion; no exact representable decimal result.
    at java.base/java.math.BigDecimal.divide(BigDecimal.java:1780)
    at chapter08.Example11.main(Example11.java:24)
```

8.5　日期和时间类

在编写程序时,日期和时间是经常处理的重要数据。日期一般指年月日,而时间需精确至时分秒。Java 主要通过 Date 类和 Calendar 类实现日期和时间的表示和计算。

8.5.1　Date 类

Date 类位于 java.util 包中,自 JDK 1.0 就已存在,目前已成为 Java 表示日期和时间的最常用的类。Date 类提供了两个常用的构造方法,如表 8-4 所示。

表 8-4　Date 类的两个常用构造方法

构　造　方　法	说　　　明
Date()	无参数构造方法,创建当前日期时间的 Date 对象
Date(long date)	带参构造方法,创建指定时间的 Date 对象

在使用无参构造方法时,默认使用系统的当前时间来创建 Date 对象。在使用带参构造方法时,传入一个 long 类型的时间戳格式的时间,即时间与格林尼治时间 1970 年 1 月 1 日 0 时 0 分 0 秒之间的毫秒时间差,通过此构造方法,可以实现将时间戳格式的时间转化为 Date 对象;反过来,Date 类也提供了 getTime()方法可转化为时间戳格式。

下面通过例 8-12 展示 Date 类相关方法的使用。

【例 8-12】 Date 类的使用示例。

```
1    public class Example14 {
2        public static void main(String[] args) {
3            Date date1 = new Date();
4            System.out.println(date1);
5            System.out.println(date1.getTime());
6
7            Date date2 = new Date(24 * 60 * 60 * 1000);
8            System.out.println(date2);
9            System.out.println(date2.getTime());
10       }
11   }
```

运行例 8-12,运行结果如下所示。

```
Tue Jul 09 13:59:59 CST 2024
1720504799347
Fri Jan 02 08:00:00 CST 1970
86400000
```

在例 8-12 中,创建了两个 Date 对象,一个对象 date1 为运行时系统当前时间,另一个对象 date2 为基准日期 1970 年 1 月 1 日 0 时 0 分 0 秒加上 24 小时。但是,根据运行结果,date2 时间是 1970 年 1 月 2 日 8 时 0 分 0 秒,相差了 8 个小时,为什么呢?

实际上,Date 类内部存储时间仍采用时间戳格式,而时间戳的基准日期采用的是格林尼治时间,并不考虑其他时区。例 8-12 中 date2 表示的时间是格林尼治时间 1970 年 1 月 2 日 0 时 0 分 0 秒,在输出时会根据操作系统的时区自动转化。例 8-12 中转化为北京时间 1970 年 1 月 2 日 8 时 0 分 0 秒,其中输出文本中的"CST"即表示中国标准时间"China Standard Time UT+8:00"。

可以想象这样一种场景,北京、纽约、巴黎三地的程序员同时执行代码"Date date = new Date();"得到的 3 个 date 对象是等值的,具有相同的时间戳,但进行输出时,Java 会根据系统所在时区输出不同的时区时间值。读者也可通过手动修改系统的时区模拟该效果。

8.5.2 日期格式化

在例 8-12 中,Date 对象默认打印的格式并不符合中国人的使用习惯。在不同使用场景中,往往需要按不同格式来输出时间,如"年 月 日 星期"或"年 月 日 时 分 秒",这就需要用到 DateFormat 类。

DateFormat 类位于 java.text 包中,用于将 Date 对象转化为特定格式的字符串,反之也可将符合格式的字符串转化为 Date 对象。DateFormat 类是一个抽象类,无法实例化,实际使用中用得最多的是 DateFormat 类的一个子类 SimpleDateFormat 类。

SimpleDateFormat 类在实例化时,通过传入字符串类型参数设置日期格式模板。日期格式模板预留特定格式符,表示日期时间中的特定含义,在格式化日期时被具体数值替换,相关格式符和含义如表 8-5 所示。

表 8-5 日期格式符

格式符	含义	举例
G	公元标记	AD、公元
y	年份,一般 4 位连用	182、2021
M	月份,一般 2 位连用	8、10
d	月中的日序号,一般 2 位连用	3、27
D	年中的日序号	183
h	12 小时制中的小时序号,取值范围 1~12	5
H	24 小时制中的小时序号,取值范围 0~23	17
m	分,一般 2 位连用	8、45
s	秒,一般 2 位连用	5、56
S	毫秒,一般 3 位连用	29、788
F	月中的星期序号,每 7 天计为 1 周	2
E	星期	Fri、星期五
a	上午下午标记	AM、上午
k	24 小时制中的小时序号,取值范围 1~24	24
K	12 小时制中的小时序号,取值范围 0~11	11
w	年中的星期序号,以自然周计算	35
W	月中的星期序号,以自然周计算	3
z	时区	CST
'	单引号,不转义文本	'time'

需要说明的是,为保持日期格式化输出的整齐美观,格式符经常多位连用,如用 yyyy 表示 4 位数的年份,当年份不足 4 位时在前端补 0。但 MMM 为特殊情况,表示汉字月份。

在创建了 SimpleDateFormat 对象之后,就可以按照设定的日期格式模板实现字符串和 Date 对象之间的转换。SimpleDateFormat 类提供了 format()方法,用于 Date 对象转化为模板格式的字符串;提供了 parse()方法,用于将字符串按照模板格式解析为 Date 对象,若提供的字符串无法解析则抛出 ParseException 异常。下面通过例 8-13 展示相关方法的使用。

【例 8-13】 利用 SimpleDateFormat 类的 parse()方法和 format()方法进行日期解析与日期格式化。

```
1   public class Example13 {
2       public static void main(String[] args) throws ParseException {
3           DateFormat df = new SimpleDateFormat("yyyy-MM-dd HH:mm:ss");
4           Date date = df.parse("2024-07-01 08:00:00");      //字符串解析为 Date 对象
5           System.out.println(df.format(date));              //date 对象格式化输出
6
7           DateFormat df2 = new SimpleDateFormat("G yyyy年 MM月 dd日 EEE aahh时 mm分 ss秒 z");
8           System.out.println(df2.format(date));
9       }
10  }
```

运行例 8-13,运行结果如下所示。

```
2024-07-01 08:00:00
公元 2024 年 07 月 01 日 周一 上午 08 时 00 分 00 秒 CST
```

8.5.3 Calendar 类

Date 类主要用于日期和时间的表示,但缺乏相关的运算和操作功能,如修改日期到具体某一天。为此,Java 提供了 Calendar 类。

Calendar 类位于 java.util 包中,可用于对日期和时间的特定字段进行操作。Calendar 类是一个抽象类,不可实例化,但提供了一个静态方法 getInstance()来初始化一个当前系统默认时区的日历对象。格式如下:

Calendar calendar = Calendar.getInstance();

Calendar 类提供了大量方法用于对年、月、日、时、分、秒、周等字段进行读取、设置及一些简单运算。表 8-6 列举了 Calendar 类的一些常用方法及其主要功能。

表 8-6 Calendar 类的常用方法及其主要功能

方 法	主 要 功 能
void setTime(Date date)	使用 Date 对象参数设置日期和时间
void setTimeInMillis(long millis)	使用时间戳参数设置日期和时间
void set(int field, int value)	为指定字段设置指定值
void set(int year, int month, int date)	设置年、月、日的值
void set(int year, int month, int date, int hourOfDay, int minute, int second)	设置年、月、日、时、分、秒的值
Date getTime()	返回 Date 类型的日期和时间
long getTimeInMillis()	返回时间戳格式的日期和时间
int get(int field)	返回指定字段的值
void add(int field, int amount)	为指定字段增加(amount 为负数时为减去)指定值

需要明确的是,Calendar 类提供了一系列静态常量,旨在规范该类各方法参数的使用。具体来说,对于 int 类型的参数 field,在 Calendar 类中预定义了如 YEAR、MONTH、DATE、HOUR、HOUR_OF_DAY、MINUTE、SECOND、DAY_OF_WEEK 等常量,分别代表年、月、日、小时(12 小时制)、小时(24 小时制)、分钟、秒和星期。对于 int 类型的参数 month,预定义了 JANUARY、FEBRUARY、MARCH 等常量,用以指代一月、二月、三月等月份。注意,月份的值是从 0 开始的,即一月 JANUARY 为 0,二月 FEBRUARY 为 1,以此类推。再者,Calendar 类还预定义了 SUNDAY、MONDAY、TUESDAY 等常量,用以表示周日、周一、周二等。此处,星期的值按照西方惯例,周日 SUNDAY 为 1,周一 MONDAY 为 2,以此类推。

下面通过例 8-14 展示 Calendar 类主要方法的使用。

【例 8-14】 Calendar 类主要方法的使用示例。

```
1    public class Example14 {
2        public static void main(String[] args) {
3            DateFormat df1 = new SimpleDateFormat("yyyy-MM-dd HH:mm:ss.SSS EEE");
4            DateFormat df2 = new SimpleDateFormat("yyyy-MM-dd");
5
6            //获取当前默认时区的日历对象
7            Calendar cal1 = Calendar.getInstance();
8            //设置时间为 1970 年 1 月 1 日 8 时 0 分 0 秒
```

```
9          cal1.set(1970, Calendar.JANUARY, 1, 8, 0, 0);
10         cal1.set(Calendar.MILLISECOND, 0);
11         //转化为 Date 对象或时间戳输出
12         System.out.println("日期:" + df1.format(cal1.getTime()));
13         System.out.println("月份值:" + cal1.get(Calendar.MONTH));
14         System.out.println("星期值:" + cal1.get(Calendar.DAY_OF_WEEK));
15         cal1.add(Calendar.DATE, 100);          //增加 100 天
16         System.out.println("100 天后日期是:" + df2.format(cal1.getTime())
                + ",当月第" + cal1.get(Calendar.DAY_OF_MONTH) + "天"
17              + ",当年第" + cal1.get(Calendar.DAY_OF_YEAR) + "天");
18     }
19  }
```

运行例 8-14,运行结果如下所示。

```
日期:1970 - 01 - 01 08:00:00.000 周四
月份值:0
星期值:5
100 天后日期是:1970 - 04 - 11,当月第 11 天,当年第 101 天
```

8.5.4 日期与时间新 API

早期的 Java 版本中,Date 和 Calendar 类虽然为开发者提供了基本的日期时间操作能力,但在处理时区、格式化、解析及可读性方面的局限性逐渐暴露出来。Date 类本身只代表了一个时间点(毫秒级的时间戳),却试图承载日期和时间的双重职责,在使用时既不够直观也不够灵活。而 Calendar 类虽然提供了更丰富的日期时间操作能力,但其设计复杂,容易出错,且其可变性和非线程安全性也时常令开发者困扰。

为了解决这些问题,Java 8 引入了全新的日期时间 API,提供了强大且灵活的日期时间处理能力。这一新设计遵循 ISO-8601 日历系统,引入了一系列全新的类,如 LocalDate、LocalTime、LocalDateTime、ZonedDateTime、Instant、Duration 和 Period 等,每个类都专注于处理日期时间的不同方面,简化了日期时间的处理逻辑。

LocalDate:仅包含日期信息(年、月、日),不涉及时间和时区。

LocalTime:仅包含时间信息(时、分、秒、纳秒),不涉及日期和时区。

LocalDateTime:结合了 LocalDate 和 LocalTime,表示没有时区的日期和时间。

ZonedDateTime:表示带有时区的日期和时间,是处理全球时间需求时的理想选择。

Instant:代表时间线上的一个瞬时点,以 UTC 时间表示,通常用于机器间的时间同步。

Duration:用于表示两个时间点之间的时间量,以秒和纳秒为单位。

Period:用于表示两个日期之间的时间量,以年、月、日为单位。

这些新类不仅设计上更加合理,而且提供了更加丰富的 API 来支持各种日期时间操作,如加减、比较、格式化、解析等。同时,采用了不可变的设计模式,支持多线程环境下的并发使用。

1. LocalDate 类、LocalTime 类和 LocalDateTime 类

这三个类的功能相似,LocalDate 类表示带年月日的日期,不带时间信息;LocalTime 类不带日期信息,用来表示带时分秒的时间,最小精度是纳秒;LocalDateTime 类是 LocalDate 类和 LocalTime 类的组合,可表示日期和时间。这三个类的实例都是不可变的,这意味着一旦创建,其表示的时间就不会改变。如果需要修改时间,需要创建一个新的实例。

这三个类的核心方法如下。

(1) 创建实例：通过 now() 获取当前日期或时间；通过 of() 系列方法设置指定的日期或时间，可结合不同参数灵活使用，如 of(int year, int month, int dayOfMonth)、of(int hour, int minute, int second) 等；通过 parse(CharSequence text) 按照默认格式解析字符串获取日期或时间，也可通过 parse(CharSequence text, DateTimeFormatter formatter) 指定格式进行解析。

(2) 获取日期时间信息：提供了 getYear()、getMonthValue()、getDayOfMonth()、getHour()、getMinute()、getSecond() 等系列方法，用于获取年、月、日、时、分、秒和纳秒等信息；LocalDateTime 也可通过 toLocalDate() 获取 LocalDate 对象信息，通过 toLocalTime() 获取 LocalTime 对象信息。

(3) 修改日期时间：提供了 plus、minus 和 with 系列方法，用于在日期或时间上增加、减少或修改特定的时间量，如 plusHours(long hours)、minusHours(long hours)、withHour(int hour) 等。

(4) 比较日期时间：提供了 isBefore()、isAfter()、isEqual()、compareTo() 等方法，用于同类型的日期或时间对象的比较。

(5) 格式化：通过 format(DateTimeFormatter formatter) 方法进行格式化。

下面通过例 8-15 展示相关用法。

【例 8-15】 LocalDate 类、LocalTime 类和 LocalDateTime 类的使用示例。

```
1   public class Example15 {
2       public static void main(String[] args) {
3           LocalDate today = LocalDate.now();
4           System.out.println("今天的日期是:" + today);
5           System.out.println("年:" + today.getYear());
6           System.out.println("月:" + today.getMonth());
7           System.out.println("月:" + today.getMonthValue());
8           System.out.println("日:" + today.getDayOfMonth());
9           System.out.println("星期:" + today.getDayOfWeek());
10          System.out.println("星期:" + today.getDayOfWeek().getValue());
11
12          LocalTime time1 = LocalTime.of(14, 30, 10);
13          System.out.println("\n初始时间是:" + time1);
14          LocalTime time2 = time1.plusMinutes(120);
15          System.out.println("120 分钟后时间是:" + time2);
16
17          LocalDateTime dateTime1 = LocalDateTime.of(today, time1);
18          LocalDateTime dateTime2 = LocalDateTime.of(2024, 7, 1, 12, 0, 0);
19          System.out.println("\n日期时间 1 是:" + dateTime1);
20          System.out.println("日期时间 2 是:" + dateTime2);
21          System.out.println("日期时间 1 在日期时间 2 之前:"
22                  + dateTime1.isBefore(dateTime2));
23          System.out.println("格式化日期时间 2:"
24                  + dateTime2.format(DateTimeFormatter.ofPattern("yyyy-MM-dd HH:mm:ss")));
25
26          LocalDate date1 = dateTime2.toLocalDate();
27          LocalDate date2 = LocalDate.parse("2024-07-01");
28          System.out.println("\n" + date1 + "与" + date2 + "是否相等:" + date1.isEqual(date2));
```

```
29        }
30    }
```

运行例 8-15,运行结果如下所示。

```
今天的日期是:2024 - 07 - 09
年:2024
月:JULY
月:7
日:9
星期:TUESDAY
星期:2

初始时间是:14:30:10
120 分钟后时间是:16:30:10

日期时间 1 是:2024 - 07 - 09T14:30:10
日期时间 2 是:2024 - 07 - 01T12:00
日期时间 1 在日期时间 2 之前:false
格式化日期时间 2:2024 - 07 - 01 12:00:00

2024 - 07 - 01 与 2024 - 07 - 01 是否相等:true
```

2. ZonedDateTime 类

ZonedDateTime 类提供了对时区信息的支持,能够准确地表示地球上任何地点的日期和时间,最小精度是纳秒。ZonedDateTime 类的实例也是不可变的,一旦创建,其表示的时间就不会改变。如果需要修改时间,需要创建一个新的 ZonedDateTime 实例。

ZonedDateTime 类兼容了 LocalDateTime 类的核心方法,同时,可以方便地在不同时区之间进行转换。下面通过例 8-16 展示 ZonedDateTime 类的相关用法。

【**例 8-16**】 ZonedDateTime 类的使用示例。

```
1   public class Example16 {
2       public static void main(String[] args) {
3           ZonedDateTime zdt = ZonedDateTime.now();
4
5           //获取年、月、日、时、分、秒等
6           int year = zdt.getYear();
7           int month = zdt.getMonthValue();
8           int day = zdt.getDayOfMonth();
9           int hour = zdt.getHour();
10          int minute = zdt.getMinute();
11          int second = zdt.getSecond();
12
13          //获取时区
14          ZoneId zone = zdt.getZone();
15
16          System.out.println("年:" + year + ", 月:" + month + ", 日:" + day);
17          System.out.println("时:" + hour + ", 分:" + minute + ", 秒:" + second);
18          System.out.println("时区:" + zone);
19
20          //转换为纽约时区
21          ZonedDateTime nyt =
22              zdt.withZoneSameInstant(ZoneId.of("America/New_York"));
23          System.out.println("纽约时区:" + nyt.getZone());
24          DateTimeFormatter dtf = DateTimeFormatter.ofPattern("yyyy - MM - dd HH:mm:ss z");
```

```
25            System.out.println("格式化输出:" + zdt.format(dtf));
26            System.out.println("格式化输出:" + nyt.format(dtf));
27        }
28    }
```

运行例8-16,运行结果如下所示。

```
年:2024, 月:7, 日:9
时:14, 分:3, 秒:40
时区:Asia/Shanghai
纽约时区:America/New_York
格式化输出:2024-07-09 14:03:40 CST
格式化输出:2024-07-09 02:03:40 EDT
```

【思想启迪坊】 日期与时间中的文化、伦理与全球视野。

日期和时间,作为人类生活中不可或缺的元素,不仅见证了历史的变迁,也深刻影响着人们的日常决策和行为。在全球化的时代背景下,日期和时间的处理面临着更加复杂的挑战。不同国家和地区之间的时差、日期格式差异要求程序员具有全球视野和跨文化交流的能力。例如,某些地区可能偏好使用农历来标记重要节日,而另一些地区则倾向于使用公历。又如,在开发跨国电商平台时,必须考虑不同国家和地区的时区差异,确保订单时间的准确性和一致性,以提供优质的用户体验。

在编程实践中,应当理解并尊重这些文化差异,避免因文化偏见或误解而导致程序错误或用户体验下降。同时,严格遵守日期和时间的标准规范,不断提升自身的跨文化交流能力,以更好地适应全球化的发展趋势。

3. Instant类

Instant类精确地表示了时间线上的一个瞬时点,和Date类相似,两者均以格林尼治时间1970年1月1日0时0分0秒为基准,计算时间与该基准时间的时间差,但是Instant类精度更高,单位是纳秒。Instant类的实例也是不可变的,一旦创建,其表示的时间就不会改变。如果需要修改时间,需要创建一个新的Instant实例。

在输出显示时,Date类的实例会考虑到操作系统的时区设置,自动进行相应的时区转换。相比之下,Instant类的实例则严格遵循UTC标准时间,不受任何时区偏移的影响。因此,当需要表达具有特定时区意义或人类可读格式的日期和时间时,需要将Instant转换为ZonedDateTime或LocalDateTime,以便根据具体的时区或上下文需求进行展示。

Instant类提供了toEpochMilli()和toEpochSecond()方法来分别获取自1970年1月1日0点以来的毫秒数和秒数。同时,Instant也可以通过静态方法ofEpochMilli(long epochMilli)和ofEpochSecond(long epochSecond, long nanoAdjustment)来根据时间戳创建Instant实例。同时,Instant类还提供了plusMillis()、plusSeconds()等时间加减方法,以及isBefore()、isAfter()、equals()等时间比较方法。

下面通过例8-17展示Instant类的相关用法。

【例8-17】 Instant类的使用示例。

```
1   public class Example17 {
2       public static void main(String[] args) {
3           Instant instant = Instant.ofEpochSecond(3600);
4           System.out.println("Instant表示的时间:" + instant);
5
```

```
6              LocalDateTime localDateTime = LocalDateTime.ofInstant(instant, ZoneId.of
               ("Asia/Shanghai"));
7              System.out.println("\n转换为LocalDateTime时间:" + localDateTime);
8              DateTimeFormatter dtf = DateTimeFormatter.ofPattern("yyyy-MM-dd HH:mm:ss.SSS");
9              System.out.println("格式化输出:" + localDateTime.format(dtf));
10
11             Instant later = instant.plusSeconds(3600);
12             System.out.println("\n一小时后时间:" + later);
13             System.out.println("在当前时间之前:"
14                     + later.isBefore(Instant.now()));
15         }
16     }
```

运行例8-17,运行结果如下所示。

```
Instant 表示的时间:1970-01-01T01:00:00Z

转换为LocalDateTime时间:1970-01-01T09:00
格式化输出:1970-01-01 09:00:00.000

一小时后时间:1970-01-01T02:00:00Z
在当前时间之前:true
```

4. Duration 类和 Period 类

Duration 类和 Period 类都表示一段时间,不直接与日期和时间相关,而是与时间的长度或持续时间相关。Duration 类表示两个时间点之间的时间差,可精确至纳秒,Period 类表示基于年、月、日的时间段,精确到天。

Duration 类和 Period 类的核心方法如下。

(1) 创建实例:两个类都提供了 of 系列方法创建实例。Duration 类的 of 系列方法以天、时、分、秒、毫秒、纳秒为单位,如 ofDays(long days)、ofHours(long hours)等;Period 类的 of 系列方法以年、月、日为单位,如 ofYears(int years)、ofMonths(int months)等。

(2) 计算时间差:两个类都提供了 between 方法用于计算两个日期或时间之间的时间差,Duration 类支持计算 LocalTime、LocalDateTime、ZonedDateTime 及 Instant 实例之间的时间差,而 Period 类仅支持计算 LocalDate 实例之间的时间差。

(3) 获取时间差信息:Duration 类通过 getSeconds()、getNano()获取时间差的秒、纳秒等信息,Period 类通过 getYears()、getMonths()、getDays()获取时间差的年、月、日等信息。

(4) 加减运算:两个类都提供了 plus、minus 系列方法对时间差进行加减,Duration 实例进行时间加减的单位是天、时、分、秒、毫秒、纳秒,Period 实例进行时间加减的单位是年、月、日。同时,Duration 实例与 Duration 实例之间,Period 实例与 Period 实例之间,以及 LocalDate、LocalTime、LocalDateTime、ZonedDateTime、Instant 等实例与 Duration、Period 实例之间,也可以进行加减操作。

下面通过例8-18展示 Duration 类和 Period 类的相关用法。

【例8-18】 Duration 类和 Period 类的使用示例。

```
1    public class Example18 {
2        public static void main(String[] args) {
3            Duration duration1 = Duration.ofHours(5);
```

```
4        System.out.println(duration1);           //输出：PT5H（即 5 小时）
5        Duration duration2 = Duration.between(LocalTime.of(10, 30, 45, 50000), LocalTime.of
         (15, 0));
6        System.out.println(duration2);           //输出：PT4H29M14.99995S（即 4 小时
                                                   29 分 14.99995 秒）
7
8        Period period1 = Period.of(2, 11, 1);
9        System.out.println("\n" + period1);       //输出：P2Y11M1D（即 2 年 11 月 1 天）
10       Period period2 = Period.between(LocalDate.of(2024, 7, 1), LocalDate.of(2024,
         7, 15));
11       System.out.println(period2);              //输出：P1Y2M5D（即 1 年 2 月 5 天）
12
13       LocalDate date = LocalDate.of(2024, 7, 1).plus(period2);
14       System.out.println("\n" + date);
15   }
16 }
```

运行例 8-18，运行结果如下所示。

```
PT5H
PT4H29M14.99995S

P2Y11M1D
P14D

2024 - 07 - 15
```

8.6 正则表达式

正则表达式描述了一种字符串匹配的模式，它由普通字符和表达特殊含义的元字符组成，专门用于字符串操作，可以检查目标字符串是否含有某种子串、将匹配的子串替换或者从中取出符合条件的子串等。Java 在 java.util.regex 包中提供了 Pattern 类和 Matcher 类用于支持正则表达式。

8.6.1 正则表达式语法

正则表达式是一种可以用于模式匹配和替换的规范，其语法独立于编程语言。除 Java 外，Python、C#、Ruby、Perl、JavaScript 等语言都支持正则表达式。正则表达式的语法较烦琐，但功能强大，可简化对字符串的复杂操作，提高日常工作效率，能正确地使用正则表达式是计算机行业从业人员必备的基本功之一。

例如，判断用户输入的字符串是否是有效的固定电话。由于固定电话的格式是区号加电话号码，区号为 3 位或 4 位数字，电话号码为 7 位或 8 位数字，中间使用连接符"-"连接，区号和连接符也可省略。当编程判断时，程序员需要校验字符串是否含区号、是否含非法字符、是否位数满足要求等，实现代码较复杂，读者可自行尝试。但使用正则表达式时，只需一个表达式即可完成对字符串的判断，即(\d{3,4}-)?(\d{7,8})。

正则表达式由普通字符和表达特殊含义的元字符组成。普通字符如一般的字母、数字，在正则表达式中即表示自身；元字符，根据正则表达式语法表示特定含义，如匹配特殊字符或字符集、限定匹配次数、表示是或否的含义等。正则表达式语法及其主要功能如表 8-7 所示。

表 8-7　正则表达式语法及其主要功能

字　　符	主　要　功　能
\	将下一个字符标记为一个特殊字符，或一个原义字符，或一个向后引用，或一个八进制转义符。例如，"n"匹配字符"n"。"\n"匹配一个换行符，"\\"匹配"\"，"\."则匹配"."。
^	匹配输入字符串的开始位置。如果设置了RegExp对象的Multiline属性，^也匹配"\n"或"\r"之后的位置
$	匹配输入字符串的结束位置。如果设置了RegExp对象的Multiline属性，$也匹配"\n"或"\r"之前的位置
*	匹配前面的子表达式零次或多次。例如，"zo*"能匹配"z"及"zoo"。*等价于{0,}
+	匹配前面的子表达式一次或多次。例如，"zo+"能匹配"zo"及"zoo"，但不能匹配"z"。+等价于{1,}
?	匹配前面的子表达式零次或一次。例如，"do(es)?"可以匹配"does"或"does"中的"do"。?等价于{0,1}
{n}	n是一个非负整数。匹配确定的n次。例如，"o{2}"不能匹配"Bob"中的"o"，但是能匹配"food"中的两个o
{n,}	n是一个非负整数。至少匹配n次。例如，"o{2,}"不能匹配"Bob"中的"o"，但能匹配"foooood"中的所有o。"o{1,}"等价于"o+"。"o{0,}"则等价于"o*"
{n,m}	m和n均为非负整数，其中n<=m。最少匹配n次且最多匹配m次。例如，"o{1,3}"将匹配"fooooood"中的前三个o。"o{0,1}"等价于"o?"。请注意：在逗号和两个数之间不能有空格
?	当该字符紧跟在任何一个其他限制符(*,+,?,{n},{n,},{n,m})后面时，匹配模式是非贪婪的。非贪婪模式尽可能少地匹配所搜索的字符串，而默认的贪婪模式则尽可能多地匹配所搜索的字符串。例如，对于字符串"oooo"，"o+?"将匹配单个"o"，而"o+"将匹配所有"o"
.	匹配除"\n"之外的任何单个字符。要匹配包括"\n"在内的任何字符，请使用像"(.|\n)"的模式
(pattern)	匹配pattern并获取这一匹配。所获取的匹配可以从产生的Matches集合得到，在VBScript中使用SubMatches集合，在JScript中则使用$0…$9属性。要匹配圆括号字符，请使用"\("或"\)"
(?:pattern)	匹配pattern但不获取匹配结果，也就是说这是一个非获取匹配，不进行存储供以后使用。这在使用或字符"(|)"来组合一个模式的各个部分是很有用。例如，"industr(?:y|ies)"就是一个比"industry|industries"更简略的表达式
(?=pattern)	正向肯定预查，在任何匹配pattern的字符串开始处匹配查找字符串。这是一个非获取匹配，也就是说，该匹配不需要获取供以后使用。例如，"Windows(?=95|98|NT|2000)"能匹配"Windows2000"中的"Windows"，但不能匹配"Windows3.1"中的"Windows"。预查不消耗字符，也就是说，在一个匹配发生后，在最后一次匹配之后立即开始下一次匹配的搜索，而不是从包含预查的字符之后开始
(?!pattern)	正向否定预查，在任何不匹配pattern的字符串开始处匹配查找字符串。这是一个非获取匹配，也就是说，该匹配不需要获取供以后使用。例如，"Windows(?!95|98|NT|2000)"能匹配"Windows3.1"中的"Windows"，但不能匹配"Windows2000"中的"Windows"。预查不消耗字符，也就是说，在一个匹配发生后，在最后一次匹配之后立即开始下一次匹配的搜索，而不是从包含预查的字符之后开始

续表

字　符	主　要　功　能
(?<=pattern)	反向肯定预查，与正向肯定预查类似，只是方向相反。例如，"(?<=95|98|NT|2000)Windows"能匹配"2000Windows"中的"Windows"，但不能匹配"3.1Windows"中的"Windows"
(?<!pattern)	反向否定预查，与正向否定预查类似，只是方向相反。例如，"(?<!95|98|NT|2000)Windows"能匹配"3.1Windows"中的"Windows"，但不能匹配"2000Windows"中的"Windows"
x|y	匹配 x 或 y。例如，"z|food"能匹配"z"或"food"。"(z|f)ood"则匹配"zood"或"food"
[xyz]	可接收的字符集合。匹配字符集合的任意一个字符。例如，"[abc]"可以匹配"plain"中的"a"
[^xyz]	不可接收的字符集合。匹配字符集合以外的任意字符。例如，"[^abc]"可以匹配"plain"中的"p"
[a-z]	可接收的字符范围。匹配指定范围内的任意字符。例如，"[a-z]"可以匹配"a"到"z"范围内的任意小写字母字符
[^a-z]	不可接收的字符范围。匹配任何不在指定范围内的任意字符。例如，"[^a-z]"可以匹配任何不在"a"到"z"范围内的任意字符
\b	匹配一个单词边界，也就是指单词和空格间的位置。例如，"er\b"可以匹配"never"中的"er"，但不能匹配"verb"中的"er"
\B	匹配非单词边界。"er\B"能匹配"verb"中的"er"，但不能匹配"never"中的"er"
\cx	匹配由 x 指明的控制字符。例如，"\cM"匹配一个 Control-M 或回车符。x 的值必须为 A~Z 或 a~z 之一。否则，将 c 视为一个原义的"c"字符
\d	匹配一个数字字符，等价于"[0-9]"
\D	匹配一个非数字字符，等价于"[^0-9]"
\f	匹配一个换页符，等价于"\x0c"和"\cL"
\n	匹配一个换行符，等价于"\x0a"和"\cJ"
\r	匹配一个回车符，等价于"\x0d"和"\cM"
\s	匹配任何空白字符，包括空格、制表符、换页符等，等价于"[\f\n\r\t\v]"
\S	匹配任何非空白字符，等价于"[^\f\n\r\t\v]"
\t	匹配一个制表符，等价于"\x09"和"\cI"
\v	匹配一个垂直制表符，等价于"\x0b"和"\cK"
\w	匹配包括下画线的任何单词字符，等价于"[A-Za-z0-9_]"
\W	匹配任何非单词字符，等价于"[^A-Za-z0-9_]"
\xn	匹配 n，其中 n 为十六进制转义值。十六进制转义值必须为确定的两个数字长。例如，"\x41"匹配"A"。"\x041"则等价于"\x04&1"。正则表达式中可以使用 ASCII 编码
\num	匹配 num，其中 num 是一个正整数。对所获取的匹配的引用。例如，"(.)\1"匹配两个连续的相同字符
\n	标识一个八进制转义值或一个向后引用。如果\n 之前至少有 n 个获取的子表达式，则 n 为向后引用。否则，如果 n 为八进制数字(0~7)，则 n 为一个八进制转义值
\nm	标识一个八进制转义值或一个向后引用。如果\nm 之前至少有 nm 个获取的子表达式，则 nm 为向后引用。如果\nm 之前至少有 n 个获取，则 n 为一个后跟文字 m 的向后引用。如果前面的条件都不满足，若 n 和 m 均为八进制数字(0~7)，则\nm 将匹配八进制转义值 nm

续表

字符	主要功能
\nml	如果 n 为八进制数字(0-3)，且 m 和 l 均为八进制数字(0～7)，则匹配八进制转义值 nml
\un	匹配 n,其中 n 是一个用四个十六进制数字表示的 Unicode 字符。例如，"\u00A9"匹配版权符号(©)

注意，在表 8-7 中，正则表达式大量使用了反斜杠进行转义。而在 Java 中，字符串内的反斜杠本身也被用作转义字符。因此，当在 Java 字符串中使用正则表达式时，需要注意双重转义，即正则表达式中的反斜杠(\)需用双反斜杠(\\)表示。例如，匹配数字的正则表达式在 Java 字符串中应写作"\\d"，匹配空白字符的正则表达式应写作"\\s"。

8.6.2 Pattern 类和 Matcher 类

Java 自 JDK 1.4 开始，加入了 java.util.regex 包提供对正则表达式的支持，包内提供了 Pattern 类和 Matcher 类，实现了模式匹配功能。

在使用时，首先使用 Pattern 类创建一个模式对象，该对象是对正则表达式的编译和封装。Pattern 类提供了 compile(String regex)方法编译正则表达式返回模式对象，如果参数 regex 表述的正则表达式有误，compile 方法将抛出 java.util.regex.PatternSyntaxException 异常。

例如，编译判断是否为固定电话的正则表达式建立模式对象，代码如下：

```
Pattern p = Pattern.compile("(\\d{3,4} - )?\\d{7,8}");
```

之后，模式对象 p 可调用 matcher(CharSequence input)方法对目标字符序列 input 进行匹配，创建一个 Matcher 类匹配对象。例如，匹配目标字符序列是否为固定电话格式，代码如下：

```
Matcher m = p.matcher("0516 - 88889999");
```

最后，匹配对象 m 可根据匹配要求调用相关方法输出结果。Matcher 类提供了几种不同的方法在目标字符序列中进行模式匹配和替换，常用方法如下：

- public boolean matches()：判断整个字符序列是否与模式匹配。
- public boolean find()：寻找目标字符序列中与模式匹配的下一个子序列，如果找到返回 true，否则返回 false。当返回 true 时，可调用匹配模式的 group()方法返回本次匹配到的子序列，也可调用 start()和 end()方法返回匹配到的子序列的开始位置和结束位置，其中开始位置为匹配子序列的起始索引，结束位置为匹配子序列的末位索引加 1。
- public boolean lookingAt()：从目标字符序列的开头开始进行匹配。与 matches()方法类似，从头匹配，但 matches()方法要求整体匹配，而本方法只要求前缀匹配。若匹配则返回 true，否则返回 false。当返回 true 时，可调用匹配模式的 group()、start()和 end()方法返回匹配到的子序列及其开始位置和结束位置。
- public String group()：用于提取正则表达式本次匹配到的字符串，实际使用中经常位于 find()方法后，配合使用。

- public String group(int group)：用于提取正则表达式方括号部分本次匹配到的子字符串，如 group(1)提取正则表达式中第一个括号匹配到的字符串，以此类推。但是 group(0)含义特殊，与 group()方法一致，提取正则表达式整体匹配到的字符串。
- public String replaceAll(String replacement)：将匹配到的所有子序列全部替换为新字符串，并返回替换完之后的字符串。
- public String replaceFirst(String replacement)：将匹配到的第一个子序列替换为新字符串，并返回替换完之后的字符串。

除了直接使用 Pattern 类和 Matcher 类外，java.lang.String 类中的 matches()、replaceAll()、replaceFirst()和 split()方法也支持以正则表达式作为参数，可实现便捷操作。

下面通过例 8-19 展示 Pattern 类和 Matcher 类的相关用法。

【例 8-19】 利用正则表达式进行字符串校验、查找、替换和分割。

```
1    public class Example19 {
2        public static void main(String[] args) {
3            System.out.println("----Matcher 的 matches 用法----");
4            test1("0516-88889999");
5            test2("8888999a");
6            System.out.println("\n----Matcher 的 find 用法----");
7            test3();
8            System.out.println("\n----String 的替换和分割----");
9            test4();
10       }
11
12       public static void test1(String input) {
13           //匹配固定电话格式(完整用法)
14           Pattern p = Pattern.compile("(\\d{3,4}-)?\\d{7,8}");
15           Matcher m = p.matcher(input);
16           if (m.matches()) {
17               System.out.println(input + ":是有效固话");
18           } else {
19               System.out.println(input + ":不是有效固话");
20           }
21       }
22
23       public static void test2(String input) {
24           //匹配固定电话格式(String 便捷用法)
25           if (input.matches("(\\d{3,4}-)?\\d{7,8}")) {
26               System.out.println(input + ":是有效固话");
27           } else {
28               System.out.println(input + ":不是有效固话");
29           }
30       }
31
32       public static void test3() {
33           String input = "The fat cat sat on the mat";
34           System.out.println("原文:" + input);
35           //匹配 at 结尾的单词
36           Pattern p = Pattern.compile("\\w*at");
37           Matcher m = p.matcher(input);
38           while (m.find()) {
39               System.out.println("找到匹配:" + m.group() + "\t位置:" + m.start() +
                     "~" + m.end());
40           }
```

```
41            System.out.println("全部匹配替换:" + m.replaceAll(" *** "));
42        }
43
44    public static void test4() {
45        String input = "The\tfat    cat \n\t sat \r on the mat ";
46        System.out.println("原文:" + input);
47
48        String[] strs = input.split("\\s+");
49        StringBuffer sb = new StringBuffer();
50        for (String str : strs) {
51            sb.append(",").append(str);
52        }
53        System.out.println("按空白符分割:" + sb.deleteCharAt(0).toString());
54
55        String input1 = input.replaceAll("\\s+", " ");
56        System.out.println("将空白符全部替换为单个空格:" + input1);
57    }
58 }
```

运行 8-19,运行结果如下所示。

```
---- Matcher 的 matches 用法 ----
0516-88889999:是有效固话
8888999a:不是有效固话

---- Matcher 的 find 用法 ----
原文:The fat cat sat on the mat
找到匹配:fat   位置:4~7
找到匹配:cat   位置:8~11
找到匹配:sat   位置:12~15
找到匹配:mat   位置:23~26
全部匹配替换:The *** *** *** on the ***

---- String 的替换和分割 ----
原文:The    fat    cat
     sat
 on the mat
按空白符分割:The,fat,cat,sat,on,the,mat
将空白符全部替换为单个空格:The fat cat sat on the mat
```

8.7 包 装 类

本书第 2 章介绍过 Java 的数据类型,Java 提供了 8 种基本数据类型:整型(byte、short、int、long)、浮点型(float、double)、布尔型(boolean)、字符型(char),除此之外都是引用数据类型。从某种意义上讲,Java 并不是纯粹的面向对象的语言,这些基本数据类型没有属性和方法,不具有面向对象的特性。基本数据类型有简单高效的优点,但在很多面向对象的应用场景中无法直接使用,比如在第 9 章将讲到的集合和泛型。为此,Java 提供了包装类,可以将基本数据类型包装为引用数据类型的对象。

Java 为 8 种基本数据类型提供了对应的包装类,如表 8-8 所示。

表 8-8 8 种基本数据类型和对应的包装类

基本数据类型	对应的包装类	基本数据类型	对应的包装类
byte	Byte	float	Float
short	Short	double	Double
int	Integer	boolean	Boolean
long	Long	char	Character

在实际使用中，需要经常进行基本数据类型和包装类对象之间的转换，Java 为便于使用，提供了自动装箱、自动拆箱机制。自动装箱指可将基本数据类型的变量赋值给对应的包装类型的变量；反之，自动拆箱可将包装类对象赋值给对应的基本数据类型变量，虚拟机会自动完成数据类型的转换，从而简化程序员的代码，如例 8-20 所示。

【例 8-20】自动装箱和自动拆箱示例。

```
1   public class Example20 {
2       public static void main(String[] args) {
3           Integer a1 = 12;                //自动装箱
4           int b1 = a1;                    //自动拆箱
5
6           Double a2 = 3.14;               //自动装箱
7           double b2 = a2;                 //自动拆箱
8
9           Boolean a3 = true;              //自动装箱
10          boolean b3 = a3;                //自动拆箱
11
12          Character a4 = 'j';             //自动装箱
13          char b4 = a4;                   //自动拆箱
14      }
15  }
```

除自动装箱和拆箱机制，程序员也可手动调用相关方法实现多种不同类型之间的转换。下面以整型 int 为例，介绍基本数据类型、包装类和字符串之间的常用转换方式，具体如下。

（1）int 转换为 Integer：可通过包装类的有参构造函数 new Integer(int value) 实现。

（2）Integer 转换为 int：可通过包装类的 intValue() 方法实现。

（3）Integer 转换为 String：可通过包装类的 toString() 方法实现。

（4）String 转换为 Integer：可通过包装类的有参构造函数 new Integer(String s) 实现，也可通过包装类的静态方法 valueOf(String s) 实现。

（5）int 转换为 String：可通过 String 类的静态方法 valueOf(int i) 实现。

（6）String 转换为 int：可通过包装类的静态方法 parseInt(String s) 实现。

下面通过例 8-21 展示以上方法的使用。

【例 8-21】int、Integer 和 String 类型的互相转换示例。

```
1   public class Example21 {
2       public static void main(String[] args) {
3           int i = 100;
4           Integer integer = Integer.valueOf(i);       //(1)int -> Integer
5           i = integer.intValue();                     //(2)Integer -> int
6           String string = integer.toString();         //(3)Integer -> String
7           integer = Integer.valueOf(string);          //(4)String -> Integer
8           string = String.valueOf(i);                 //(5)int -> String
```

```
 9            i = Integer.parseInt(string);           //(6)String -> int
10        }
11    }
```

其他几种基本数据类型的转换方法与此类似,除了字符型缺少 String 直接转化为 char 和 Character 的方法。

另外,需要注意的是,将字符串转换为整型、浮点型的基本数据类型或包装类时,需要保证字符串内容为正确的数值格式,否则转换时将抛出 java.lang.NumberFormatException 异常。

8.8 示 例 学 习

8.8.1 计算母亲节日期

【例 8-22】 每年的 5 月份的第二个星期日为母亲节。请计算 2020 年的母亲节的日期。

```
 1  public class Example22 {
 2      public static void main(String[] args) {
 3          getMothersDayByCalendar();             //利用 Calendar 类计算母亲节
 4          getMothersDayByLocalDate();            //利用 LocalDate 类计算母亲节
 5      }
 6
 7      public static void getMothersDayByCalendar() {
 8          Calendar cal = Calendar.getInstance();
 9          //设置初始日期为 2020 年 5 月 1 日
10          cal.set(2020, 4, 1);
11
12          //从 5 月 1 日开始找到第一个星期日
13          while (cal.get(Calendar.DAY_OF_WEEK) != Calendar.SUNDAY) {
14              cal.add(Calendar.DATE, 1);
15          }
16          //再加 7 天得到第二个星期日
17          cal.add(Calendar.DATE, 7);
18
19          //格式化输出
20          DateFormat df = new SimpleDateFormat("yyyy-MM-dd");
21          System.out.println(df.format(cal.getTime()));
22      }
23
24      public static void getMothersDayByLocalDate() {
25          //设置初始日期为 2020 年 5 月 1 日
26          LocalDate localDate = LocalDate.of(2020, 5, 1);
27
28          //从 5 月 1 日开始找到第一个星期日
29          while (localDate.getDayOfWeek() != DayOfWeek.SUNDAY) {
30              localDate = localDate.plusDays(1);
31          }
32          //再加 7 天得到第二个星期日
33          localDate = localDate.plusDays(7);
34
35          //格式化输出
36          DateTimeFormatter dtf = DateTimeFormatter.ofPattern("yyyy-MM-dd");
37          System.out.println(localDate.format(dtf));
38      }
39  }
```

运行例 8-22，运行结果如下所示。

```
2020 - 05 - 10
2020 - 05 - 10
```

8.8.2　获取网址参数

【例 8-23】　在 web 中，经常通过网址进行参数传递。参数以键值对"key=value"的形式附在网址后面，以"?"隔开主网址，多个参数间以"&"隔开。请利用正则表达式，获取网址中的参数。

```
1   public class Example27 {
2       public static void main(String[] args) {
3           String input = "https://s.taobao.com/search?q=java&imgfile=&commend=
            all&ssid=s5-e&search_type=item&sourceId=tb.index&spm=a21bo.21814703.201856-
            taobao-item.1&ie=utf8&initiative_id=tbindexz_20170306";
4
5           //模式匹配
6           Pattern p = Pattern.compile("[\\?|&](\\w+)=([^&]*)");
7           Matcher m = p.matcher(input);
8
9           while (m.find()) {
10              System.out.println(m.group(1) + " -> " + m.group(2));
11          }
12      }
13  }
```

运行例 8-23，运行结果如下所示。

```
q -> java
imgfile ->
commend -> all
ssid -> s5-e
search_type -> item
sourceId -> tb.index
spm -> a21bo.21814703.201856-taobao-item.1
ie -> utf8
initiative_id -> tbindexz_20170306
```

8.9　本章小结

本章主要讲解了 Java 中的常用类，包括系统相关的 System 类和 Runtime 类的使用、Math 类和 Random 类的使用、大整数 BigInteger 类和大浮点数 BigDecimal 类的使用，以及日期和时间类的使用、正则表达式的使用、包装类的使用。Java 的常用类有很多，本节未能一一详述，读者可在实践中结合 JDK API 文档和相关技术论坛，学习相关类的用法。

习　题　8

一、填空题

1. System 类中的 currentTimeMillis()方法返回一个_____类型的值。

2. 程序在运行时想获取内存信息,可使用_____类。
3. Math 类定义了_____和_____两个静态常量。
4. 要对一个浮点数四舍五入整数部分,可使用 Math 类的_____方法。
5. 基本数据类型 char 的包装类名是_____。

二、判断题

1. BigDecimal 类可表示的数值范围比 BigInteger 类更大。　　　　　　　(　　)
2. 在 Java 程序中可通过 new Runtime()获取 Runtime 类的实例对象。　　(　　)
3. Calendar 类是一个抽象类,不能被实例化。　　　　　　　　　　　　(　　)
4. String 类的 split()方法支持以正则表达式作为参数。　　　　　　　　(　　)
5. 将整数 10 赋值给 Integer 类型变量的过程是自动拆箱。　　　　　　　(　　)

三、选择题

1. 下列对 System.getProperties()方法描述正确的是(　　)。
   A. 获取当前的操作系统的属性　　　　B. 获取当前 JVM 的属性
   C. 获取指定键指示的操作系统属性　　D. 获取指定键指示的 JVM 的属性
2. 下列对 Math.random()方法描述正确的是(　　)。
   A. 返回一个不确定的整数
   B. 返回 0 或是 1
   C. 返回一个随机的 double 类型数,该数大于等于 0.0 小于 1.0
   D. 返回一个随机的 int 类型数,该数大于等于 0.0 小于 1.0
3. 可以获取绝对值的方法是(　　)。
   A. Math.ceil()　　B. Math.floor()　　C. Math.pow()　　D. Math.abs()
4. Math.ceil(-12.5)的运行结果是(　　)。
   A. -13　　　　　B. -11　　　　　C. -12　　　　　D. -12.0
5. Random 对象能够生成随机数的类型是(　　)。
   A. int　　　　　B. String　　　　C. double　　　　D. A 和 C
6. 不能用于表示"1997 年 7 月 1 日 0 时 0 分 0 秒"这一时间的类是(　　)。
   A. Instant　　　　　　　　　　　　B. Date
   C. LocalDate　　　　　　　　　　　D. LocalDateTime
7. Date 类中,可以返回当前日期对象的毫秒值的方法是(　　)。
   A. getSeconds()　　B. getTime()　　C. getDay()　　D. getDate()
8. 通过 Calendar 类中的 Day_OF_WEEK 可以获取到(　　)。
   A. 年中的某一天　　　　　　　　　　B. 月中的某一天
   C. 星期中的某一天　　　　　　　　　D. 月中的最后一天
9. 下列对 DateFormat 类的 parse()方法描述正确的是(　　)。
   A. 将毫秒值转成日期对象　　　　　　B. 格式化日期对象
   C. 将字符串转成日期对象　　　　　　D. 将日期对象转成字符串
10. 下列对 Integer 类的静态方法 parseInt()描述正确的是(　　)。
    A. 将小数转换成整数　　　　　　　　B. 将数字格式的字符串转成整数
    C. 将单个字符转成整数　　　　　　　D. parseInt()方法永远不会抛出异常

四、编程题

1. 让用户输入形如"0.2 + 0.7""3 * 5""4.2 / 7"形式的表达式,数值和运算符之间用空格隔开,利用 BigDecimal 类进行四则运算表达式的精准计算(除法可四舍五入保留 4 位小数)。

2. 编写程序,输出 2020 年每个月的最后一个周日的日期。

3. 编写程序,使用正则表达式判断输入的字符串是否为电子邮箱。电子邮箱的格式由以下内容依次组成:一个或多个字母或数字或下画线、一个"@"符号、一个或多个字母或数字、一个"."符号、两个或三个字母。

第 9 章　泛型与集合

学习目标
- 理解泛型的设计,能够定义和使用泛型类、泛型方法,能够正确使用类型通配符。
- 掌握 List 接口及其典型实现类 ArrayList、LinkedList 的使用。
- 掌握 Set 接口及其典型实现类 HashSet、TreeSet 的使用。
- 掌握 Map 接口及其典型实现类 HashMap、TreeMap 的使用。
- 熟悉 Collections 工具类的使用。

在 Java 的世界里,数据的组织和处理是编程任务中不可或缺的一环。随着应用程序复杂度的增加,对数据的存储、检索和管理提出了更高的要求。为了满足这些需求,Java 提供了强大的集合框架,设计了一组可以高效地管理和操作数据的接口和类。同时,为了解决类型安全问题,Java 提供了泛型机制,通过将类型参数化,提升了代码的安全性,并极大地增强了代码的复用性和灵活性。

9.1　泛　　型

泛型是 Java 在 JDK 5 中引入的一个重要特性,其本质是参数化类型。所谓参数化类型是指编写代码时,不立即指定类或接口中某些属性、方法的返回值或参数的具体类型,而是使用类型参数作为占位符,这些类型参数的具体类型将在实际使用这些类或接口时被指定。

通过泛型,程序员可以在定义类、接口和方法时,利用类型参数来表示其内部元素(如属性、方法参数、返回值)的类型。这种做法不仅提高了代码的可读性和可维护性,还增强了类型安全性,因为编译器能在编译时检查类型错误,而不是在运行时。

在泛型编程中,类型参数的命名通常遵循一定的惯例,虽然这些命名是任意的,但遵循惯例有助于对代码的清晰理解。下面是一些常见类型参数占位符及其一般含义的介绍。

(1) T:类型参数的通用占位符,没有特定的含义,代表任意类型。

(2) E:常用于集合框架中,表示 Element 的缩写,即集合中的元素类型。

(3) K,V:表示 Key 和 Value(键值对),经常一起出现,在 Map 接口及其实现中广泛使用。

(4) N:常用于表示 Number(数字)。

这些类型参数可以用在类、接口和方法的定义中,分别被称为泛型类、泛型接口和泛型方法。

9.1.1　泛型类

在定义类时,通过在类名后附加一对尖括号(<>)指定类型参数,将该类声明为泛型类。

该类型参数可以在类的内部任意位置作为类型占位符使用。当创建泛型类的实例对象时，同样需要在类名后紧跟一对尖括号并填入相应的类型实参，然后根据实际需求生成具有特定类型限制的类实例。泛型接口的定义和使用规则与泛型类相同，不再赘述。

【例9-1】 泛型类的定义和使用示例。

```
1    class Item<T> {
2        private T data;
3        public Item() {}
4        public Item(T data) {
5            this.data = data;
6        }
7        public T getData() {
8            return data;
9        }
10       public void setData(T data) {
11           this.data = data;
12       }
13       public void showDataType() {
14           System.out.println("data 的类型是" + data.getClass().getName());
15       }
16   }
17   public class Example01 {
18       public static void main(String[] args) {
19           Item<String> item = new Item<String>();
20           item.setData("hello");
21           String data = item.getData();
22           System.out.println(data);
23           item.showDataType();
24       }
25   }
```

在例 9-1 中，Item 是一个泛型类，在类声明时，通过在类名后加上<T>引入了一个类型参数 T，可以看到，在构造函数、getter/setter 方法等处都使用了 T 类型。在 main()方法中实例化 Item 对象时，传入了 String 类型作为具体的类型实参，实现了对 Item 对象中所有原本标记为 T 的类型进行约束，即这些 T 类型的位置现在都被限定为 String 类型。

运行例 9-1，运行结果如下所示。

```
hello
data 的类型是 java.lang.String
```

【多学一招】 另一种泛型实例化方式：不指定类型实参。

在实例化泛型类的对象时，并不强制要求总是传入类型实参。若未明确指定类型实参，编译器将默认采用 Object 类型作为类型参数的约束。具体示例如下。

```
1    Item item = new Item<>();              //或写作 new Item();
2    item.setData("hello");                 //此处可传入任意类型的参数
3    String data = item.getData();          //此处编译错误
```

在此例中，创建 Item 对象时未指定类型实参，编译器将默认使用 Object 类型，这一默认行为将对后续的编码实践产生影响。当调用 setData()方法时，由于 Object 是 Java 中所有类的根类，实际上可以传入任意类型的参数，因为任何类型的对象都可以隐式地向上转换为 Object 类型；但是，在调用 getData()方法时，由于返回值的类型是 Object，返回的数据只能直接赋值给 Object 类型的变量，或通过显式强制类型转换来适配其他类型的变量。此例中,将返回值直接赋值给 String 类型的变量将引发编译错误。

尽管省略类型实参在某种程度上简化了代码的编写,但这种做法并不被推荐作为最佳实践。原因在于,它绕过了 Java 泛型所提供的类型安全检查机制。泛型的主要优势之一是在编译时就能够捕获到类型不匹配的错误,从而避免在运行时出现 ClassCastException 等异常。因此,建议总是明确指定泛型类型实参,可以提高代码的可读性、健壮性和可维护性。

值得强调的是,在涉及泛型类或泛型接口的继承结构时,子类的定义展现出一定的灵活性。具体而言,子类可以选择不成为泛型类,通过在继承泛型父类时明确指定类型实参,从而具体化泛型类型;另一方面,子类也可以选择保留其泛型特性,此时,子类必须确保与泛型父类使用的类型参数占位符一致。同时,子类在遵循上述原则的基础上,还可以引入额外的、新的类型参数,以进一步扩展其泛型能力。

下面通过例 9-2 展示继承关系中泛型类和泛型接口的应用。

【例 9-2】 继承关系中泛型类和泛型接口的应用示例。

```
1   interface Inter<T> {}
2
3   class ClassA<T> implements Inter<T> {}
4
5   class ClassB extends ClassA<Integer> {}
6
7   class ClassC<T, K> extends ClassA<T> {}
```

9.1.2 泛型方法

泛型方法是在定义时包含了类型参数的方法。定义方法时,在方法修饰符与返回类型之间通过一对尖括号(<>)指定类型参数。这些类型参数在方法体内作为类型占位符使用,既可用于声明局部变量,也可作为返回值的类型,其有效范围仅限于该方法的内部。

泛型方法可以用在泛型类中,也可以用在普通类中,可以是静态方法,也可以是非静态方法。

在使用泛型方法时,在方法名前加上一对尖括号,显式地指定类型实参,但如果编译器能够根据实参信息推断出参数类型,也可不显式指定类型实参。

下面通过例 9-3 展示泛型方法的应用。

【例 9-3】 泛型方法的定义和使用示例。

```
1   public class Example03 {
2       public static <T> void printT(T t) {
3           System.out.println("T 的类型是" + t.getClass().getName());
4       }
5
6       public static <T> T max(T a, T b) {
7           if (a instanceof Comparable && b instanceof Comparable) {
8               Comparable aC = (Comparable) a;
9               Comparable bC = (Comparable) b;
10              return aC.compareTo(bC) >= 0 ? a : b;
11          } else {
12              return null;
13          }
14      }
15
```

```
16     public static void main(String[] args) {
17         Example03.<Integer>printT(666);              //显式指定类型实参
18         Example03.printT("hello");                   //不显式指定类型实参
19
20         Long maxLong = Example03.<Long>max(61, 91);  //显式指定类型实参
21         System.out.println(maxLong);
22         String maxString = Example03.max("a", "b");  //不显式指定类型实参
23         System.out.println(maxString);
24     }
25 }
```

运行例 9-3,运行结果如下所示。

```
T 的类型是 java.lang.Integer
T 的类型是 java.lang.String
9
b
```

【多学一招】 为泛型类和泛型方法设定类型参数的上限。

注意,例 9-3 中 max()方法的实现方式不够优雅。该方法的目的是比较两个参数的值,并返回其中的较大者。因此,从逻辑上讲,这两个参数应当是可比较的,即它们应当是实现了 Comparable 接口的类型。然而,当前定义的泛型方法并未对传入的类型参数施加任何限制,这可能导致在方法调用时传入不可比较的类型实参,进而在方法内部不得不进行类型检查和强制类型转换,这种做法既烦琐又易出错。

幸运的是,Java 提供了强大的泛型类型参数限制机制,允许在定义泛型类或泛型方法时为类型参数设定上限,即指定类型参数必须继承自某个类或实现某个接口。这一机制通过以下语法实现。

```
<类型参数 extends 类|接口>
```

利用这一语法,可以确保在使用泛型类或泛型方法时,传入的类型实参必须是某个指定类或接口的子类或实现。针对 max()方法的改进,可以修改其泛型定义,明确指定类型参数必须实现 Comparable 接口,这样就可以避免在方法内部进行不必要的类型检查和转换,如下所示。

```
1 public static <T extends Comparable<T>> T max2(T a, T b) {
2     return a.compareTo(b) >= 0 ? a : b;
3 }
```

9.1.3 类型通配符

在通常情况下,创建泛型类的实例对象时,应当为其提供一个类型实参,以明确该泛型类的具体类型。然而,在某些场景下,泛型参数可能不确定,或者需要根据具体需求适配多种类型。此时就可以使用类型通配符进行灵活设定。

类型通配符用一个问号(?)表示,可以匹配任何类型的类型实参。下面通过例 9-4 展示类型通配符的必要性。

【例 9-4】 泛型类的各种定义方式对比。

```
1 public class Example04 {
2     public static void main(String[] args) {
```

```
3        ArrayList<Object> list1 = new ArrayList<Object>();
4        ArrayList<String> list2 = new ArrayList<String>();
5        ArrayList<Object> list3 = new ArrayList<String>(); //此处编译错误
6        ArrayList list4 = new ArrayList<String>();
7        ArrayList<?> list5 = new ArrayList<String>();
8    }
9 }
```

在例 9-4 中,尽管 String 是 Object 的子类,但 ArrayList<String>与 ArrayList<Object>却没有关系,ArrayList<String>并不是 ArrayList<Object>的子类型,因此本例第 5 行代码尝试将 ArrayList<String>对象直接赋值给 ArrayList<Object>类型的变量将导致编译错误。第 6 行代码未指定泛型参数,虽然编译正确,但通常不推荐使用,因为这种写法将绕过泛型提供的类型安全检查。第 7 行代码则演示了类型通配符(?)的用法,它允许 list5 引用任意类型的 ArrayList 实例,是推荐写法。

除了匹配任意类型,类型通配符还能够与 extends、super 关键字协同工作,设定类型通配符的上限和下限,具体语法格式如下:

```
<? extends 类|接口>    //设定类型通配符的上限
<? super 类|接口>      //设定类型通配符的下限
```

下面通过例 9-5 展示类型通配符及其上限、下限的使用场景。

【例 9-5】 利用类型通配符设定类型的上限或下限示例。

```
1  public class Example05 {
2      /**
3       * 打印集合元素,适用于任何类型的集合
4       */
5      public static void print(List<?> list) {
6          for (Object element : list) {
7              System.out.print(element + " ");
8          }
9          System.out.println();
10     }
11
12     /**
13      * 计算集合元素之和,适用于 Number 类型或其子类的集合
14      */
15     public static void sum(List<? extends Number> list) {
16         double sum = 0;
17         for (Number element : list) {
18             sum += element.doubleValue();
19         }
20         System.out.println(sum);
21     }
22
23     /**
24      * 往集合里添加随机整数,适用于 Integer 类型或其父类的集合
25      */
26     public static void addInteger(List<? super Integer> list) {
27         Random random = new Random();
28         for (int i = 0; i < 10; i++) {
29             list.add(random.nextInt(100));
30         }
31     }
32
```

```java
33      public static void main(String[] args) {
34          List<Integer> integerList = new ArrayList<Integer>();
35          addInteger(integerList);
36          sum(integerList);
37          print(integerList);
38
39          List<Long> longList = new ArrayList<Long>();
40          addInteger(longList);              //此处编译错误
41          sum(longList);
42          print(longList);
43
44          List<Object> objectList = new ArrayList<Object>();
45          addInteger(objectList);
46          sum(objectList);                   //此处编译错误
47          print(objectList);
48      }
49  }
```

在例 9-5 中，print()方法打印集合中的元素，使用通配符<?>匹配任意类型的集合；sum()方法计算集合元素之和，要求集合元素是 Number 类型或其子类型，使用<? extends Number>来实现；addInteger()方法往集合里添加随机整数，要求集合元素是 Integer 类型或其父类型，使用<? super Integer>来实现。

在 main 方法中验证时，Integer 类型的集合 integerList 可通过三个方法的测试；Long 类型的集合 longList，由于 Long 并不是 Integer 的父类型，因此在调用 addInteger()方法时编译出错；Object 类型的集合 objectList，由于 Object 并不是 Number 的子类型，因此在调用 sum()方法时编译出错。

【思想启迪坊】 规则与创新：在框架内自由翱翔。

泛型类和泛型方法的定义，为开发者提供了一个既严谨又灵活的框架。这个框架既设定了明确的规则（通过类型参数来确保类型安全），又给予了开发者广阔的发挥空间（允许不同类型的数据被高效、安全地处理）。这种机制展现了规则与创新之间良好的平衡关系，为理解社会规则、法律制度与个人创新之间的关系提供了有益的启示。

(1) 规则的智慧：在泛型中，规则并非僵化的束缚，而是智慧的体现。它们为创新设定了边界，确保了系统的稳定性和可预测性。正如社会中的法律、制度，它们虽然限制了某些行为，但正是这些限制保护了大多数人的权益，维护了社会的秩序和公正。

(2) 创新的活力：在遵循规则的前提下，泛型机制鼓励开发者进行创新。类型通配符及其上下限的设定，就是在规则框架内为创新预留的空间。正如在遵守社会规则的同时，也要勇于探索未知，敢于挑战传统，以创新的姿态推动社会的进步。

(3) 和谐共生的艺术：规则与创新并非对立的两面，而是可以和谐共生的。在泛型机制中，规则为创新提供了保障，创新则为规则注入了活力。同样，在社会生活中，既要遵守社会规范，维护公共利益，又要勇于创新，推动个人和社会的进步。

9.2 集合框架

在编程中，集合是一种用于存储、检索、操作一组对象的数据结构。与数组不同，集合的大小是动态变化的，可以根据需要添加或删除元素。集合主要用于存储和管理具有共同特性的多个对象,提供了一种高效的方式来组织数据,使得数据的访问和操作更加灵活和方便。

Java 中的集合都位于 java.util 包中,下面通过一张图来描述整个集合的核心继承体系。Java 集合框架的核心继承体系如图 9-1 所示。

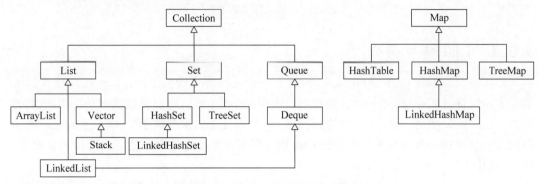

图 9-1　Java 集合框架的核心继承体系

Collection<E>接口是集合框架中单列集合的根接口,它继承了 Iterable<E>接口,支持迭代器遍历。该接口有三个子接口:List 接口、Set 接口和 Queue 接口,各自定义了不同特性的集合类型。Collection 接口定义了单列集合的一系列共性方法,如添加、删除、清空集合元素及检查集合大小等操作。其他单列集合类大多直接或间接地实现了此接口以继承这些基础功能。Collection 接口的常用方法及其主要功能如表 9-1 所示。

表 9-1　Collection 接口的常用方法及其主要功能

方　法　名	主　要　功　能
boolean add(E e)	向当前集合中添加一个元素。如果集合因此操作而改变(即添加的元素之前不存在于集合中),则返回 true
boolean addAll(Collection<? extends E> c)	将指定集合 c 中的所有元素添加到当前集合中。如果集合因为此操作而改变(即至少添加了一个之前不存在的元素),则返回 true
boolean remove(Object o)	从当前集合中删除指定的元素。如果集合包含该元素,则移除它并返回 true;否则返回 false
boolean removeAll(Collection<?> c)	从当前集合中删除指定集合 c 中包含的所有元素。如果集合因为此操作而改变(即至少移除了一个元素),则返回 true
void clear()	删除当前集合中所有元素,此操作后,集合将为空
boolean isEmpty()	判断当前集合是否为空,空则返回 true
boolean contains(Object o)	判断当前集合是否包含指定的元素,包含则返回 true
boolean containsAll(Collection<?> c)	判断当前集合是否包含指定集合 c 中的所有元素,包含则返回 true
Iterator<E> iterator()	返回当前集合的迭代器,迭代器可用于遍历集合
int size()	返回当前集合中的元素数量
Object[] toArray()	返回一个包含集合中所有元素的数组,数组运行时类型将是 Object[]
T[] toArray(T[] a)	返回一个包含集合中所有元素的数组,数组运行时类型是指定数组的类型 T[]

Map<K,V>是双列集合(或称键值对集合)的根接口,它定义了每个元素包含一对键(key)和值(value)的存储结构,键与值之间存在一种明确的对应关系,称为映射。通过映射,可以高效地根据键来检索或修改与之关联的值。

9.3 List 接口

9.3.1 List 接口简介

List 接口继承自 Collection 接口,实现了一种线性表的数据结构。List 接口存放的所有元素以线性方式存储,每个元素都有一个索引(从 0 开始),可以通过索引访问 List 中的元素。List 接口实例中允许存储重复的元素,并且保证了元素的顺序性,即元素的存储顺序与取出顺序保持一致。这种特性使得 List 成为需要在保持元素顺序的同时进行元素检索、插入、删除等操作时的理想选择。

List 接口从 Collection 接口继承的 remove() 方法总是从列表中删除指定的首次出现的元素,add() 和 addAll() 方法总是将元素插入列表的末尾。除此之外,List 接口还定义了一些自己的方法。List 接口的常用方法及其主要功能如表 9-2 所示。

表 9-2 List 接口的常用方法及其主要功能

方 法 名	主 要 功 能
E get(int index)	返回 List 中指定位置 index 的元素
E set(int index, E element)	用指定元素替换 List 中指定位置 index 的元素,并返回被替换的元素
void add(int index, E element)	在 List 的指定位置 index 插入指定的元素
E remove(int index)	删除 List 中指定位置 index 的元素,并返回被删除的元素
boolean addAll(int index, Collection<? extends E> c)	将指定集合 c 中的所有元素插入 List 中的指定位置 index
int indexOf(Object o)	返回 List 中首次出现的指定元素的索引,如果 List 不包含该元素,则返回-1
int lastIndexOf(Object o)	返回 List 中最后一次出现的指定元素的索引,如果 List 不包含该元素,则返回-1
List<E> subList(int fromIndex, int toIndex)	返回 List 中从 fromIndex(包含)到 toIndex(不包含)的部分视图,对返回的子列表的任何非并发修改都会直接反映到原列表上

List 接口的主要实现类包括 ArrayList、LinkedList、Vector 和 Stack。

(1) ArrayList:内部通过动态数组来存储元素,当数组容量不足时会自动扩容;ArrayList 的随机访问效率高,但插入和删除效率低;ArrayList 不是线程安全的,如果需要在多线程环境下使用,需要外部同步。

(2) LinkedList:内部通过双向链表来存储元素,每个节点包含数据、指向前一个节点的引用和指向后一个节点的引用;LinkedList 的随机访问效率低,但插入和删除效率高;LinkedList 也不是线程安全的。

(3) Vector:与 ArrayList 类似,Vector 也是通过动态数组来存储元素,随机访问效率高;Vector 是线程安全的,其所有公开方法都是同步的,但这也意味着在多线程环境下性能较低。

（4）Stack：继承了 Vector，遵循后进先出的原则，即最后插入的元素将最先被移出；Stack 只提供了几个基本操作，如 push（压栈）、pop（出栈）、peek（查看栈顶元素）等，但这些功能可被其他数据结构如 LinkedList 配合适当的方法调用所替代，故一般不推荐使用。

9.3.2 ArrayList 类

ArrayList 类是 List 接口最常用的实现类。ArrayList 内部封装了一个长度可变的数组，当存入的元素超过数组长度时，ArrayList 会自动分配一个更大的数组，并将原数组的数据复制到新数组中。

ArrayList 通过索引访问元素的速度非常快，但在指定位置进行元素的增加或删除操作时，尤其是在列表的起始位置或中间位置，这些操作可能会涉及移动大量后续元素的位置，或者在某些情况下，触发数组的重新分配和复制，从而导致这些操作的效率相对较低。因此，ArrayList 不适合做大量的增删操作，而适合元素的查找和遍历。

下面通过例 9-6 介绍 ArrayList 类的常用操作。

【例 9-6】 ArrayList 类的常用操作示例。

```
1   public class Example06 {
2       public static void main(String[] args) {
3           List < String > list = new ArrayList <>();
4           list.add("子鼠");
5           list.add("丑牛");
6           list.add("寅虎");
7           System.out.println("初始集合是:" + list);
8           System.out.println("集合的长度:" + list.size());
9           System.out.println("第 3 个元素是:" + list.get(2));
10          //删除第 2 个元素,即索引为 1 的元素
11          list.remove(1);
12          System.out.println("删除索引为 1 的元素:" + list);
13          //在索引 0 处插入新元素辰龙
14          list.add(0, "辰龙");
15          System.out.println("在索引 0 处插入新元素(辰龙)后:" + list);
16          //替换索引为 2 的元素为卯兔
17          list.set(2, "卯兔");
18          System.out.println("替换索引为 2 的元素为(卯兔)后:" + list);
19          //删除辰龙
20          list.remove("辰龙");
21          System.out.println("删除(辰龙)后第 3 个元素是:" + list.get(2));
22      }
23  }
```

在 Java 中，集合都是泛型类。本例在创建泛型类对象时，通过尖括号指定泛型实参为 String。程序重点展示了 ArrayList 集合的增加、删除、修改及查找元素的功能。其中，在代码最后一行，将抛出索引越界异常（IndexOutOfBoundsException），因为此时集合中只有 2 个元素，索引范围为 0~1，访问超出此范围之外的索引，将导致此异常。

运行例 9-6，运行结果如下所示。

```
初始集合是:[子鼠, 丑牛, 寅虎]
集合的长度:3
第 3 个元素是:寅虎
删除索引为 1 的元素:[子鼠, 寅虎]
在索引 0 处插入新元素(辰龙)后:[辰龙, 子鼠, 寅虎]
```

```
替换索引为 2 的元素为(卯兔)后:[辰龙,子鼠,卯兔]
Exception in thread "main" java.lang.IndexOutOfBoundsException: Index: 2, Size: 2
    at java.util.ArrayList.rangeCheck(ArrayList.java:657)
    at java.util.ArrayList.get(ArrayList.java:433)
    at chapter09.Example06.main(Example06.java:26)
```

9.3.3 LinkedList 类

LinkedList 内部实现了一个双向循环链表,其中每个节点都通过引用方式既记录其前一个节点也记录其后一个节点,从而将所有节点相互连接起来。在进行元素的插入或修改操作时,仅需调整相关节点之间的引用关系,所以 LinkedList 的插入和删除效率很高。

除了作为 List 集合的实现类,LinkedList 还实现了 Queue 和 Deque 接口,可作为队列和双向队列使用。在继承 List 接口中方法的基础上,LinkedList 还定义了如 addFirst()、getFirst()、removeFirst()、addLast()、getLast()和 removeLast()等特有方法,这些方法进一步增强了其操作的便捷性。通过组合使用 addFirst()与 removeFirst()方法,或者 addLast()与 removeLast()方法,程序员还可以将 LinkedList 灵活地用作堆栈(Stack)数据结构,实现后进先出的操作逻辑。

下面通过例 9-7 介绍 LinkedList 类的常用操作。

【例 9-7】 LinkedList 类的常用操作示例。

```
1   public class Example07 {
2       public static void main(String[] args) {
3           LinkedList<Integer> queue = new LinkedList<>();
4           System.out.print("入队顺序:");
5           for (int i = 1; i < 10; i++) {
6               queue.addLast(i);
7               System.out.print(i + " ");
8           }
9           System.out.print("\n出队顺序:");
10          for (int i = 1; i < 10; i++) {
11              System.out.print(queue.removeFirst() + " ");
12          }
13
14          LinkedList<Integer> stack = new LinkedList<>();
15          System.out.print("\n压栈顺序:");
16          for (int i = 1; i < 10; i++) {
17              stack.addLast(i);
18              System.out.print(i + " ");
19          }
20          System.out.print("\n出栈顺序:");
21          for (int i = 1; i < 10; i++) {
22              System.out.print(stack.removeLast() + " ");
23          }
24      }
25  }
```

运行例 9-7,运行结果如下所示。

```
入队顺序:1 2 3 4 5 6 7 8 9
出队顺序:1 2 3 4 5 6 7 8 9
压栈顺序:1 2 3 4 5 6 7 8 9
出栈顺序:9 8 7 6 5 4 3 2 1
```

9.3.4 集合遍历

集合遍历是程序设计中一种常用的操作,指的是按某种顺序逐一访问集合中的每个元素,并对这些元素执行某种操作(如打印、计算、修改等)的过程。集合遍历的方法很多,常用的有 for 循环、foreach 循环、迭代器(Iterator)等。

1. for 循环

在 List 集合中,元素是有序的,支持按索引访问。因此,可以在合理的索引范围内,通过 for 循环依次遍历每一个元素。具体示例如下。

```
1    for (int i = 0; i < list.size(); i++) {
2        System.out.println(list.get(i));
3    }
```

注意,并非所有集合类型都支持通过索引访问元素,如 9.3.5 节将要介绍的 Set 集合。然而,可以通过 toArray()方法将 Set 集合转换为数组,然后利用数组支持索引访问的特性,通过 for 循环遍历数组中的每个元素。

2. foreach 循环

foreach 循环,也称增强型 for 循环,是一种简洁且高效的遍历方式,它简化了集合遍历的过程,无须显式获取集合的长度,也无须通过索引访问集合中的元素,而是能够自动、顺序地遍历集合中的每一个元素。具体示例如下。

```
1    for (String str : list) {
2        System.out.println(str);
3    }
```

3. 迭代器

迭代器模式是一种设计模式,它提供了一种方法顺序访问一个集合对象中的各个元素,而又不暴露该对象的内部表示。迭代器隐藏了集合的内部结构,使开发者能够使用统一的方式来遍历不同类型的集合。

集合通过调用 iterator()方法可以获取该集合的迭代器(Iterator)对象,再调用迭代器提供的方法遍历集合中的每个元素。Iterator 接口定义的方法主要有如下几种。

(1) boolean hasNext():判断迭代器中是否还有元素。

(2) E next():获取迭代器中的下一个元素。

(3) void remove():删除迭代器中的当前元素。

Iterator 内部使用一个指针,在开始时指向第一个元素之前的位置。如果指针后还有未遍历的元素,hasNext()方法返回 true。调用 next()方法将指针移至下一个元素,并返回该元素。调用 remove()方法可删除当前元素。

下面通过例 9-8 展示各种遍历方法的使用。

【例 9-8】 多种方式完成 List 集合的遍历操作。

```
1    public class Example08 {
2        public static void main(String[] args) {
3            List<String> list = new ArrayList<>();
4            list.add("子鼠");
5            list.add("丑牛");
6            list.add("寅虎");
```

```
7       //for 循环遍历
8       for (int i = 0; i < list.size(); i++) {
9           System.out.println(list.get(i));
10      }
11      //foreach 循环遍历
12      for (String str : list) {
13          System.out.println(str);
14      }
15      //迭代器 Iterator 遍历
16      Iterator<String> iterator = list.iterator();
17      while (iterator.hasNext()) {
18          String str = iterator.next();
19          System.out.println(str);
20          if ("子鼠".equals(str)) {
21              iterator.remove();      //删除子鼠
22          }
23      }
24  }
25 }
```

【多学一招】 集合中的并发修改异常。

在例 9-8 中,在使用迭代器遍历时,删除元素一定要通过 Iterator 对象的 remove()方法吗? 能否使用集合对象的 remove()方法进行删除? 具体代码如下。

```
1   while (iterator.hasNext()) {
2       String str = iterator.next();
3       if ("子鼠".equals(str)) {
4           list.remove(str);           //改用集合对象的 remove()方法
5       }
6   }
```

答案是否定的,代码在运行时会抛出并发修改异常(ConcurrentModificationException)。并发修改异常发生在一个集合在被迭代器遍历的过程中,其结构被非迭代器自身的方法修改时。这里的"结构被修改"包括但不限于添加、删除或更新集合中的元素。

在 Java 的集合框架中,迭代器设计为一个弱一致性的视图,它反映了某一时间点集合的状态。当使用迭代器遍历集合时,迭代器内部会维护一个当前遍历的位置索引。如果在迭代过程中通过非迭代器的方式(如直接使用集合的 remove 方法)修改了集合,那么迭代器内部的状态(如当前位置索引)与外部集合的实际状态之间就会出现不一致,从而导致迭代器无法正确地继续遍历或执行其他操作。

注意,不只是在迭代器遍历中,在 foreach 循环遍历中如果使用集合的 remove()方法也将引发同样的异常,因为集合的 foreach 循环遍历在内部实现上也是使用了迭代器 Iterator。

9.4 Set 接口

9.4.1 Set 接口简介

Set 接口也继承自 Collection 接口,它的方法与 Collection 接口的方法基本一致,并没有进行功能上的扩充。与 List 接口不同的是,Set 接口不保证元素的顺序性,并且不允许存储重复的元素,当出现重复时,后加入的重复元素将被舍弃。

Set 接口的主要实现类包括 HashSet、LinkedHashSet、TreeSet，不同实现类根据自身的特性来定义元素的存储方式。

（1）HashSet：底层数据结构是哈希表，具有良好的存取和查找性能，不保证元素的顺序性；可以存储 null 元素，非线程安全。

（2）LinkedHashSet：底层数据结构是链表和哈希表的结合，既保持了 HashSet 的查找性能，又使得元素遍历顺序与存入顺序一致；可以存储 null 元素，非线程安全。

（3）TreeSet：底层数据结构是红黑树，保证元素按指定排序规则自动排序；不允许存储 null 元素，非线程安全。

9.4.2 HashSet 类

HashSet 类是 Set 最常用的实现类。HashSet 内部维护了一张哈希表（基于 HashMap 实现），通过调用元素的 hashCode() 方法确定元素的存储位置。HashSet 中存储的元素是无序且不允许重复的。

下面通过例 9-9 展示 HashSet 类的基本操作。

【例 9-9】 HashSet 类的常用操作示例。

```
1   public class Example09 {
2       public static void main(String[] args) {
3           Set<String> set = new HashSet<>();
4           set.add("子鼠");
5           set.add("丑牛");
6           set.add("寅虎");
7           set.add("卯兔");
8           set.add("卯兔");
9           for (String str : set) {
10              System.out.println(str);
11          }
12      }
13  }
```

运行例 9-9，运行结果如下所示。

```
寅虎
丑牛
子鼠
卯兔
```

从运行结果可以看出，元素存入的顺序和取出的顺序并不一致，并且存入两次的元素"卯兔"实际上只存储了一次。

HashSet 为避免存储重复的元素，主要依赖于对元素的 hashCode() 和 equals() 方法的调用。当尝试将一个元素添加到 HashSet 中时，首先会调用该元素的 hashCode() 方法获取其哈希值，并计算得到元素的初始存储位置，也称桶位。如果该桶位当前为空，即没有元素存储在此处，则新元素可直接存入；如果该桶位已被占用，即已经有一个或多个元素存储在那里，则需要调用 equals() 方法进行二次校验。二次校验，即判断桶位上的这些元素与要存入的新元素是否相等，若不等，则新元素可存储在同一桶内的不同位置；若相等，则新元素被视为重复，做舍弃处理。

下面通过例 9-10 展示 hashCode() 和 equals() 方法对 HashSet 集合判断元素重复的重

要性。

【例 9-10】 重写 hashCode()和 equals()方法,帮助 HashSet 集合判断重复。

```
1   class Student10 {
2       String id;
3       public Student10(String id) {
4           this.id = id;
5       }
6       //重写 hashCode()方法
7       public int hashCode() {
8           return id.hashCode();
9       }
10      //重写 equals()方法
11      public boolean equals(Object obj) {
12          if (this == obj) {
13              return true;
14          }
15          if (obj instanceof Student10) {
16              Student10 stu = (Student10) obj;
17              return this.id.equals(stu.id);
18          } else {
19              return false;
20          }
21      }
22  }
23  public class Example10 {
24      public static void main(String[] args) {
25          Set<Student10> set = new HashSet<>();
26          set.add(new Student10("01"));
27          set.add(new Student10("01"));
28          for (Student10 s : set) {
29              System.out.println(s.id);
30          }
31      }
32  }
```

运行例 9-10,运行结果如下所示。

```
01
```

在本例中,重写了 Student 类的 hashCode(),使得 id 相同的 Student 对象其哈希值相同;同时,也重写了 equals()方法,使得 id 相同的 Student 对象被视为相等。这两个方法的重写缺一不可,共同确保了当存入多个具有相同 id 的 Student 对象时,在 HashSet 集合中只保留了一个对象,从而避免了重复元素的存在。

9.4.3 TreeSet 类

TreeSet 类是 Set 接口的一个重要实现,内部使用红黑树进行存储。红黑树是一种自平衡的二叉搜索树,不仅确保了元素的有序性,还优化了搜索、插入和删除等操作的效率。但由于红黑树的维护开销,相较于基于哈希表的 HashSet,TreeSet 的操作性能略低。然而,在需要元素保持有序且不允许重复的场景下,TreeSet 无疑是更为合适的选择。注意,为了保持有序性,TreeSet 要求元素类型必须实现 Comparable<T>接口,或者为 TreeSet 配置自定义的比较器 Comparator<T>来指定排序逻辑,确保 TreeSet 能够明确元素之间的排序规则。

基于 Comparable 接口实现的排序机制,通常被称为自然排序。在 Java 中,许多类实现了 Comparable 接口,并重写了该接口中的 compareTo()方法,如常见的 String 和 Integer 类。当使用这些类型的元素时,TreeSet 将根据元素的 compareTo()方法进行升序排序,排序过程中若两个元素通过 compareTo()方法比较结果为相等,则它们被视为重复元素,其中一个将被舍弃。

若元素类型未实现 Comparable 接口,或者希望采用不同于自然排序的排序规则时,可以在创建 TreeSet 时提供一个自定义 Comparator 实现。这种通过 Comparator 实现的排序方式,被称为自定义排序,它允许根据特定的业务逻辑来定义元素的排序顺序,为处理复杂的数据集提供了较好的灵活性和便利性。

若元素类型未实现 Comparable 接口,并且在创建 TreeSet 时也未提供自定义的 Comparator,则在尝试向 TreeSet 添加元素时,将抛出 ClassCastException,因为 TreeSet 无法确定如何对这些元素进行排序。

下面通过例 9-11 展示 TreeSet 集合中自然排序和自定义排序的具体使用方式。

【例 9-11】 TreeSet 集合的自然排序和自定义排序应用示例。

```
1   class Student11 implements Comparable<Student11> {
2       String id;
3       String name;
4       public Student11(String id, String name) {
5           this.id = id;
6           this.name = name;
7       }
8       //重写 toString()方法
9       public String toString() {
10          return id + ":" + name;
11      }
12      //自然排序规则:按照 id 排序
13      public int compareTo(Student11 o) {
14          return this.id.compareTo(o.id);
15      }
16  }
17  public class Example11 {
18      public static void main(String[] args) {
19          //自然排序(按 id)
20          Set<Student11> set1 = new TreeSet<>();
21          set1.add(new Student11("01", "Lucy"));
22          set1.add(new Student11("05", "Jack"));
23          set1.add(new Student11("01", "Lily"));           //id 重复
24          set1.add(new Student11("03", "Jack"));
25          System.out.println("自然排序结果:" + set1);
26          //自定义排序(按 name)
27          Set<Student11> set2 = new TreeSet<>(new Comparator<Student11>() {
28              //自定义比较器排序规则:按照 name 排序
29              public int compare(Student11 o1, Student11 o2) {
30                  return o1.name.compareTo(o2.name);
31              }
32          });
33          set2.add(new Student11("01", "Lucy"));
34          set2.add(new Student11("05", "Jack"));
35          set2.add(new Student11("01", "Lily"));
```

```
36              set2.add(new Student11("03", "Jack"));    //name 重复
37              System.out.println("自定义排序结果:" + set2);
38          }
39      }
```

运行例 9-11,运行结果如下所示。

```
自然排序结果:[01:Lucy, 03:Jack, 05:Jack]
自定义排序结果:[05:Jack, 01:Lily, 01:Lucy]
```

在本示例中,定义了一个 Student 类,该类实现了 Comparable < Student >接口,并在 compareTo()方法中指定了元素之间的排序规则,即按照学生的 id 升序排序。

在 main()方法中,首先创建了一个 TreeSet 的实例 set1,该实例自动采用了 Student 类定义的自然排序规则。经过测试验证,set1 能够正确地按照学生的 id 进行升序排序,并且自动去除了具有相同 id 的重复对象。

为了展示自定义排序规则的应用,在创建 TreeSet 的第二个实例 set2 时,通过提供一个自定义的 Comparator 实现来指定排序逻辑,此处按照学生的 name 升序排序。通过测试 set2,确认了它能够根据 name 属性来正确排序元素,并且在遇到 name 相同的对象时,也遵循了 TreeSet 去重的原则,仅保留一个。

9.5 Map 接口

9.5.1 Map 接口简介

Map 接口是一种非常重要的双列集合数据结构,它存储了一种键(Key)到值(Value)的映射关系,即 Map 接口中的每个元素都由一个键值对组成。Map 内部通常采用哈希表等高效数据结构,使得查找、插入和删除操作的时间复杂度通常接近 O(1)。

作为一种高效的键值对存储结构,Map 中的键不允许重复,值允许重复。当键出现重复时,后加入的键值对将覆盖已有的键值对。由于键与值之间存在明确的映射关系,只要指定了键,就能快速找到对应的值。

Map 接口的常用方法及其主要功能如表 9-3 所示。

表 9-3 Map 接口的常用方法及其主要功能

方 法 名	主 要 功 能
V put(K key, V value)	将指定的键和指定的值进行映射关联并存入 Map
V get(Object key)	返回指定键所映射的值;如果 Map 不包含该键的映射关系,则返回 null
V remove(Object key)	根据指定的键删除对应的值和映射关系,返回删除的值
void clear()	删除 Map 中所有键值对元素
boolean isEmpty()	判断 Map 是否为空,空则返回 true
boolean containsKey(Object key)	判断 Map 中是否包含指定键的映射关系,包含则返回 true
boolean containsValue(Object value)	判断 Map 中是否包含映射到指定值的映射关系,包含则返回 true
int size()	返回 Map 中的键值对元素数量
Set < K > keySet()	返回包含 Map 中所有键的 Set 集合

方 法 名	主 要 功 能
Set< Map.Entry< K,V >> entrySet()	返回包含 Map 中所有键值对(Map.Entry)的 Set 集合
Collection< V > values()	返回包含 Map 中所有值的 Collection 集合

Map 接口的主要实现类包括 HashTable、HashMap、LinkedHashMap 和 TreeMap。

(1) HashTable：基于哈希表实现，不保证元素的顺序；键和值都不能为 null；线程安全，适用于多线程环境。

(2) HashMap：基于哈希表实现，不保证元素的顺序，甚至不保证该顺序随时间保持不变；允许 null 键和 null 值；非线程安全，适用于单线程环境，性能更好。

(3) LinkedHashMap：是 HashMap 的一个子类，通过双向链表使得集合元素的遍历顺序与存入顺序一致；允许 null 键和 null 值；非线程安全。

(4) TreeMap：内部基于红黑树实现，保证所有的键按指定排序规则自动排序；键不能为 null，但值可以为 null；非线程安全。

9.5.2 HashMap 类

HashMap 类是 Map 接口最常用的实现类，内部基于哈希表实现存储，存取效率高。HashMap 的大部分方法是 Map 接口中定义方法的实现。HashMap 的键是无序且不允许重复的。

例 9-12 展示了 HashMap 类的常用操作。

【例 9-12】 HashMap 类的常用操作示例。

```
1  public class Example12 {
2      public static void main(String[] args) {
3          Map< String, String > map = new HashMap<>();
4          map.put("虎", "寅");
5          map.put("狗", "戌");
6          map.put("羊", "未");
7          map.put("鸡", "未");
8          map.put("鸡", "酉");
9          System.out.println("羊对应:" + map.get("羊"));
10         System.out.println("鸡对应:" + map.get("鸡"));
11         System.out.println("集合大小为:" + map.size());
12         System.out.println("集合是否包含键为(龙)的映射:" + map.containsKey("龙"));
13         System.out.println("删除键为(狗)的映射:" + map.remove("狗"));
14     }
15 }
```

运行例 9-12，运行结果如下所示。

```
羊对应:未
鸡对应:酉
集合大小为:4
集合是否包含键为(龙)的映射:false
删除键为(狗)的映射:戌
```

值得特别指出的是，在集合遍历操作上 Map 集合与 List 和 Set 集合差异明显。在 9.3.4 节中，介绍了 List 集合支持 for 循环、foreach 循环、迭代器等三种遍历方式，Set 集合同样兼容 foreach 循环遍历和迭代器遍历。然而，Map 由于是双列集合，其元素以键值对的形式存储，其遍历方式依据 Map 接口提供的 keySet()、entrySet()、values()这三个方法，主要有以下 3 种方式。

（1）通过 keySet()方法获取所有键的 Set 集合，遍历该 Set 集合，通过每个键可方便地获取值。

（2）通过 entrySet()方法获取所有键值对（Map.Entry）的 Set 集合，遍历该 Set 集合，并可将每个键值对再拆分为键和值。

（3）通过 values()方法获取所有值的 Collection 集合，遍历该 Collection 集合，但由于仅提供了值的集合，无法通过值直接回溯到对应的键，因此未能实现完全意义上的遍历。

下面通过例 9-13 展示 Map 集合的常用遍历方式。

【例 9-13】 Map 集合的常用遍历方式示例。

```
1   public class Example13 {
2       public static void main(String[] args) {
3           String[] arr1 = { "鼠","牛","虎","兔","龙","蛇","马","羊","猴","鸡",
                "狗","猪" };
4           String[] arr2 = { "子","丑","寅","卯","辰","巳","午","未","申","酉",
                "戌","亥" };
5           Map< String, String> map = new HashMap<>();
6           for (int i = 0; i < 12; i++) {
7               map.put(arr1[i], arr2[i]);
8           }
9
10          //1. 通过 keySet()方法遍历
11          Set< String> keySet = map.keySet();
12          for (String key : keySet) {
13              System.out.print(key + "-" + map.get(key) + " ");
14          }
15          System.out.println();
16
17          //2. 通过 entrySet()方法遍历
18          Set< Entry< String, String>> entrySet = map.entrySet();
19          Iterator< Entry< String, String>> iterator = entrySet.iterator();
20          while (iterator.hasNext()) {
21              Entry< String, String> entry = iterator.next();
22              System.out.print(entry.getKey() + "-" + entry.getValue() + " ");
23          }
24          System.out.println();
25
26          //3. 通过 values()方法遍历
27          for (String value : map.values()) {
28              System.out.print(value + " ");
29          }
30      }
31  }
```

运行例 9-13，运行结果如下所示。

```
鼠-子 鸡-酉 兔-卯 猴-申 蛇-巳 狗-戌 龙-辰 羊-未 猪-亥 牛-丑 马-午 虎-寅
鼠-子 鸡-酉 兔-卯 猴-申 蛇-巳 狗-戌 龙-辰 羊-未 猪-亥 牛-丑 马-午 虎-寅
子 酉 卯 申 巳 戌 辰 未 亥 丑 午 寅
```

9.5.3 TreeMap 类

TreeMap 类是 Map 接口的一个重要实现，它的键是有序且不允许重复的。TreeMap

内部使用了红黑树,可以实现所有的键按照指定排序规则自动排序,保证了键的有序性。在使用时,键的排序规则的指定方式和 TreeSet 类似,一种是自然排序即键类型实现了 Comparable＜T＞接口,另一种是创建 TreeMap 集合时提供自定义的比较器 Comparator＜T＞来指定排序逻辑。

下面通过例 9-14 展示 TreeMap 类的常用操作。

【例 9-14】 TreeMap 类的常用操作示例。

```
1   public class Example14 {
2       public static void main(String[] args) {
3           //自然排序
4           Map< String, String> map1 = new TreeMap<>();
5           map1.put("UK2377001", "Lucy");
6           map1.put("CN2377003", "Jack");
7           map1.put("FR2377005", "Angelo");
8           map1.put("UK2377002", "Lily");
9           System.out.println("自然排序结果:");
10          for (String key : map1.keySet()) {
11              System.out.print(key + ":" + map1.get(key) + " ");
12          }
13          
14          //自定义排序
15          Map< String, String> map2 = new TreeMap<>(new Comparator< String>() {
16              //自定义排序规则(去除学号前两位字母后比较)
17              public int compare(String o1, String o2) {
18                  return o1.substring(2).compareTo(o2.substring(2));
19              }
20          });
21          map2.put("UK2377001", "Lucy");
22          map2.put("CN2377003", "Jack");
23          map2.put("FR2377005", "Angelo");
24          map2.put("UK2377002", "Lily");
25          System.out.println("\n自定义排序(忽略学号前两位)结果:");
26          for (String key : map2.keySet()) {
27              System.out.print(key + ":" + map2.get(key) + " ");
28          }
29      }
30  }
```

运行例 9-14,运行结果如下所示。

```
自然排序结果:
CN2377003:Jack FR2377005:Angelo UK2377001:Lucy UK2377002:Lily
自定义排序(忽略学号前两位)结果:
UK2377001:Lucy UK2377002:Lily CN2377003:Jack FR2377005:Angelo
```

9.6　Collections 类

在程序开发过程中,经常需要对集合进行多样化的操作,包括但不限于排序、搜索、同步化、填充、反转以及打乱等。为了减轻开发者负担,避免编写冗余的代码,并提升代码的可读性与可维护性,Java 引入了 Collections 工具类,它位于 java.util 包内,精心封装了一系列针对集合的常用操作。

Collections 类的常用方法及其主要功能如表 9-4 所示。

表 9-4 Collections 类的常用方法及其主要功能

方 法 名	主 要 功 能
static <T> boolean addAll(Collection <? super T> c, T... elements)	将所有指定元素添加到指定集合 c 中。如果集合因为此操作而改变（即至少添加了一个之前不存在的元素），则返回 true
static <T> void sort(List <T> list)	根据元素的自然顺序对指定列表 list 进行排序。列表中的所有元素都必须实现 Comparable 接口
static <T> void sort(List <T> list, Comparator <? super T> c)	根据比较器 c 指定的排序规则对指定列表 list 进行排序
static <T> int binarySearch (List <? extends Comparable <? super T>> list, T key)	使用二分查找算法在列表 list 中搜索指定对象 key，返回其索引位置；列表 list 必须已自然排序
static <T> int binarySearch(List <? extends T> list, T key, Comparator <? super T> c)	使用二分查找算法在列表 list 中搜索指定对象 key，返回其索引位置；列表 list 必须已根据比较器 c 进行排序
static void reverse(List <?> list)	反转列表 list 中元素的顺序
static void shuffle(List <?> list)	随机打乱列表 list 中元素的顺序
static <T> void fill(List <? super T> list, T obj)	使用指定对象 obj 填充列表 list 的所有位置
static < T extends Object & Comparable <? super T>> T max(Collection <? extends T> coll)	根据元素的自然顺序返回集合 coll 中的最大元素。集合中的所有元素都必须实现 Comparable 接口
static <T> T max(Collection <? extends T> coll, Comparator <? super T> comp)	根据比较器 comp 产生的顺序返回集合 coll 中的最大元素
static < T extends Object & Comparable <? super T>> T min(Collection <? extends T> coll)	根据元素的自然顺序返回集合 coll 中的最小元素。集合中的所有元素都必须实现 Comparable 接口
static <T> T min(Collection <? extends T> coll, Comparator <? super T> comp)	根据比较器 comp 产生的顺序返回集合 coll 中的最小元素
static void swap(List <?> list, int i, int j)	将列表 list 中索引为 i 的元素和索引为 j 的元素交换
static <T> boolean replaceAll(List <T> list, T oldVal, T newVal)	将列表 list 中所有出现的旧值 oldVal 替换为指定的新值 newVal

在表 9-4 中，Collections 类所提供的常用方法，如 sort()、binarySearch()、max()及 min()等，均被设计为重载形式，旨在支持两种排序机制：一种依赖于集合的自然排序顺序，另一种则允许通过自定义排序逻辑进行排序。

尤为值得强调的是，在引入自定义比较器（Comparator）的情境中，推荐采用 Lambda 表达式作为匿名内部类的替代方案，可提升代码的简洁性与可读性。具体而言，在例 9-11 与例 9-14 中，原本通过匿名内部类实现的 Comparator＜T＞接口，均可被 Lambda 表达式无缝替换并简化，从而使代码更加清晰和易于维护。

下面通过例 9-15 展示 Collections 类常用方法的使用。

【例 9-15】 Collections 类的常用方法应用示例。

```
1    class Student15 implements Comparable <Student15> {
2        String id;
3        String name;
4        public Student15(String id, String name) {
5            this.id = id;
6            this.name = name;
7        }
```

```java
8       //重写toString()方法
9       public String toString() {
10          return id + ":" + name;
11      }
12      //自然排序规则:按照id排序
13      public int compareTo(Student15 o) {
14          return this.id.compareTo(o.id);
15      }
16  }
17  public class Example15 {
18      public static void main(String[] args) {
19          List<Student15> list = new ArrayList<>();
20          list.add(new Student15("01", "Lucy"));
21          //批量添加元素
22          Collections.addAll(list, new Student15("02", "Tony"), new Student15("03", "Jack"),
                new Student15("04", "Eric"));
23          System.out.println("初始序列:" + list);
24          //随机打乱集合
25          Collections.shuffle(list);
26          System.out.println("打乱后:" + list);
27          //反转集合
28          Collections.reverse(list);
29          System.out.println("反转后:" + list);
30          //自定义排序(按name)
31          Collections.sort(list, (m, n) -> m.name.compareTo(n.name));
32          System.out.println("自定义排序后:" + list);
33          //自然排序(按id)
34          Collections.sort(list);
35          System.out.println("自然排序后:" + list);
36          //元素交换(首尾交换)
37          Collections.swap(list, 0, 3);
38          System.out.println("首尾交换后:" + list);
39          //最大元素(自然排序按id)
40          System.out.println("按id最大元素:" + Collections.max(list));
41          //最大元素(自定义排序按name)
42          System.out.println("按name最大元素:" + Collections.max(list, (m, n) ->
                m.name.compareTo(n.name)));
43      }
44  }
```

运行例9-15,运行结果如下所示。

```
初始序列:[01:Lucy, 02:Tony, 03:Jack, 04:Eric]
打乱后:[04:Eric, 02:Tony, 01:Lucy, 03:Jack]
反转后:[03:Jack, 01:Lucy, 02:Tony, 04:Eric]
自定义排序后:[04:Eric, 03:Jack, 01:Lucy, 02:Tony]
自然排序后:[01:Lucy, 02:Tony, 03:Jack, 04:Eric]
首尾交换后:[04:Eric, 02:Tony, 03:Jack, 01:Lucy]
按id最大元素:04:Eric
按name最大元素:02:Tony
```

【思想启迪坊】 "封装"高效习惯,持续自我优化。

在编程中,工具类的高效封装简化了复杂操作,提升了效率。在日常生活与学习中,也可将重复、烦琐的任务转化为高效、自动化的习惯,从而释放更多精力追求更高层次的目标。

首先,高效习惯是通往成功的基石。应将那些耗费时间且价值不高的日常任务进行"封装",如通过制订学习计划、使用自动化工具整理资料等,使这些任务变得简单快捷。这样,便能将更多精力投入思考、创新和解决问题上,形成良性循环,不断提升个人效能。

其次,自我反思与持续优化是保持高效习惯的关键。正如编程中需要不断优化代码以提高性能一样,在生活中也应定期审视自己的习惯和行为,勇于打破旧有的"封装",接纳新的知识和方法。通过自我反思,及时调整策略,实现自我优化。

最后,人对事物的看法见解,乃至三观,实则都是自己脑中知识的一个个"封装"。人需要不断学习,不断精进,让自己的知识库更加丰富多彩,让自己的三观更加成熟稳健。拥有充盈的知识,才能够以更加宽广的视野理解世界,明辨是非善恶,探寻生命的意义与价值。

9.7 示例学习

9.7.1 统计字母频率

【例9-16】编写程序统计一段英文中各字母出现的频率,可按字母顺序或频率高低打印统计结果。

```java
public class Example16 {
    public static void main(String[] args) {
        //使用 Map<Character, Integer>作为统计结果的存储结构
        Map<Character, Integer> map = new HashMap<>();
        //待统计字符串
        String input = "the only way to do great work is to love what you do";
        char[] charArray = input.toCharArray();
        for (char c : charArray) {
            //对 a~z 的字符进行统计
            if (c >= 'a' && c <= 'z') {
                if (map.get(c) != null) {
                    map.put(c, map.get(c) + 1);
                } else {
                    map.put(c, 1);
                }
            }
        }

        //为便于排序,获取 entrySet,并由 Set 集合转换为 List 集合
        Set<Entry<Character, Integer>> entrySet = map.entrySet();
        List<Entry<Character, Integer>> entryList =
                                    new ArrayList<>(entrySet);
        //自定义排序器:按 key 升序排序
        Collections.sort(entryList,
                    (m, n) -> m.getKey().compareTo(n.getKey()));
        System.out.println("按字母顺序排序:");
        for (Entry<Character, Integer> entry : entryList) {
            System.out.print(entry.getKey() + ":" + entry.getValue() + " ");
        }
        //自定义排序器:按 value 降序排序
        Collections.sort(entryList,
                    (m, n) -> n.getValue().compareTo(m.getValue()));
        System.out.println("\n按频率高低排序:");
        for (Entry<Character, Integer> entry : entryList) {
            System.out.print(entry.getKey() + ":" + entry.getValue() + " ");
        }
    }
}
```

运行例 9-16,运行结果如下所示。

```
按字母顺序排序:
a:3 d:2 e:3 g:1 h:2 i:1 k:1 l:2 n:1 o:8 r:2 s:1 t:5 u:1 v:1 w:3 y:3
按频率高低排序:
o:8 t:5 a:3 e:3 w:3 y:3 d:2 h:2 l:2 r:2 g:1 i:1 k:1 n:1 s:1 u:1 v:1
```

9.7.2 模拟扑克牌

【例 9-17】 编写程序模拟一副扑克牌,可进行扑克牌的洗牌、发牌等操作。

```
1   //Card 对象表示一张牌
2   class Card {
3       public static String[] suits = { "♠", "♥", "♣", "♦" };
4       public static String[] ranks = { "A", "2", "3", "4", "5", "6", "7", "8", "9", "10", "J", "Q", "K" };
5       private String suit;
6       private String rank;
7       public Card(int suitIndex, int rankIndex) {
8           this.suit = suits[suitIndex];
9           this.rank = ranks[rankIndex];
10      }
11      @Override
12      public String toString() {
13          return suit + rank;
14      }
15  }
16  //Poker 对象表示一副牌
17  class Poker {
18      private LinkedList<Card> list = new LinkedList<>();
19      public Poker() {
20          for (int suit = 0; suit < 4; suit++) {
21              for (int rank = 0; rank < 13; rank++) {
22                  list.add(new Card(suit, rank));
23              }
24          }
25      }
26      //洗牌
27      public void shuffle() {
28          Collections.shuffle(list);
29      }
30      //发出一张牌
31      public Card next() {
32          return list.removeFirst();
33      }
34      //剩余牌的数量
35      public int size() {
36          return list.size();
37      }
38  }
39  public class Example17 {
40      public static void main(String[] args) {
41          //创建一副扑克牌
42          Poker poker = new Poker();
43          //创建 4 名玩家
44          List<Card> player1 = new ArrayList<>();
45          List<Card> player2 = new ArrayList<>();
```

```
46          List<Card> player3 = new ArrayList<>();
47          List<Card> player4 = new ArrayList<>();
48          //洗牌
49          poker.shuffle();
50          //然后依次发牌
51          while (poker.size() >= 4) {
52              player1.add(poker.next());
53              player2.add(poker.next());
54              player3.add(poker.next());
55              player4.add(poker.next());
56          }
57          //打印发牌结果
58          System.out.println("玩家 1:" + player1);
59          System.out.println("玩家 2:" + player2);
60          System.out.println("玩家 3:" + player3);
61          System.out.println("玩家 4:" + player4);
62      }
63  }
```

运行例 9-17,运行结果如下所示。

```
玩家 1:[♣10, ♥K, ♠6, ♠4, ♥7, ♦8, ♣7, ♥8, ♣4, ♣2, ♠5, ♣9, ♦10]
玩家 2:[♥2, ♠J, ♦A, ♣Q, ♥4, ♥Q, ♠9, ♥3, ♣J, ♣2, ♦3, ♠10, ♠2]
玩家 3:[♣Q, ♦K, ♥10, ♦J, ♥4, ♦Q, ♥J, ♠7, ♥A, ♦7, ♠A, ♣3, ♣8]
玩家 4:[♥5, ♥9, ♣K, ♦9, ♦6, ♣5, ♠8, ♣A, ♠6, ♦3, ♦5, ♥6, ♠K]
```

9.7.3 计算平均成绩排名

【例 9-18】 已知班级学生各门课程的成绩,学生选修的课程并不统一,按条目记录了每位学生每门课的学号、姓名、课程名、课程成绩等属性。根据这些成绩信息,计算学生的平均分,并打印排名。

```
1   //CourseScore 对象记录学生课程分数
2   class CourseScore {
3       String id;
4       String name;
5       String course;
6       Double score;
7       public CourseScore(String id, String name, String course, Double score) {
8           super();
9           this.id = id;
10          this.name = name;
11          this.course = course;
12          this.score = score;
13      }
14  }
15  //AverageScore 对象用来计算学生的平均分
16  class AverageScore {
17      String id;
18      String name;
19      Double totalScore;
20      Integer courseCount;
21      //由学生单门课程成绩进行初始化
22      public AverageScore(CourseScore courseScore) {
23          this.id = courseScore.id;
24          this.name = courseScore.name;
```

```java
25              this.totalScore = courseScore.score;
26              this.courseCount = 1;
27          }
28          //新增学生单门课程成绩,纳入平均分计算
29          public boolean addCourseScore(CourseScore courseScore) {
30              if (this.id.equals(courseScore.id)) {
31                  this.totalScore += courseScore.score;
32                  this.courseCount++;
33                  return true;
34              } else {
35                  return false;
36              }
37          }
38          //计算平均分
39          public Double getAverageScore() {
40              return totalScore / courseCount;
41          }
42      }
43      public class Example18 {
44          public static void main(String[] args) {
45              List<CourseScore> scores = new ArrayList<>();
46              scores.add(new CourseScore("01", "Lucy", "Art", 86d));
47              scores.add(new CourseScore("03", "Jack", "Art", 78d));
48              scores.add(new CourseScore("04", "Emma", "Art", 85d));
49              scores.add(new CourseScore("01", "Lucy", "Math", 72d));
50              scores.add(new CourseScore("02", "Lily", "Math", 90d));
51              scores.add(new CourseScore("03", "Jack", "Math", 92d));
52              scores.add(new CourseScore("02", "Lily", "physics", 84d));
53              scores.add(new CourseScore("03", "Jack", "physics", 88d));
54              scores.add(new CourseScore("01", "Lucy", "history", 76d));
55              scores.add(new CourseScore("04", "Emma", "history", 82d));
56              //利用 Map<String, AverageScore>对所有成绩记录按学号分组统计
57              Map<String, AverageScore> groupedMap = new HashMap<>();
58              for (CourseScore score : scores) {
59                  AverageScore averageScore = groupedMap.get(score.id);
60                  if (averageScore != null) {
61                      averageScore.addCourseScore(score);
62                  } else {
63                      groupedMap.put(score.id, new AverageScore(score));
64                  }
65              }
66              //导出 Map<String, AverageScore>的 values 集合并转换为 List
67              List<AverageScore> averageScores =
68                      new ArrayList<>(groupedMap.values());
69              //对 List<AverageScore>按照平均分降序排序
70              Collections.sort(averageScores,
71                  (m, n) -> n.getAverageScore().compareTo(m.getAverageScore()));
72              //打印排名
73              System.out.println("学号\t姓名\t平均分");
74              for (AverageScore averageScore : averageScores) {
75                  System.out.printf("%s\t%s\t%.1f\n", averageScore.id,
76                      averageScore.name, averageScore.getAverageScore());
77              }
78          }
79      }
```

运行例 9-18,运行结果如下所示。

学号	姓名	平均分
02	Lily	87.0
03	Jack	86.0
04	Emma	83.5
01	Lucy	78.0

在例 9-18 中,为计算学生的平均分,需要整合多条课程成绩记录,因此,程序首先利用 Map<String,AverageScore>数据结构对所有课程成绩记录进行分组,将属于某个学生的成绩信息都纳入一个 AverageScore 对象中,该对象封装了属于同一学生的所有课程成绩信息,便于计算平均分。随后,通过调用 values()方法,导出了所有 AverageScore 对象集合,并利用 Collections 工具类实现了自定义排序。

尽管该程序已满足功能需求,但其代码实现显得较为冗长复杂。在处理大量集合数据的分组、计算等任务时,单纯依赖传统的遍历方法逐一处理数据,往往显得力不从心。幸运的是,自 JDK 8 起,Java 引入了集合的流式操作(Stream API),这一特性极大地简化了数据处理的复杂度,使过滤、映射、聚合等操作变得简洁高效。Stream API 的功能极为丰富,能够灵活应对各种数据处理场景,限于篇幅,本书不再详述,读者可根据需要自行拓展学习。

9.8 本章小结

本章主要讲解了 Java 的泛型机制和常用集合类。介绍了泛型的概念,泛型类、泛型方法的定义和应用,以及类型通配符的使用策略;介绍了 Java 的集合框架,并重点讲解了集合体系的三大核心接口:List(典型实现 ArrayList、LinkedList)、Set(典型实现 HashSet、TreeSet)和 Map(典型实现 HashMap、TreeMap);介绍了 Collections 工具类的使用。通过本章的学习,读者应理解泛型机制的设计思想,掌握各类集合的特性与用法,在软件开发的不同场景中灵活并高效地运用集合的各种实现类。

习 题 9

一、填空题

1. 若需要指定泛型参数是某个类或其子类实例,应使用_____关键字。
2. java.util 包中提供了一个专门用来操作集合的工具类,这个类是_____。
3. _____是双列集合(或称键值对集合)的根接口。
4. 使用 Iterator 遍历集合时,首先需要调用_____方法判断是否存在下一个元素,若存在下一个元素,则调用_____方法取出该元素。
5. ArrayList 内部通过_____来存储元素,LinkedList 内部通过_____来存储元素。

二、判断题

1. 引入泛型方法的作用是对方法的参数或方法的返回类型进行参数化。   ( )
2. 接口不能定义为泛型接口。   ( )
3. 泛型类可以带一个或多个类型参数。   ( )
4. 使用 Iterator 迭代集合元素时,可以调用集合对象的方法增删元素。   ( )

5. 集合中不能存放基本数据类型，而只能存放引用数据类型。（ ）

三、选择题

1. 下列关于泛型的说法中，错误的是（　　）。
   A. 在 Java 中，可以定义泛型类，也可以定义泛型方法
   B. 泛型方法必须定义在泛型类中
   C. 泛型方法既可以定义在泛型类中，也可以定义在非泛型类中
   D. 定义泛型方法时，返回值类型要写在类型参数的后面

2. 下列关于集合框架的说法中，错误的是（　　）。
   A. HashMap 集合中的键不允许重复、有序
   B. ArrayList 集合中的元素允许重复、有序
   C. HashSet 集合中的元素不允许重复、无序
   D. TreeSet 集合中的元素不允许重复、有序

3. 下列关于 Iterator 接口的说法中，错误的是（　　）。
   A. Iterator 接口是 Collection 接口的父接口
   B. 可以通过 hasNext()方法检查集合中是否还有元素
   C. 可以通过 next()方法获取集合中的下一个元素
   D. 可以通过 remove()方法删除迭代器新返回的元素

4. 创建一个 ArrayList 集合实例，限定只能存放 String 类型数据，正确的代码是（　　）。
   A. ArrayList list ＝ new ArrayList();
   B. ArrayList＜String＞ list ＝ new ArrayList＜＞();
   C. ArrayList＜＞ list ＝ new ArrayList＜String＞();
   D. ArrayList＜＞ list ＝ new List＜＞();

5. 要想集合中保存的元素没有重复并且按照一定的顺序排列，可以使用（　　）集合。
   A. LinkedList   B. ArrayList
   C. HashSet   D. TreeSet

6. 要想保存具有映射关系的数据，可以使用（　　）集合。
   A. ArrayList   B. HashSet
   C. HashMap   D. TreeSet

7. 下列不属于 Collection 集合体系的集合是（　　）。
   A. ArrayList   B. LinkedList
   C. TreeSet   D. HashMap

8. 下列不是 Map 接口中的方法是（　　）。
   A. clear()   B. peek()
   C. get(Object key)   D. remove(Object key)

9. 给定如下 Java 程序代码片段，编译运行这段代码，结果是（　　）。

```
java.util.HashMap map = new java.util.HashMap();
map.put("name", null);
map.put("name", "Jack");
System.out.println(map.get("name"));
```

   A. Null   B. Jack

C. nullJack   D. 运行时出现异常

10. 要想打乱 List 集合中各元素的顺序,可使用 Collections 工具类的(　　)方法。

　　A. sort()　　　　B. reverse()　　　C. shuffle()　　　D. fill()

四、简答题

1. 简述集合 List、Set 和 Map 的区别。

2. 简述 Collection 类和 Collections 类的区别。

五、编程题

1. 定义一个泛型方法,用于查找数组中的最大值。

2. 编写程序,随机生成 10 个两位整数,将它们添加到 List 集合中。对 List 集合中的元素进行排序,并使用 Iterator 迭代器遍历并打印排序后的元素。

3. 按以下要求编写程序:

(1) 编写一个 Student 类,包含 name(String 类型)和 age(Integer 类型)两个属性;

(2) 为 Student 类编写有参构造方法,构造方法中根据参数初始化 name 和 age;

(3) 为 Student 类重写 toString()方法,输出 name 和 age 的值;

(4) 编写测试类,创建一个 HashMap＜Integer,Student＞集合,向集合中添加若干模拟数据,根据 Student 的 age 属性倒序排序,遍历并打印排序后的＜Integer,Student＞键值对信息。

第 10 章　I/O 流

学习目标

- 掌握 File 类和 Files 类的基本用法,能够进行文件与目录的基本操作。
- 理解 I/O 流的基本概念,区分字节流和字符流,以及各自的使用场景。
- 掌握如何使用字节流进行文件读写,理解缓冲区的作用及优势。
- 掌握如何使用字符流进行文本文件的读写,理解字符编码的概念及作用。
- 理解序列化和反序列化的概念,掌握如何进行对象的持久化存储和恢复。

在软件开发中,输入/输出(Input/Output,I/O)流是连接程序内部逻辑与外部世界数据的重要桥梁。无论是从用户那里接收指令、从文件中读取数据,还是将处理结果展示给用户、保存到磁盘,都离不开 I/O 流技术的支持。本章将深入解析 I/O 流的基本原理、分类及常用 API,帮助程序员掌握如何高效、安全地在程序中处理数据交换,构建功能丰富、交互流畅的应用程序。

10.1　File 类与 Files 类

在计算机系统中,文件是非常重要的存储方式。Java 的标准库提供了 File 类用于文件和目录的操作管理,同时引入了 Files 工具类,简化文件处理的常见任务。

10.1.1　File 类

File 类位于 java.io 包中,代表了文件和目录路径名的抽象表示形式。File 类可以被用来执行如创建、删除、查找及修改文件和目录等操作,同时还能够查询文件的属性信息。然而,注意,File 类并不直接参与文件内容的读写操作,这一功能主要由 Java 的 I/O 流实现。File 类的常用构造方法如表 10-1 所示。

表 10-1　File 类的常用构造方法

构造方法	说明
File(String pathname)	通过给定的路径名字符串(可以是绝对路径或相对路径)来构造 File 实例
File(String parent, String child)	根据父路径字符串和子路径字符串构造 File 实例
File(File parent, String child)	根据 File 对象表示的父路径和子路径字符串构造 File 实例

在表 10-1 中,创建 File 实例时,需要提供文件路径作为参数,这个路径可以是绝对路径或相对路径。绝对路径详细指定了文件或目录在文件系统中的完整位置,包括驱动器(在 Windows 系统中)、文件夹的完整路径及文件名,如 D:\project\hello.txt。相对路径则是基于当前工作目录的相对位置来指定文件或目录,它不是从文件系统的根目录开始,而是从当

前工作目录出发进行定位。

此外,注意,Linux、UNIX 等系统采用正斜杠(/)作为目录分隔符,而 Windows 系统则使用反斜杠(\)。在 Java 中,为避免与转义字符冲突,字符串中的反斜杠需写作双反斜杠(\\),如 D:\\project\\hello.txt。不过,为了更好的兼容性,Java 也支持使用正斜杠(/)作为 Windows 系统的分隔符,如 D:/project/hello.txt。

File 类提供了一系列便捷的方法,用来操作其所代表的文件和目录。File 类的常用方法及其主要功能如表 10-2 所示。

表 10-2 File 类的常用方法及其主要功能

方 法 名	主 要 功 能
boolean exists()	判断 File 对象表示的文件或目录是否存在
boolean createNewFile()	当 File 对象表示的文件不存在,该方法将新建一个空文件
boolean mkdir()	创建由此 File 对象表示的目录。如果父目录不存在,将创建失败
boolean mkdirs()	创建由此 File 对象表示的目录,包括所有必需的父目录
boolean delete()	删除 File 对象对应的文件或目录。如果 File 为非空目录,将删除失败
boolean isFile()	判断 File 对象表示的是否为文件(而不是目录)
boolean isDirectory()	判断 File 对象表示的是否为目录(而不是文件)
boolean canRead()	判断 File 对象表示的文件或目录是否可读
boolean canWrite()	判断 File 对象表示的文件或目录是否可写
long length()	返回 File 对象表示的文件的大小(以字节为单位)
String getName()	返回 File 对象表示的文件或目录的名称
String getPath()	返回 File 对象对应的路径,该路径与传递给 File 构造器的路径相同
String getAbsolutePath()	返回 File 对象对应的绝对路径
String getParent()	返回 File 对象的父目录路径
File getParentFile()	返回此 File 对象的父目录的 File 对象
long lastModified()	返回 File 对象最后一次被修改的时间(以毫秒为单位,自 1970 年 1 月 1 日 00:00:00 GMT 以来)
String[] list()	返回一个字符串数组,表示此 File 对象表示的目录中的文件和目录的名称
String[] list(FilenameFilter filter)	返回一个字符串数组,表示此 File 对象表示的目录中满足指定过滤器的文件和目录的名称
File[] listFiles()	返回一个 File 数组,表示此 File 对象表示的目录中的文件和目录的 File 对象

File 类是一个与平台无关的表示文件和目录路径的类,内部自动适应系统默认的字符编码和文件路径分隔符。尽管 File 类能够用来引用文件和目录的路径,但它本身并不验证文件或目录是否真实存在于文件系统中,也不直接判断一个路径是指向文件还是目录,这些属性需要通过调用 File 类提供的方法来进行确认。

下面通过例 10-1 展示 File 类常用方法的使用。

【例 10-1】 File 类的常用操作示例。

```
1    public class Example01 {
2        public static void main(String[] args) throws IOException {
3            //使用绝对路径创建 File 实例
4            File file = new File("D:/project/hello.txt");
5            if (!file.exists()) {
```

```
6            file.getParentFile().mkdirs();           //创建父目录
7            file.createNewFile();                    //创建文件
8        }
9
10       //获取文件信息
11       System.out.println("文件是否存在:" + file.exists());
12       System.out.println("文件名称:" + file.getName());
13       System.out.println("文件的绝对路径:" + file.getAbsolutePath());
14       System.out.println("文件大小:" + file.length() + "字节");
15       System.out.println("文件是否可读:" + file.canRead());
16       System.out.println("文件是否是目录:" + file.isDirectory());
17       System.out.println("文件的父目录:" + file.getParent());
18       System.out.println("文件删除是否成功:" + file.delete());
19
20       //使用相对路径创建 File 实例
21       file = new File("src/chapter13");
22       if (file.isDirectory()) {
23           //遍历该目录下的文件
24           System.out.println("遍历 " + file.getPath() + " 目录下的文件:");
25           String[] names = file.list();
26           for (String name : names) {
27               System.out.println(name);
28           }
29       }
30   }
31 }
```

运行例 10-1,运行结果如下所示。

```
文件是否存在:true
文件名称:hello.txt
文件的绝对路径:D:\project\hello.txt
文件大小:0 字节
文件是否可读:true
文件是否是目录:false
文件的父目录:D:\project
文件删除是否成功:true
遍历 src\chapter13 目录下的文件:
Example03.java
Example02.java
Example05.java
Example04.java
Example07.java
Example06.java
Example01.java
```

10.1.2　Files 类

　　Files 类从 JDK 7 开始引入,位于 java.nio.file 包中,提供了一系列静态方法来执行文件 I/O 操作,如文件的读取、写入、复制、移动、删除、属性查询等。Files 类提供了比传统 java.io 包中类更现代、更灵活的文件操作方式。Files 类的常用方法及其主要功能如表 10-3 所示。

表 10-3 Files 类的常用方法及其主要功能

方 法 名	主 要 功 能
static Path createDirectories(Path dir, FileAttribute<?>... attrs)	创建给定路径的所有不存在的父目录,并可选择性地设置文件属性
static Path createFile(Path path, FileAttribute<?>... attrs)	创建一个新文件,并可选择性地设置文件属性
static boolean exists(Path path, LinkOption... options)	检查文件或目录是否存在
static boolean isReadable(Path path)	判断文件或目录是否可读
static boolean isWritable(Path path)	判断文件或目录是否可写
static boolean isHidden(Path path)	判断文件或目录是否为隐藏文件。注意,并非所有文件系统都支持
static long size(Path path)	获取文件的大小(以字节为单位)
static byte[] readAllBytes(Path path)	读取文件的全部内容到1字节数组中
static List<String> readAllLines(Path path, Charset cs)	读取文件的所有行到一个列表中,每行作为一个字符串
static void write(Path path, byte[] bytes, OpenOption... options)	将字节数组写入文件
static Path write(Path path, Iterable<? extends CharSequence> lines, OpenOption... options)	将字符串列表写入文件
static Path writeString(Path path, CharSequence csq, OpenOption... options)	将给定的字符串写入文件
static void move(Path source, Path target, CopyOption... options)	将文件或目录从源路径移动到目标路径
static Path copy(Path source, Path target, CopyOption... options)	将文件或目录从源路径复制到目标路径
static boolean delete(Path path)	删除文件或目录
static Stream<Path> walk(Path start, FileVisitOption... options)	从给定路径开始遍历文件和目录,返回一个包含遍历到的路径的流

表 10-2 的方法中大量用到了 Path 类。Path 类位于 java.nio.file 包中,Path 类和 File 类类似,都可以表示文件或目录,但 Path 类操作更加简单,通过 Path.of(URI uri)方法或 Paths.get(URI uri)方法可快速创建 Path 实例。

下面通过例 10-2 展示 Files 类常用方法的使用。

【例 10-2】 Files 类的常用方法应用示例。

```
1   public class Example02 {
2       public static void main(String[] args) throws IOException {
3           //创建文件
4           Path path = Path.of("D:/project/hello.txt");
5           if (!Files.exists(path)) {
6               Files.createDirectories(path.getParent());    //创建父目录
7               Files.createFile(path);                        //创建文件
8           }
9           //获取文件信息
10          System.out.println("文件是否可读:" + Files.isReadable(path));
11          System.out.println("文件是否隐藏:" + Files.isHidden(path));
12          System.out.println("文件大小:" + Files.size(path) + "字节");
13          //写文件
14          Files.write(path, "this is Title\n".getBytes());   //写入字节数组
```

```
15          Files.writeString(path, "this is subtitle\n",
16                          StandardOpenOption.APPEND);        //追加写入字符串
17          List<String> list = new ArrayList<>();
18          list.add("this is line1.");
19          list.add("this is line2.");
20          Files.write(path, list,
21                          StandardOpenOption.APPEND);        //追加写入字符串列表
22          //读文件
23          List<String> lines = Files.readAllLines(path);     //读取所有行
24          System.out.println("文件内容:");
25          for (String line : lines) {
26              System.out.println(line);
27          }
28          //移动文件
29          Path path2 = Path.of("D:/project/hello2.txt");
30          Files.move(path, path2, StandardCopyOption.REPLACE_EXISTING);
31          //删除文件
32          Files.delete(path2);
33          System.out.println("删除后文件是否存在:" + Files.exists(path2));
34      }
35  }
```

运行例10-2,运行结果如下所示。

```
文件是否可读:true
文件是否隐藏:false
文件大小:0 字节
文件内容:
this is Title
this is subtitle
this is line1.
this is line2.
删除后文件是否存在:false
```

10.2 I/O 流概述

在计算机编程中,程序的运行往往离不开与外部世界的交互。这种交互主要通过输入(Input)和输出(Output)两种形式进行,即 I/O 操作。输入是指从外部设备(如键盘、文件、网络等)读取数据到程序内部的过程。输出是指将程序内部的数据发送到外部设备(如屏幕、文件、网络等)的过程。

输入和输出的定义都是以内存为中心。内存是程序运行的核心场所,数据作为程序处理的对象,同样需被读取至内存之中,其最终形态,无论是作为字节数组、字符串还是其他形式,皆需驻留于内存之中。通过 I/O 流,程序可以灵活地读取不同来源的数据,并以多种格式输出,增强了程序的通用性和可扩展性。

在 Java 等编程语言中,I/O 流被分为两大类:字节流(Byte Streams)和字符流(Character Streams)。字节流以字节为单位进行数据的读写操作,而字符流以字符为单位进行数据的读写操作。

字节流专注于以二进制的形式高效地处理数据。在计算机科学领域,所有数据,无论是文本、图像、音频、视频还是其他任何形式,其本质都是由二进制的 0 和 1 构成的。因此,字节流适用于所有类型的数据传输与处理场景。

字符流主要处理文本数据。字符流内部基于字节流实现,但提供了更高级的文本处理功能,使程序员能够更直观地以字符为单位进行读写操作。字符流内置了字符编码转换功能。字符编码是将字符映射为二进制代码的过程,不同的编码标准(如 ASCII、UTF-8、GBK 等)决定了如何将文本字符转换为计算机可直接处理的二进制数据。字符流支持多种编码方案,允许程序员在读写文本时,根据需求设置字符编码,确保文本数据在不同环境或系统间的正确传输与显示。

10.3 字 节 流

字节流,也称为二进制流,是一种在数据输入输出过程中,以字节(Byte)为单位进行数据传输的流类型。它直接操作数据的二进制表示形式,适用于所有类型的数据。

本节将介绍几种常用的字节流。

10.3.1 InputStream 类与 OutputStream 类

InputStream 类和 OutputStream 类是两个抽象类,它们是字节流的顶级父类。所有的字节输入流都继承了 InputStream 类,所有的字节输出流都继承了 OutputStream 类。InputStream 类和 OutputStream 类定义了字节 I/O 流的基本框架和通用方法。InputStream 类的常用方法及其主要功能如表 10-4 所示。

表 10-4 InputStream 类的常用方法及其主要功能

方 法 名	主 要 功 能
int read()	从输入流中读取下一个数据字节。返回读取的字节(0 到 255 之间的整数),如果到达流末尾,则返回 -1
int read(byte b[])	从输入流中读取一些字节,存入字节数组 b。返回读取的字节数,如果到达流末尾,则返回 -1
int read(byte b[], int off, int len)	从输入流中读取一些字节,存入字节数组 b,从偏移量 off 处开始,最多 len 字节。返回实际读取的字节数,如果到达流末尾,则返回 -1
byte[] readAllBytes()	从输入流中读取所有剩余字节,并将其作为一个新的字节数组返回
byte[] readNBytes(int len)	从输入流中尽量读取 len 字节,并将其作为一个新的字节数组返回
int readNBytes(byte[] b, int off, int len)	从输入流中尽量读取 len 字节,存入字节数组 b 中,从偏移量 off 处开始。返回实际读取的字节数
void close()	关闭输入流并释放与此流关联的所有系统资源

OutputStream 类的常用方法及其主要功能如表 10-5 所示。

表 10-5 OutputStream 类的常用方法及其主要功能

方 法 名	主 要 功 能
void write(int b)	将指定的字节写入输出流。int 参数虽然被声明为 int,但只有最低 8 位有效
void write(byte b[])	将字节数组 b 中的字节数据写入输出流
void write(byte b[], int off, int len)	从字节数组 b 中,将 len 字节从偏移量 off 开始写入输出流

续表

方 法 名	主 要 功 能
void flush()	刷新输出流,强制写出所有缓冲的输出字节
void close()	关闭输出流并释放与此流关联的所有系统资源

  InputStream 类和 OutputStream 类提供了多样化的读写方法,核心差异在于一次读写 1 字节,还是一次读写多字节,通常后者的效率更高。OutputStream 类的 flush() 方法可用来将当前输出缓冲区中的数据强制写入目标设备,该过程被称为刷新,此操作确保了所有待发送的数据都被及时发送,而不会被滞留在内存缓冲区中。在 I/O 操作完成后,I/O 流都应调用 close() 方法关闭流,释放所占用的系统资源,从而避免系统资源泄露和其他潜在问题。

10.3.2 FileInputStream 类与 FileOutputStream 类

  FileInputStream 类和 FileOutputStream 类是用于处理文件输入和输出的基础类,分别继承自 InputStream 类和 OutputStream 类,并重写了主要的读写方法。

  在创建 FileInputStream 类和 FileOutputStream 类实例时,需向构造方法中传入文件的路径或文件的 File 对象。若指定的文件不存在,将抛出 FileNotFoundException 异常,该异常是 IOException 异常的子类,属于必检异常,必须进行 try-catch 捕获处理或 throws 声明抛出。

  下面通过例 10-3 展示 FileInputStream 类和 FileOutputStream 类进行文件读写实现复制文件的功能,并对比每次读写 1 字节和每次读写多字节的效率差异。

  【例 10-3】 对比利用 FileInputStream 类与 FileOutputStream 类的不同方法进行文件读写的效率。

```
1    public class Example03 {
2        public static void main(String[] args) {
3            /**
4             * 方法一:使用 read()方法,每次读 1 字节
5             */
6            try (FileInputStream fis =
7                    new FileInputStream("src/chapter10/kwxy.jpg");
8                FileOutputStream fos =
9                    new FileOutputStream("src/chapter10/kwxy1.jpg");) {
10               int data;
11               long beginTime = System.currentTimeMillis();
12               while ((data = fis.read()) != -1) {
13                   fos.write(data);
14               }
15               long endTime = System.currentTimeMillis();
16               System.out.println("方法一耗时:" + (endTime - beginTime) + "ms");
17           } catch (IOException e) {
18               e.printStackTrace();
19           }
20
21           /**
22            * 方法二:使用 read(byte b[])方法,配置缓存区每次读 1024 字节
23            */
24           try (FileInputStream fis =
25                   new FileInputStream("src/chapter10/kwxy.jpg");
26               FileOutputStream fos =
```

```
27                      new FileOutputStream("src/chapter10/kwxy2.jpg");) {
28                  byte[] buffer = new byte[1024];
29                  int len;
30                  long beginTime = System.currentTimeMillis();
31                  while ((len = fis.read(buffer)) != -1) {
32                      fos.write(buffer, 0, len);
33                  }
34                  long endTime = System.currentTimeMillis();
35                  System.out.println("方法二耗时:" + (endTime - beginTime) + "ms");
36              } catch (IOException e) {
37                  e.printStackTrace();
38              }
39
40              /**
41               * 方法三:使用 readNBytes(int len)方法,每次读 1024 字节
42               */
43              try (FileInputStream fis =
44                      new FileInputStream("src/chapter10/kwxy.jpg");
45                  FileOutputStream fos =
46                      new FileOutputStream("src/chapter10/kwxy3.jpg");) {
47                  byte[] data;
48                  long beginTime = System.currentTimeMillis();
49                  do {
50                      data = fis.readNBytes(1024);
51                      fos.write(data);
52                  } while (data.length == 1024);
53                  long endTime = System.currentTimeMillis();
54                  System.out.println("方法三耗时:" + (endTime - beginTime) + "ms");
55              } catch (IOException e) {
56                  e.printStackTrace();
57              }
58          }
59      }
```

运行例 10-3,运行结果如下所示。

```
方法一耗时:5143ms
方法二耗时:6ms
方法三耗时:9ms
```

在例 10-3 中,使用了三种不同的方法进行文件读写,以达到复制文件的目的。方法一调用 read()方法,每次读取 1 字节,当返回值为-1 时表明到达文件末尾;方法二调用 read(byte b[])方法,并设置了 1024 字节的缓冲区,当返回值为-1 时表明到达文件末尾,缓冲区减少了对文件的读写次数,大大提升了效率;方法三调用 readNBytes(int len)方法,每次也是读取 1024 字节,但由于每次读文件都会创建一个新的字节数组返回,效率比方法二略低。

另外,需要说明的是,例 10-3 中使用了 try-with-resources 语句,会自动关闭打开的文件 I/O 流。

10.3.3 DataInputStream 类与 DataOutputStream 类

DataInputStream 类和 DataOutputStream 类分别是数据输入流和数据输出流。它们是装饰器类,分别包装了其他类型的输入流(InputStream)和输出流(OutputStream),并提

供了用于读取和写入基本数据类型的便捷方法。

DataInputStream 类和 DataOutputStream 类允许应用程序以与机器无关的方式从底层 I/O 流中读写基本 Java 数据类型(byte、short、int、long、float、double、boolean、char)及按格式存储的 UTF-8 编码的字符串(字符串前会附加 2 字节记录字节数量)。

下面通过例 10-4 展示 DataInputStream 类和 DataOutputStream 类相关方法的使用。

【例 10-4】 利用 DataInputStream 类与 DataOutputStream 类读写各种常用类型数据。

```java
1    public class Example04 {
2        public static void main(String[] args) {
3            File file = new File("src/chapter10/data.dat");
4            //写入数据
5            try (FileOutputStream fos = new FileOutputStream(file);
6                 DataOutputStream dos = new DataOutputStream(fos);) {
7                dos.writeInt(12345);
8                dos.writeDouble(123.456);
9                dos.writeBoolean(true);
10               dos.writeChar('a');
11               dos.writeUTF("hello world.");
12           } catch (IOException e) {
13               e.printStackTrace();
14           }
15           //读取数据
16           try (FileInputStream fis = new FileInputStream(file);
17                DataInputStream dis = new DataInputStream(fis);) {
18               System.out.println("int: " + dis.readInt());
19               System.out.println("double: " + dis.readDouble());
20               System.out.println("boolean: " + dis.readBoolean());
21               System.out.println("char: " + dis.readChar());
22               System.out.println("UTF-8 String: " + dis.readUTF());
23           } catch (IOException e) {
24               e.printStackTrace();
25           }
26       }
27   }
```

运行例 10-4,运行结果如下所示。

```
int: 12345
double: 123.456
boolean: true
char: a
UTF-8 String: hello world.
```

从例 10-4 可以看出,使用 DataOutputStream 写入的数据能够被 DataInputStream 读取,但这一读取过程严格依赖于写入数据时的顺序。若读取顺序与写入顺序不一致,将导致读取到的数据内容变得不可预测。

10.4 字 符 流

字符流,也称为文本流,是一种在数据输入输出过程中,以字符(Character)为单位进行数据传输的流类型。它专注于处理文本数据,提供了更高级的文本处理功能,如字符编码转换、缓冲区管理等。

本节将介绍几种常用的字符流。

10.4.1 Reader 类与 Writer 类

Reader 类和 Writer 类是字符流的两个顶级父类,它们都是抽象类,共同定义了字符 I/O 流的基本框架和通用方法。所有的字符输入流都继承了 Reader 类,所有的字符输出流都继承了 Writer 类。

Reader 类的常用方法及其主要功能如表 10-6 所示。

表 10-6 Reader 类的常用方法及其主要功能

方 法 名	主 要 功 能
int read()	从输入流中读取单个字符。如果到达流末尾,则返回 -1
int read(char[] cbuf)	从输入流中读取一些字符,存入 char 类型数组。返回读取的字符数,如果到达流末尾,则返回 -1
int read(char[] cbuf, int off, int len)	从输入流中读取一些字符,存入 char 类型数组,从偏移量 off 处开始,最多 len 个字符。返回实际读取的字符数,如果到达流末尾,则返回 -1
void close()	关闭输入流并释放与此流关联的所有系统资源

Writer 类的常用方法及其主要功能如表 10-7 所示。

表 10-7 Writer 类的常用方法及其主要功能

方 法 名	主 要 功 能
void write(int c)	将指定的字符写入输出流
void write(char[] cbuf)	将字符数组中的数据写入输出流
void write(char[] cbuf, int off, int len)	写入字符数组的某一部分,从指定的偏移量开始,写入指定长度的字符
void write(String str)	将字符串写入输出流
void write(String str, int off, int len)	写入字符串的某一部分,从指定的偏移量开始,写入指定长度的字符
void flush()	刷新流,确保所有缓冲的输出数据都被写出
void close()	关闭输出流并释放与此流关联的所有系统资源

10.4.2 InputStreamReader 类与 OutputStreamWriter 类

Java 的 I/O 流分为字节流和字符流,但字符流内部也是基于字节流实现。在特定场景下,如果已有字节流实例,通过引入转换流,可以将其转换为字符流,以适应字符级操作的需求。InputStreamReader 类与 OutputStreamWriter 类就是这样的转换流。

InputStreamReader 类是 Reader 类的子类,可以将 1 字节输入流(如 InputStream、FileInputStream)转换为字符输入流,允许以字符为单位读取数据;OutputStreamWriter 类是 Writer 类的子类,可以将 1 字节输出流(如 OutputStream、FileOutputStream)转换为字符输出流,使得写入字符数据更加直接高效。

注意,在创建字符流的实例时,包括 InputStreamReader 和 OutputStreamWriter,以及后文的 FileReader 和 FileWriter 等类的实例,Java 虚拟机默认使用系统默认的字符编码来读取文件,比如在 Windows 系统上往往是 GBK 或 GB2312 编码,而在 Linux 系统、macOS 系统及互联网和跨平台应用中,则更广泛地使用 UTF-8 编码。如需处理不同的字符编码,可以在创建字符流实例时,传入 Charset 参数指定字符编码。

下面通过例 10-5,在文件读取的场景中,对比字节输入流和字符输入流的表现与效果。例 10-5 预先在项目的 chapter10 包目录下新建了文本文件 hello.txt,并在文本文件中输入了"hello,world. 你好,世界。"。

【例 10-5】 利用字节流 FileInputStream 与字符流 InputStreamReader 读文件效果的对比。

```
1   public class Example05 {
2       public static void main(String[] args) {
3           System.out.println("通过字节流 FileInputStream 读文件:");
4           try (FileInputStream fis =
5                   new FileInputStream("src/chapter10/hello.txt")) {
6               int data;
7               while ((data = fis.read()) != -1) {
8                   System.out.print(data + "(" + (char) data + ")");
9               }
10          } catch (IOException e) {
11              e.printStackTrace();
12          }
13          System.out.println("\n将字节流转换为字符流 InputStreamReader 读文件:");
14          try (FileInputStream fis =
15                  new FileInputStream("src/chapter10/hello.txt");
16              InputStreamReader isr =
17                  new InputStreamReader(fis, Charset.forName("utf-8"));) {
18              int data;
19              while ((data = isr.read()) != -1) {
20                  System.out.print(data + "(" + (char) data + ")");
21              }
22          } catch (IOException e) {
23              e.printStackTrace();
24          }
25      }
26  }
```

运行例 10-5,运行结果如下所示。

```
通过字节流 FileInputStream 读文件:
104(h)101(e)108(l)108(l)111(o)44(,)32( )119(w)111(o)114(r)108(l)100(d)46(.)32( )228(ä)
189(1/2)160( )229(å)165( ¥ )189(1/2)239(ï)188(1/4)140( )228(ä)184(,)150( )231(ç)149( )
140( )227(ã)128( )130( )
将字节流转换为字符流 InputStreamReader 读文件:
104(h)101(e)108(l)108(l)111(o)44(,)32( )119(w)111(o)114(r)108(l)100(d)46(.)32( )20320
(你)22909(好)65292(,)19990(世)30028(界)12290(。)
```

在例 10-5 中,首先,程序通过字节流 FileInputStream 读文件,每次读取 1 字节。注意,尽管 read()方法的返回类型为 int,但实际上返回的数值范围仅为 0~255。若直接将这些数值强制转换为 char 类型,对于英文等单字节字符集尚能勉强接受,但在处理中文等多字节字符集时,将导致乱码问题。

随后,作为对比,程序通过 InputStreamReader 将原始的字节流转换为字符流,并设置字符编码格式为 UTF-8。在字符流模式下,每次读取一个完整的字符,而非单字节。尽管 InputStreamReader 的 read()方法同样返回 int 类型值,但这里的整数被用作字符的 Unicode 码表示。通过将这些返回值强制转换为 char 类型,程序能够准确地识别包括中文在内的各种字符,可有效避免乱码。

10.4.3 FileReader 类与 FileWriter 类

FileReader 类和 FileWriter 类专门用于处理文本文件的输入和输出,分别继承自 InputStreamReader 类和 OutputStreamWriter 类。当处理包含文本数据的文件时,推荐使用这两个类。

在创建 FileReader 类和 FileWriter 类实例时,需向构造方法中传入文件的路径或文件的 File 对象。若指定的文件不存在,则抛出 FileNotFoundException 异常。在 JDK 11 版本后,支持在构造方法中传入 Charset 类型的参数,用来指定读写文件时所用的字符编码。在使用 FileWriter 进行文件写入时,默认将覆盖现有文件内容,如果想要改为追加模式,可以在创建 FileWriter 实例时传入一个 true 参数,指示 FileWriter 打开一个用于追加的文件通道。

下面通过例 10-6 展示 FileReader 类和 FileWriter 类的基本用法。

【例 10-6】 利用 FileReader 类与 FileWriter 类读写文件示例。

```
1   public class Example06 {
2       public static void main(String[] args) {
3           File file = new File("src/chapter10/data.txt");
4           //写入字符
5           try (FileWriter fw = new FileWriter(file,Charset.forName("GBK"))) {
6               fw.write("hello, world.");
7               fw.write('\n');
8               fw.write("你好,世界。");
9           } catch (IOException e) {
10              e.printStackTrace();
11          }
12          //读取字符
13          try (FileReader fr = new FileReader(file,Charset.forName("GBK"))) {
14              int data;
15              while ((data = fr.read()) != -1) {
16                  System.out.print((char) data);
17              }
18          } catch (IOException e) {
19              e.printStackTrace();
20          }
21      }
22  }
```

运行例 10-6,运行结果如下所示。

```
hello, world.
你好,世界。
```

10.4.4 BufferedReader 类与 BufferedWriter 类

观察字符 I/O 流提供的读写方法,包括 Reader 和 Writer 两个顶级父类,以及具体的 FileReader 和 FileWriter 等实现类,可以发现,字符输出流在写入时,能够以字符串的形式将内容直接、迅速地写入目标设备,但字符输入流在读取时,只能将内容读取为单个字符或字符数组。在一些需要边读取边解析数据的复杂场景中,这无疑增加了操作的复杂度。

为此，Java 设计了 BufferedReader 类和 BufferedWriter 类，通过引入缓冲机制，优化了读写操作的性能，提供了更为丰富和便捷的读写方法。

BufferedReader 类除继承并实现了 Reader 类的方法，还专门定义了 readLine() 方法，可便捷地从输入流中读取一行文本；BufferedWriter 类除继承并实现了 Writer 类的方法，还定义了 newLine() 方法，用于写入行分隔符。

下面通过例 10-7 展示 BufferedReader 类与 BufferedWriter 类的基本用法。例 10-7 将一段英文通过 BufferedWriter 类写入文件，再通过 BufferedReader 类读取并统计文件中的单词数。

【例 10-7】 利用 BufferedReader 类与 BufferedWriter 类读写文件示例。

```java
 1  public class Example07 {
 2      public static void main(String[] args) {
 3          File file = new File("src/chapter10/data.txt");
 4          //写入文本
 5          try (FileWriter fw = new FileWriter(file);
 6                  BufferedWriter bw = new BufferedWriter(fw);) {
 7              bw.write("The only way to do great work is to love what you do.");
 8              bw.newLine();
 9              bw.write("If you haven't found it yet, keep looking.");
10              bw.newLine();
11              bw.write("Don't settle.");
12              bw.newLine();
13              bw.write("As with all matters of the heart, you'll know when you find it.");
14          } catch (IOException e) {
15              e.printStackTrace();
16          }
17          //读取文本并统计
18          try (FileReader fr = new FileReader(file);
19                  BufferedReader br = new BufferedReader(fr);) {
20              int sum = 0;
21              while (true) {
22                  String line = br.readLine();          //读取一行文本
23                  if (line == null) {
24                      break;
25                  }
26                  sum += line.split(" ").length;
27              }
28              System.out.println("单词总数:" + sum);
29          } catch (IOException e) {
30              e.printStackTrace();
31          }
32      }
33  }
```

运行例 10-7，运行结果如下所示。

```
单词总数:36
```

【思想启迪坊】 Java I/O 流与人生抉择的共鸣。

Java 的 I/O 流体系，犹如人生路上的多样选择，每种流各具特色与应用场景，恰似每个人在人生旅程中的独特定位与发展。选择恰当的 I/O 流，始于明确数据来源、格式、规模及处理需求。同样，人生道路的选择也基于深刻的自我认知、兴趣、能力、价值观及长远目标，是规划人生路径的基石。

正如 FileInputStream 擅长读取文件系统中的原始字节,而 FileReader 则精于处理字符数据,个人特长与优势是职业与人生道路抉择的关键。又如面对 Java 中缓冲流带来的效率提升,可以意识到,在人生旅途中,适时借助外力(如导师、团队)或采用有效方法(如时间管理、技能提升),能加速个人成长与目标的实现。

总之,Java I/O 流的选择不仅关乎技术实现,更映射出人生抉择的智慧。在编程的世界里获得启迪启示,在人生的道路上更加从容不迫。

10.5 序列化与反序列化

在程序执行期间,Java 对象通常驻留在内存中以便快速访问。然而,有些场景需要将对象持久化到永久存储设备中,或通过网络传输到其他网络节点。为此,Java 提供了对象序列化与反序列化机制,可以将对象的状态信息转换为适合存储或传输的形式(如字节流),以便在将来某个时刻能够重新创建出该对象。

序列化(Serialization)是将对象的状态信息转换成一个 I/O 流的字节序列的过程。反序列化(Deserialization)是将字节序列重新组装成原始对象的过程。

并非所有类型的对象都支持序列化,在 Java 中,一个类的对象可序列化,必须实现 java.io.Serializable 接口,这是一个标记接口,不包含任何方法,仅用于告知 Java 虚拟机该类的对象是可序列化的。若尝试序列化一个未实现此接口的类的对象,将抛出 NotSerializableException 异常。

Java 提供了 ObjectOutputStream 类和 ObjectInputStream 类作为序列化时的对象输出流和反序列化时的对象输入流,分别继承了 OutputStream 类和 InputStream 类。ObjectOutputStream 类通过 writeObject(Object obj) 方法将对象序列化到一个输出流中,ObjectInputStream 类通过 readObject() 方法从一个输入流中读取字节序列,并将其反序列化成对象。此外,这两个类还提供了便捷方法直接读写基本 Java 数据类型(byte、short、int、long、float、double、boolean、char)及按格式存储的 UTF-8 编码的字符串(字符串前会附加 2 字节记录字节数量)。

下面通过例 10-8 展示 ObjectOutputStream 类和 ObjectInputStream 类的基本用法。

【例 10-8】 序列化与反序列化操作示例。

```
1    class Student08 implements Serializable {
2        private static final long serialVersionUID = 1L;
3        int id;
4        String name;
5        public Student08(int id, String name) {
6            this.id = id;
7            this.name = name;
8        }
9        public String toString() {
10           return "Student08 [id = " + id + ", name = " + name + "]";
11       }
12   }
13   public class Example08 {
14       public static void main(String[] args) {
15           File file = new File("src/chapter10/data.dat");
```

```
16
17          //序列化
18          try (FileOutputStream fos = new FileOutputStream(file);
19                ObjectOutputStream oos = new ObjectOutputStream(fos);) {
20              Student08 student = new Student08(1001, "张三");
21              oos.writeObject(student);
22              oos.writeInt(12345);
23              oos.writeDouble(123.456);
24              oos.writeBoolean(true);
25              oos.writeChar('a');
26              oos.writeUTF("hello world.");
27          } catch (IOException e) {
28              e.printStackTrace();
29          }
30          //反序列化
31          try (FileInputStream fis = new FileInputStream(file);
32                ObjectInputStream ois = new ObjectInputStream(fis);) {
33              System.out.println("Student: " + (Student08) ois.readObject());
34              System.out.println("int: " + ois.readInt());
35              System.out.println("double: " + ois.readDouble());
36              System.out.println("boolean: " + ois.readBoolean());
37              System.out.println("char: " + ois.readChar());
38              System.out.println("UTF - 8 String: " + ois.readUTF());
39          } catch (IOException e) {
40              e.printStackTrace();
41          } catch (ClassNotFoundException e) {
42              e.printStackTrace();
43          }
44      }
45  }
```

运行例 10-8，运行结果如下所示。

```
Student: Student08 [id = 1001, name = 张三]
int: 12345
double: 123.456
boolean: true
char: a
UTF - 8 String: hello world.
```

在例 10-8 中，Student08 类实现了 Serializable 接口，并定义了一个 serialVersionUID 私有静态变量。该变量的作用是标识 Java 类的序列化版本。如果不显式定义 serialVersionUID 变量值，Java 虚拟机会基于类的详细信息（包括类名、成员变量、成员方法等的哈希值）自动生成一个 serialVersionUID 变量值。在反序列化时，Java 虚拟机会严格比对字节流中携带的 serialVersionUID 值与本地环境对应类中的 serialVersionUID 值，若不一致，将视为不匹配的序列化版本，并抛出 InvalidClassException 异常。

10.6 示例学习

10.6.1 文件加密解密

【例 10-9】 在 Java 中，按位异或运算符具有一个独特的性质：当一个操作数 a 与另一个操作数 b 进行两次连续的异或运算时，其结果将恢复到原始的操作数 a。具体地，如果

a^b=c，那么 c^b=a。这一特性可被应用于文件的加密与解密。

为实现这一功能，可以定义一个整数类型的密钥，利用该密钥对文件的每字节进行异或操作。首次异或操作将文件内容加密，而再次使用相同的密钥对加密后的文件进行异或操作，则能够恢复原始文件内容，从而完成解密过程。

以下是使用 Java 实现上述加密与解密过程的示例代码。

```java
1   public class Example09 {
2       public static void main(String[] args) {
3           try {
4               String inputPath = "src/chapter10/hello.txt";
5               String encryptedPath = "src/chapter10/hello_encrypted.txt";
6               String decryptedPath = "src/chapter10/hello_decrypted.txt";
7               //假设有一个密钥
8               int key = 12345678;
9               //加密文件
10              encryptFile(inputPath, encryptedPath, key);
11              //解密文件
12              decryptFile(encryptedPath, decryptedPath, key);
13              System.out.println("加密与解密过程完成。");
14          } catch (IOException e) {
15              e.printStackTrace();
16          }
17      }
18
19      //加密文件
20      public static void encryptFile(String inputFile, String outputFile,
21              int key) throws IOException {
22          try (FileInputStream fis = new FileInputStream(inputFile);
23                  FileOutputStream fos = new FileOutputStream(outputFile);) {
24              int b;
25              while ((b = fis.read()) != -1) {
26                  //对每字节进行异或操作以实现加密
27                  b = b ^ key;
28                  fos.write(b);
29              }
30          }
31      }
32
33      //解密文件
34      public static void decryptFile(String inputFile, String outputFile,
35              int key) throws IOException {
36          //解密过程与加密过程相同
37          encryptFile(inputFile, outputFile, key);
38      }
39  }
```

10.6.2 处理文本文件中的学生信息

【例 10-10】 在一个文本文件 students.txt 中，存储了学生的信息，包含学号、姓名、出生日期、性别等属性，文件编码为 UTF-8，内容如下所示。

```
1001 张三 2003-01-18 男
1002 李四 2001-04-28 男
1003 王五 1998-03-02 女
1004 赵六 1999-06-20 男
```

```
1005 孙七 2001-12-15 女
1006 周八 2000-09-09 女
1007 吴九 2002-10-18 男
1008 郑十 1999-05-13 女
```

读取文件中的学生信息,按照出生日期升序排序,将排序后的学生信息输出到 output.txt 文件中。注意,文件编码及内容格式应与原文件相同。

```java
1   class Student10 {
2       Integer id;
3       String name;
4       LocalDate birthday;
5       String gender;
6       public Student10(Integer id, String name, LocalDate birthday,
7               String gender) {
8           super();
9           this.id = id;
10          this.name = name;
11          this.birthday = birthday;
12          this.gender = gender;
13      }
14  }
15  public class Example10 {
16      public static void main(String[] args) {
17          String inputPath = "src/chapter10/students.txt";
18          String outputPath = "src/chapter10/output.txt";
19          List<Student10> list = new ArrayList<>();
20          //读文件
21          try (FileReader fr =
22                  new FileReader(inputPath, Charset.forName("utf-8"));
23                  BufferedReader br = new BufferedReader(fr);) {
24              while (true) {
25                  String line = br.readLine();        //读取一行文本
26                  if (line == null) {
27                      break;
28                  }
29                  String[] arr = line.split(" ");
30                  Student10 student = new Student10(Integer.parseInt(arr[0]),
31                          arr[1], LocalDate.parse(arr[2]), arr[3]);
32                  list.add(student);
33              }
34          } catch (IOException e) {
35              e.printStackTrace();
36          }
37          //排序
38          Collections.sort(list, (m, n) -> m.birthday.compareTo(n.birthday));
39          //写文件
40          try (FileWriter fw =
41                  new FileWriter(outputPath, Charset.forName("utf-8"));
42                  BufferedWriter bw = new BufferedWriter(fw);) {
43              for (int i = 0; i < list.size(); i++) {
44                  if (i > 0) bw.newLine();
45                  Student10 student = list.get(i);
46                  bw.write(student.id + " " + student.name + " "
47                          + student.birthday + " " + student.gender);
48              }
49          } catch (IOException e) {
```

```
50              e.printStackTrace();
51          }
52      }
53  }
```

10.7 本章小结

本章主要讲解了 Java 的 I/O 流。介绍了 File 类和 Files 类，用于文件和目录的操作管理；介绍了用于处理二进制数据的字节流，以及常用实现类；介绍了用于处理文本数据的字符流，以及常用实现类；讲解了缓冲区和字符编码的概念和应用；介绍了序列化和反序列化技术。通过本章的学习，读者应深入理解 I/O 流的基本原理、分类及常用 API，掌握如何在 Java 程序中高效、安全地处理数据交换。

习 题 10

一、填空题

1. 用于将字节流转换为字符流的类是_____和_____。
2. 对于 FileInputStream 来说，按数据流的方向来分，它是_____流；按数据流的处理单位分，它是_____流。
3. 列举两种常用的字符编码_____、_____。
4. 要想快速读取文本文件的一行数据可使用 FileReader 类的_____方法。
5. 要让一个类的对象能够被序列化，该类需实现_____接口；

二、判断题

1. File 表示的目录下有文件或者子目录，调用 delete()方法也可以将其删除。（   ）
2. 字节流不能用来读写文本文件。（   ）
3. InputStream 类的 close()方法是用于关闭流并释放流所占的系统资源。（   ）
4. 从 DateInputStream 中读取数据必须与写入数据的顺序相同、类型一致。（   ）
5. 对象序列化是指将一个 Java 对象转换成一个 I/O 流中字节序列的过程。（   ）

三、选择题

1. File 类中以字符串形式返回文件绝对路径的方法是（   ）。
   A. getParent()   B. getName()
   C. getAbsolutePath()   D. getPath()
2. 关于如下代码，说法正确的是（   ）。

```
File file = new File("src/chapter10/readme.txt");
```

   A. 如果 readme.txt 文件在系统中不存在，则 readme.txt 文件在系统中被自动创建
   B. 在 Windows 系统上运行出错，因为路径分隔符不正确
   C. 如果 readme.txt 文件在系统中不存在，则 readme.txt 文件不会在系统中被创建
   D. 如果 readme.txt 文件在系统中已存在，则抛出一个异常
3. 要删除一个文件，可以使用（   ）类。

A. FileReader B. FileInputStream
C. Files D. FileWriter

4. 以下类中,不能对文本文件进行内容读取是( )类。

A. FileReader B. BufferedReader
C. Files D. DataInputStream

5. 下面关于 FileInputStream 类型说法正确的是( )。

A. 创建 FileInputStream 对象是为了向硬盘上的文件写入数据
B. 创建 FileInputStream 对象时,如果硬盘上对应的文件不存在,则抛出一个异常
C. 利用 FileInputStream 对象可以创建文件
D. FileInputStream 对象读取文件时,只能读取文本文件

6. 以下方法中,( )方法不是 InputStream 类的方法。

A. int read(byte[] b) B. void flush()
C. void close() D. int available()

7. 以下方法中,( )方法不是 OutputStream 类的方法。

A. void write(int b) B. void write(byte[] b)
C. void reset() D. void flush()

8. 以下选项中,( )流中使用了缓冲区技术。

A. BufferedReader B. FileInputStream
C. DataOutputStream D. FileReader

9. FileReader 类的 read()方法,如果到达流末尾,则返回( )。

A. 1 B. 0 C. −1 D. null

10. 下列关于 Reader 的说法中,正确的是( )。

A. Reader 是一个抽象类,不能直接实例化,可通过它的子类来完成具体的功能
B. Reader 是一个接口,不能直接实例化,可通过它的实现类来完成具体的功能
C. Reader 是一个普通类,能够直接进行实例化
D. Reader 是字节输入流类,用于从数据源以字节为单位读取数据

四、简答题

1. 简述输入和输出的区别。
2. 简述字节流和字符流的区别。

五、编程题

1. 编写程序,在当前用户桌面创建一个名为"example.txt"的文件,向文件中写入一行文字"Hello,World!",然后输出该文件的名称、大小、最后修改时间。

2. 编写程序实现日记本功能,程序通过 I/O 流读写保存在本地的"日记本.txt"文件。用户可以查看日记内容,也可录入新的日记。录入新的日记时,需按提示输入日期、天气、标题、内容等数据,将新的日记追加存入"日记本.txt"文件。

程序运行结果参照如下所示。

```
0.退出程序
1.编写日记
2.查看日记
1
```

请输入日期:2024-07-21
请输入天气:多云
请输入标题:旅行日记
请输入内容:今天我来到了西安大唐不夜城。
0.退出程序
1.编写日记
2.查看日记
2
--------欢迎使用日记本程序--------
2024-07-21 多云
旅行日记
今天我来到了西安大唐不夜城。
0.退出程序
1.编写日记
2.查看日记
0

第 11 章　图　形　界　面

学习目标
- 了解 Swing 的概念。
- 掌握 Swing 顶级容器的使用，能够通过 JFrame 和 JDialog 创建窗口和对话框。
- 掌握 Swing 中间容器的使用，能够通过 JPanel 和 JScrollPane 创建面板。
- 掌握 Swing 常用组件和布局的使用。
- 了解事件处理机制，能够描述事件处理的工作流程。

图形用户界面（Graphics User Interface，GUI）通过窗口中的界面元素和鼠标操作来实现用户与计算机之间的交互。Java 提供了强大的类库，用于生成各种图形界面元素和处理图形界面事件，从而为用户提供友好的用户界面。

在 Java 中，Swing 和 JavaFX 是两个常用的 GUI 库。Swing 是 Java 的标准 GUI 库，而 JavaFX 是一个更现代的库，用于创建丰富的桌面应用程序。这两个库都提供了丰富的组件和工具，使得开发者能够轻松地构建出美观且易于使用的界面。

请读者注意，本章中大量的案例代码及解析都已被放置在电子资源中，详见前言二维码。

11.1　Swing 概述

在 JDK1.0 版本发布时，Sun 公司就已经提供了一套基本的 GUI 类库——抽象窗口工具集（Abstract Window Toolkit，AWT）。Sun 公司的初衷是希望使用 AWT 创建的图形界面应用能够和所有运行平台保持相同界面的风格。然而，由于 AWT 只能使用各种操作系统中图形组件的交集，而不能利用特定操作系统的复杂界面组件，这导致 AWT 设计出的图形界面在美观性和功能性方面存在较大限制。

因此，基于 AWT 的局限性，Swing 类库应运而生。Swing 是一个用纯 Java 代码实现的轻量级组件库，有优越的跨平台性能，能够在所有平台上呈现一致的效果。Swing 基本上为所有 AWT 组件都提供了对应的实现，绝大多数的 Swing 组件名称都是在对应 AWT 组件名称前加"J"。Swing 组件主要类的继承关系如图 11-1 所示。

在图 11-1 中，Component 封装了 AWT 组件的通用功能。JComponent 是 Swing 中的一个基础类，它是所有 Swing 组件的父类。大多数 Swing 组件都直接或间接地继承自 JComponent 类，这意味着它们共享了 JComponent 提供的一些基本特性和方法。

通过继承 JComponent 类，Swing 组件能够实现以下 5 种功能。

（1）事件处理：Swing 组件支持事件处理机制，允许开发者为组件添加事件监听器来响应用户的操作，如鼠标单击、键盘输入等。

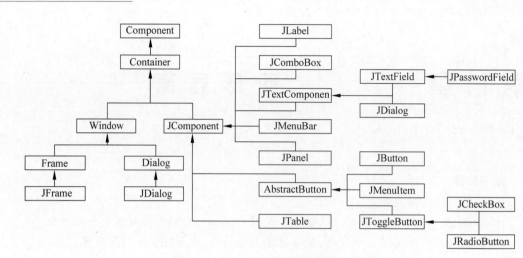

图 11-1 Swing 组件主要类的继承关系

（2）外观定制：Swing 组件可以通过设置各种属性来改变其外观和行为，如颜色、字体、边框等。这使得开发者可以根据需要自定义组件的样式。

（3）布局管理：Swing 提供了多种布局管理器，用于控制组件在容器中的排列方式。通过使用布局管理器，开发者可以灵活地调整组件的位置和大小，以适应不同的屏幕尺寸和分辨率。

（4）可访问性支持：Swing 组件支持辅助技术，如屏幕阅读器和键盘导航，以帮助用户更好地使用应用程序。

（5）跨平台性：由于 Swing 组件是用 Java 代码实现的，因此它们具有良好的跨平台性能，可以在不同操作系统上运行并保持一致的外观和行为。

总之，Swing 组件和 JComponent 类共同构成了以 Java 来创建 GUI 的强大工具集。通过使用这些组件和类，开发者可以构建出功能丰富、外观美观且易于使用的应用程序界面。Swing 组件的常用方法及其主要功能如表 11-1 所示。

表 11-1 Swing 组件的常用方法及其主要功能

方 法 名	主 要 功 能
setLocation(int x,int y)	设置组件的位置
setSize(int width,int height)	设置组件的大小，单位为像素
setBounds(int x,int y,int width,int height)	设置组件的大小和位置
setVisible(boolean b)	设置组件的可见性，参数为 true 时表示可见
add(Component comp)	向容器中添加其他组件
Component[] getComponents()	返回容器内的所有组件

Swing 提供了非常广泛的标准组件，利用 Swing 组件编写 GUI 更加方便。

11.2 Swing 顶级容器

如果用户想要使用 Swing 组件，那么至少需要一个顶级 Swing 容器来为组件的绘制和处理事件提供支持。Swing 常用的两个顶级容器是 JFrame 和 JDialog，此处仅介绍 JFrame。

JFrame 也被称为窗口，不能被放到其他容器里。JFrame 支持通用窗口中的所有基本功能，如最大最小化、设置窗口大小等。JFrame 常用的构造方法及其主要功能如表 11-2 所示。

表 11-2　JFrame 常用的构造方法及其主要功能

方　法　名	主　要　功　能
JFrame()	创建一个窗口
JFrame(String title)	创建一个有标题的窗口

不仅可以使用 JDialog 类创建对话框窗口，还可以使用 JOptionPane 类更加方便地创建对话框窗口。JOptionPane 类提供了一组 showXxxDialog() 静态方法来创建各种标准对话框。该方法创建的对话框必须要等用户执行完相应操作后才能继续执行程序，其中最常用的就是 showMessageDialog() 方法。showMessageDialog() 常用的构造方法及其主要功能如表 11-3 所示。

表 11-3　showMessageDialog() 常用的构造方法及其主要功能

方　法　名	主　要　功　能
Static void showMessageDialog(Component,Object)	参数分别表示对话框的父组件和要显示的信息
Static void showMessageDialog(Component comp, Object o,String title,int type)	参数分别表示对话框的父组件、要显示的信息、标题和消息类型
static void showMessageDialog(Component comp, Object o,String title,int type,Icon icon)	参数分别表示对话框的父组件、要显示的信息、标题、消息类型和图标

11.3　常用组件和布局

Swing 除了有 JFrame 和 JDialog 这样的顶级容器，还有一些常用的布局、中级容器及组件。

11.3.1　常用组件

下面介绍 6 种常用的 Swing 基本组件。

1. JLabel

JLabel 是标签组件，用于显示文字或图标，不具有交互功能。JLabel 类的常用构造方法及其主要功能如表 11-4 所示。

表 11-4　JLabel 类的常用构造方法及其主要功能

方　法　名	主　要　功　能
JLabel()	创建一个 JLabel 标签
JLabel(Icon image)	创建具有图标的 JLabel 标签
JLabel(String text)	创建具有文本的 JLabel 标签
JLabel(String text,Icon image,int horizontalAlignment)	参数分别表示标签文本、图标和对齐方式

在表 11-4 中，JLabel(String text,Icon image,int horizontalAlignment) 的 horizontalAlignment 常见的参数有：SwingConstants.LEFT 表示为沿 x 轴左对齐、SwingConstants.RIGHT 表

示为沿 x 轴右对齐和 SwingConstants.CENTER 表示为沿 x 轴居中对齐。此外,JLabel 类还提供了一些操作的常用方法,如表 11-5 所示。

表 11-5　JLabel 类操作的常用方法

方　法　名	主　要　功　能
void setText(String text)	设置文本
void setIcon(Icon image)	设置图标
void setIconTextGap(int iconTextGap)	设置文本和图标之间的间隔
void setHorizontalAlignment(int alignmnet)	设置标签水平的对齐方式
int getText()	返回 JLabel 所显示的文本字符串

2. JTextField

JTextField 是单行文本框,允许用户输入单行文本。JTextField 类的常用构造方法及其主要功能如表 11-6 所示。

表 11-6　JTextField 类的常用构造方法及其主要功能

方　法　名	主　要　功　能
JTextField()	创建一个默认文本框
JTextField(int columns)	创建一个指定列数的文本框
JTextField(String text)	创建一个有文本的文本框
JTextField(String text,int columns)	创建一个初始化文本、指定列数的文本框

此外,JTextField 类还提供了一些操作的常用方法,如表 11-7 所示。

表 11-7　JTextField 类操作的常用方法

方　法　名	主　要　功　能
void setFont(Font f)	设置文字字体
void setColumns(int columns)	设置文字最多显示内容的列数
void setScrollOffset(int scrollOffset)	设置文本框中的文本和图标之间的间隔
void setHorizontalAlignment(int alignmnet)	设置文本框中的滚动偏移量(以像素为单位)
void setHorizontalAlignment(int alignment)	设置文本框内容的水平对齐方式

3. JCheckBox

JCheckBox 是复选框组件,每一个框体都有选中和未选中两种状态。JCheckBox 类的常用构造方法及其主要功能如表 11-8 所示。

表 11-8　JCheckBox 类的常用构造方法及其主要功能

方　法　名	主　要　功　能
JCheckBox()	创建一个默认复选框,默认是未选中的状态
JCheckBox(String text)	创建一个带有文本信息的复选框,默认是未选中的状态
JCheckBox(String text,boolean selected)	创建一个带有文本信息的复选框,初始是 selected 的选中状态

此外,JCheckBox 除了可以在初始情况下指定其初始文本,还可以用 setText(String text)来设置文本信息;同时除了初始设置复选框是否为选中状态,还可以利用 setSelected(boolean b)来设置复选框状态,且利用 isSelected()方法来判断当前复选框是否为选中状态。

4. JButton

JButton 是按钮组件,最重要的就是和用户之间的单击交互。JButton 类的常用构造方法及其主要功能如表 11-9 所示。

表 11-9 JButton 类的常用构造方法及其主要功能

方 法 名	主 要 功 能
JButton()	创建一个默认按钮
JButton(Icon icon)	创建一个有图标的按钮
JButton(String text)	创建一个有文本的按钮
JButton(String text,Icon icon)	创建一个有文本、有图标的按钮

此外,JButton 类还提供了一些操作按钮的常用方法,如表 11-10 所示。

表 11-10 JButton 类操作的常用方法

方 法 名	主 要 功 能
addActionListener(ActionListener listener)	为按钮注册 ActionListener 监听
void setIcon(Icon icon)	设置按钮图标
void setText(String text)	设置按钮上的文字
void setEnable(boolean flag)	设置按钮是否可用

5. JRadioButton

JRadioButton 是单选按钮,一组按钮中最多只能有一个被选中。为了实现在一组按钮中的单选,需要引入 javax.swing.ButtonGroup 类把多个多选按钮加入同一组按钮对象中。JRadioButton 类的常用构造方法及其主要功能如表 11-11 所示。

表 11-11 JRadioButton 类的常用构造方法及其主要功能

方 法 名	主 要 功 能
JRadioButton()	创建一个默认的单选按钮
JRadioButton(Icon icon)	创建一个有图标的单选按钮
JRadioButton(String text)	创建一个有初始文字的单选按钮
JRadioButton(String text,Icon icon,boolean selected)	创建一个有文本有图标且有初始是否被选中的单选按钮

6. JComboBox

JComboBox 是下拉框或者组合框,当下拉组件时,会显示所有选择列表,用户可以从中选择。不可编辑模式的下拉框中,用户只能选择已有的选项值;可编辑模式的下拉框中,用户还可以新增新的选项值,但当前的新增值并不会真正加载到下拉框的选项列表中,更新下拉框不会再现。JComboBox 类的常用构造方法及其主要功能如表 11-12 所示。

表 11-12 JComboBox 类的常用构造方法及其主要功能

方 法 名	主 要 功 能
JComboBox()	创建一个没有可选项的下拉框
JComboBox(Object[] items)	创建一个选项列表为对象数组的下拉框
JComboBox(Vector items)	创建一个选项列表为 Vector 选项的下拉框

此外，JComboBox 类还提供了一些操作的常用方法，如表 11-13 所示。

表 11-13 JComboBox 类操作的常用方法

方　法　名	主　要　功　能
void addItem(Object anObject)	为下拉框添加选项
void insertItemAt(Object anObject,int index)	在指定索引 index 处插入选项
Object getItemAt(int index)	返回指定索引 index 处的选项
int getItemCount()	返回下拉框中选项的数目
Object getSelectedItem()	返回当前所选的选项
void removeAllItems()	删除选项列表中的所有选项
void removeItem(Object object)	删除选项值为 object 的选项
void removeItemAt(int index)	删除指定索引 index 处的选项
void setEditable(boolean aFlag)	设置下拉框的选项列表是否可编辑

11.3.2 常用容器

Swing 中除了有 JFrame 和 JDialog 两种常用的顶级容器外，还有一些常见的中间容器，也就是面板，可以将各种组件添加到面板中。Swing 常用的中间容器有 JPanel 和 JScrollPane 两种，在常用组件的学习中已经接触了 JPanel，但它具体是什么呢？下面将进行具体介绍。

1. JPanel

一般情况下会选择 JPanel 类创建面板，然后将组件添加到面板中。JPanel 类的常用构造方法及其主要功能如表 11-14 所示。

表 11-14 JPanel 类的常用构造方法及其主要功能

方　法　名	主　要　功　能
JPanel()	创建一个默认面板（默认使用 FlowLayout 布局管理器）
JPanel(LayoutManagerLayout layout)	在 layout 布局下，创建一个面板

此外，JPanel 类还提供了一些操作的常用方法，如表 11-15 所示。

表 11-15 JPanel 类操作的常用方法

方　法　名	主　要　功　能
Remove(Component comp)	从面板中移除指定组件 comp
setFont()	设置面板中的字体
setLayout(LayoutManager mgr)	设置面板的布局管理器
setBackground(Color c)	设置容器的背景色

2. JScrollPane

JScrollPane 是一个具有滚动条的面板，它只能添加一个组件。在实际应用中，很少有面板只添加一个组件，如果需要在面板上添加多个组件，需要将这些组件先添加到 JPanel，再将 JPanel 添加到 JScrollPane 中。JScrollPane 类的常用构造方法及其主要功能如表 11-16 所示。

表 11-16　JScrollPane 类的常用构造方法及其主要功能

方 法 名	主 要 功 能
JScrollPane()	创建一个空滚动面板
JScrollPane(Component view)	创建一个组件 view 的 JScrollPane 面板
JScrollPane(Component view, int vsbPolicy, int hsbPolicy)	创建一个组件 view 的 JScrollPane 面板,并指定滚动策略

表 11-16 中第三个构造函数 JScrollPane(Component view,int vsbPolicy,int hsbPolicy)的参数 vsbPolicy、hsbPolicy 分别表示面板垂直滚动条策略和水平滚动条策略,被指定为 ScrollPaneConstants 的静态常量,具体有：HORIZONTAL_SCROLLBAR_AS_NEEDED,表示水平滚动条只在需要时显示,是默认值；HORIZONTAL_SCROLLBAR_NEVER,表示水平滚动条不显示；HORIZONTAL_SCROLLBAR_ALWAYS,表示水平滚动条一直显示。

此外,JScrollPane 类还提供了一些操作的常用方法,如表 11-17 所示。

表 11-17　JScrollPane 类操作的常用方法

方 法 名	主 要 功 能
void setHorizontalBarPolicy(int policy)	设置水平滚动条的滚动策略
void setVerticalBarPolicy(int policy)	设置垂直滚动条的滚动策略
void setViewportView(Component view)	设置在滚动面板上显示的组件

11.3.3　常用布局

Swing 组件要放到容器中,那到底放在容器的什么位置呢？要想设计出美观的 GUI,需要仔细考虑组件的位置和大小,努力学好布局。常见的布局管理器有边界布局管理器(BorderLayout)、流式布局管理器(FlowLayout)和网格布局管理器(GridLayout)。下面将详细介绍这三种布局管理器。

1. 边界布局管理器

边界布局管理器是一般默认的布局管理器。边界布局管理器将窗口分为东、西、南、北、中 5 个部分。BorderLayout 类的常用构造方法及其主要功能如表 11-18 所示。

表 11-18　BorderLayout 类的常用构造方法及其主要功能

方 法 名	主 要 功 能
BorderLayout()	创建一个默认的边界布局管理器
BorderLayout(int hgap, int vgap)	创建一个边界布局管理器,组件间的横向间隔为 hgap 个像素、纵向间隔为 vgap 个像素

在往边界布局中添加组件时,使用 add(Component comp,Object constraints)方法,comp 是指当前要加载到布局中的组件；constraints 指加载到布局的东、西、南、北、中 5 个方位,提供的常量值有 BorderLayout.EAST、BorderLayout.WEST、BorderLayout.SOUTH、BorderLayout.NORTH 和 BorderLayout.CENTER。

在 Java Swing 中,当使用 BorderLayout 作为布局管理器时,如果没有显式指定组件的约束(constraints),那么默认是 BorderLayout.CENTER,该组件将被放置在容器的中心区域。但如果单个区域中添加的不只是 1 个组件,那么后来的组件会覆盖之前的组件。

2. 流式布局管理器

流式布局时将组件按照从左向右的顺序进行排列。FlowLayout 是 JPanel 默认的布局。与其他布局相比,流式布局最大的特点是 FLowLayout 不限制其组件的大小,允许它们有最佳大小。FlowLayout 类的常用构造方法及其主要功能如表 11-19 所示。

表 11-19 FlowLayout 类的常用构造方法及其主要功能

方 法 名	主 要 功 能
FlowLayout()	创建一个流式布局
FlowLayout(int align)	创建一个流式布局,align 表示组件的对齐方式
FlowLayout(int align, int hgap, int vgap)	创建一个流式布局,align 表示组件的对齐方式,组件间的横向间隔为 hgap 个像素、纵向间隔为 vgap 个像素

表 11-19 所展示的 FlowLayout 构造方法的参数 align,是表示组件对齐方式的常量,可以是 FlowLayout.LEFT、FlowLayout.RIGHT、FlowLayout.CENTER。

3. 网格布局管理器

GridLayout 是通过网格的形式管理布局中的组件。网格布局将整个布局分成行和列,添加组件按行从左向右依次添加组件,且 GridLayout 管理的组件会自动把整个网格占满。GridLayout 类的常用构造方法及其主要功能如表 11-20 所示。

表 11-20 GridLayout 类的常用构造方法及其主要功能

方 法 名	主 要 功 能
GridLayout(int rows, int cols)	创建一个 rows 行 cols 列的网格布局
GridLayout(int rows, int cols, int hgap, int vgap)	创建一个 rows 行 cols 列的网格布局,组件间的横向间隔为 hgap 个像素、纵向间隔为 vgap 个像素

11.3.4 选项卡窗格

JTabbedPane 选项卡隔窗,它可以把多个组件放到不同的选项卡中,简化页面。选项卡窗格内部可以放置多个选项页,每个选项页都可以容纳一个 JPanel 作为子组件。日常网上冲浪中随处可见它的身影。例如,在登录 QQ 邮箱的过程中,给用户提供了手机扫码登录、QQ 账号登录等不同的选项卡。JTabbedPane 类的常用构造方法及其主要功能如表 11-21 所示。

表 11-21 JTabbedPane 类的常用构造方法及其主要功能

方 法 名	主 要 功 能
JTabbedPane()	创建一个空的选项卡组件
JTabbedPane(int tablePlacement)	创建一个指定选项卡显示位置的选项卡窗格

在表 11-21 中,JTabbedPane(int tablePlacement)构造函数中的 tablePlacement 参数有四个静态常量的取值,分别是 JTabbedPane.TOP、JTabbedPane.BOTTOM、JTabbedPane.LEFT 和 JTabbedPane.RIGNT。

【多学一招】 布局过程中如何提高效率?

本章在介绍时大多采用 Java 书写的方式来讲解如何创建容器、组件并为它们布局。但在日常中,使用 Java 来确定组件在容器中的位置效率非常低,需要一点点调试并观察结果,

IDEA 为读者提供了更直观的方式来查看布局。New-> Swing UI Designer 里可以创建 GUI Form 和 Create Dialog Class。

使用 Designer,读者可以通过直观的拖拽方式在 JFrame 中布局容器和组件。Designer 为每个组件提供了各种属性和方法提示框,使读者能够快速了解和使用这些组件的功能。在 Designer 中进行的所有操作都会自动同步到相应的 Java 类文件中,极大地简化了 GUI 编程的过程。

11.4 事件处理

Swing GUI 启动之后,Java 虚拟机就启动了主线程、系统工具包线程和事件处理线程。其中主线程负责创建并显示该程序的初始界面;系统工具包线程负责将界面上的事件转换成 Swing 的对应事件放入 Swing 事件队列中,并循环该线程;事件处理线程负责 GUI 组件的绘制和更新。

11.4.1 事件处理机制

当用户在 Swing 图形界面上单击鼠标或者按下键盘等,系统将有什么动作呢?Swing 组件中的事件处理是专门用来响应用户这类操作的。Swing 事件处理的过程中,主要涉及事件源(Event Source)、事件对象(Event)和监听器(Listener)。

(1) 事件源:产生事件的组件,如按钮、标签、窗口等。

(2) 事件对象:事件是一个操作。当一个事件发生时,该事件用一个事件对象来进行表示。事件大致分为前台事件和后台事件,前台事件需要用户在 GUI 上直接互动;后台事件是将用户的交互作为背景事件,如当硬件故障或者计时器到期时,操作完成的背景事件。

(3) 监听器:负责监听事件源上发生的事件,并对各种事件做出响应的对象。

在 Swing 事件处理过程中,事件源、事件对象和监听器三者都非常重要。事件处理的工作流程如图 11-2 所示。

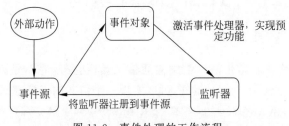

图 11-2 事件处理的工作流程

图 11-2 中,当用户对已经注册了监听器的组件进行如单击鼠标或者按下键盘等操作时,都会触发相应的事件,得到相应的处理。

【思想启迪坊】 踏踏实实做事在 Swing 学习中的体现。

在本章学习中,使用 Java 新建 Swing 组件与容器来创建 GUI,并深入学习了各组件的构造函数和方法。同时,也介绍了更简便的 GUI 编程工具——Swing GUI Designer。然而,选择 Java 进行设计,旨在让读者更深入地理解 Java 面向对象的思想,提升编程能力,为进阶学习打下坚实的基础。这种踏实学习、夯实基础的精神,同样适用于日常生活和工作。在任何领域,从基础做起,脚踏实地学习和实践,才能确保后续的发展和提高有坚实的基础支撑。

11.4.2 Swing常用事件处理

尽管针对同一事件源,不同的事件类型也需要使用不同的监听器接口进行监听。因此,每个监听器接口都会定义一个或多个抽象的事件处理方法。通过重写这些监听器接口的方法,能够实现具体的事件处理逻辑,这些重写后的方法被称为事件处理器。事件、监听器接口和处理器之间的对应关系如表11-22所示。

表11-22 事件、监听器接口和处理器之间的对应关系

事 件	监听器接口	事件处理器	触 发 时 机
ActionEvent	ActionListener	actionPerformed()	组件被单击时触发
MouseEvent	MouseListener	mouseClicked()	在组件上单击鼠标时触发
		mouseEntered()	鼠标进入某组件时触发
		mouseExited()	鼠标从组件上离开时触发
		mouseReleased()	在组件上鼠标松开时触发
KeyEvent	KeyListener	keyPressed()	按下某个按键时触发
		keyReleased()	松开某个按键时触发
FocusEvent	FocusListener	focusGained()	组件得到焦点时触发
		focusLost()	组件失去焦点时触发

当需要给事件源注册监听器时,可以通过addXxx()方法来实现。以JButton为例,当单击按钮时会产生ActionEvent的事件,会调用actionListener子类实例的actionPerformed方法。实现ActionListener有以下3种方式。

(1) 实现一个ActionListener子类。
(2) 让界面类实现ActionListener接口,再把事件响应委托给界面类。
(3) 用匿名内部类的方式实现ActionListener接口。

11.5 示例学习

11.5.1 仿QQ登录界面

【例11-1】 QQ作为日常生活中常用的通信工具,其登录界面是打开软件后呈现给用户的第一个界面。通过使用Swing组件,可以实现一个仿制的QQ登录界面。

```
1       import javax.swing.*;
2       import java.awt.*;
3       import java.awt.event.ActionListener;
4       import java.awt.event.ActionEvent;
5       import javax.swing.*;
6
7       public class Example13 extends JFrame {
8           //用户名、密码
9           private JTextField username;
10          //JPasswordField类来保证输入的是密码格式
11          private JPasswordField password;
12          private JLabel jl2,jl3,jl4;
13          private JButton bu1;
```

```java
14      private JCheckBox jc1,jc2;
15      private JComboBox jcb;
16
17      public Example13() {
18          this.setTitle("仿QQ登录小案例");
19          //窗体组件初始化
20          init_view();
21          this.setDefaultCloseOperation(JFrame.EXIT_ON_CLOSE);
22          //设置布局方式为绝对定位
23          this.setLayout(null);
24          this.setBounds(0, 0, 410, 285);
25          //设置窗体的标题图标
26          Image image = new ImageIcon("src\\qq.png").getImage();
27          this.setIconImage(image);
28          //窗体居中显示
29          this.setLocationRelativeTo(null);
30          this.setVisible(true);
31      }
32      public void init_view() {
33          Container con = this.getContentPane();
34          //QQ登录头像
35          jl2 = new JLabel();
36          Image image2 = new ImageIcon("src\\qq.png").getImage();
37          jl2.setIcon(new ImageIcon(image2));
38          jl2.setBounds(40, 95, 70, 70);
39          //用户号码登录输入框
40          username = new JTextField("请输入账户名");
41          username.setBounds(100, 100, 155, 25);
42
43          jl3 = new JLabel("注册账号");
44          jl3.setBounds(265, 105, 75, 25);
45          //密码输入框
46          password = new JPasswordField();
47          password.setBounds(100, 130, 155, 25);
48
49          jl4 = new JLabel("找回密码");
50          jl4.setBounds(260, 130, 70, 20);
51
52          jc1 = new JCheckBox("记住密码");
53          jc1.setBounds(105, 155, 80, 15);
54          jc2 = new JCheckBox("自动登录");
55          jc2.setBounds(185, 155, 80, 15);
56
57          //用户登录状态下拉框
58          jcb = new JComboBox();
59          jcb.addItem("在线");
60          jcb.addItem("隐身");
61          jcb.addItem("离开");
62          jcb.setBounds(40, 150, 55, 25);
63          //按钮设定
64          bu1 = new JButton("登录");
65          bu1.setBounds(280, 200, 65, 25);
66
67          //登录的响应事件
68          bu1.addActionListener(new ActionListener() {
69              @Override
70              public void actionPerformed(ActionEvent e) {
71                  String str = e.getActionCommand();
```

```
72                    if("登录".equals(str)){
73                        String getName = username.getText();
74                        JOptionPane.showConfirmDialog(null, "用户名是
75                        " + getName);
76                    }
77                }
78            });
79
80            con.add(jl2);
81            con.add(jl3);
82            con.add(jl4);
83            con.add(jc1);
84            con.add(jc2);
85            con.add(jcb);
86            con.add(bu1);
87            con.add(username);
88            con.add(password);
89        }
90
91        public static void main(String[] args) {
92
93            Example13 qq = new Example13();
94        }
95    }
```

例 11-1 采用绝对定位的布局方式,旨在要求熟练掌握常用组件的使用方法。例 11-1 运行结果如图 11-3 所示。

图 11-3　例 11-1 运行结果

11.5.2　计算器

【例 11-2】计算器作为日常生活中常用的工具,通过使用 Swing 组件,可以实现一个仿制的计算器界面。

```
1    import javax.swing.*;
2    import java.awt.BorderLayout;
3    import java.awt.GridLayout;
4    import java.awt.event.ActionEvent;
5    import java.awt.event.ActionListener;
6    import javax.swing.JButton;
7    import javax.swing.JFrame;
8    import javax.swing.JPanel;
9    import javax.swing.JTextField;
10   public class Example14 {
```

```java
11      public static void main(String[] args) {
12          myFrame frame = new myFrame();
13          frame.setBounds(300,300,400,400);
14          frame.setDefaultCloseOperation(JFrame.EXIT_ON_CLOSE);
15          frame.setVisible(true);
16      }
17  }
18
19  class myFrame extends JFrame {
20      public myFrame() {
21          setTitle("计算器案例");
22          add(new myPanel());
23      }
24  }
25
26   class myPanel extends JPanel {
27      //显示计算器按钮的值和计算后的值
28      JTextField display;
29      JPanel panel1;                          //面板1
30      JPanel panel2;                          //面板2
31      String nowButton;
32
33      public myPanel() {
34          //边界布局方式
35          setLayout(new BorderLayout());
36          display = new JTextField("");
37          display.setEnabled(true);
38          add(display, BorderLayout.NORTH);
39          ActionListener action = new actionAction();
40          panel1 = new JPanel();
41          panel1.setLayout(new GridLayout(4, 4));
42          addButton1("7", action);
43          addButton1("8", action);
44          addButton1("9", action);
45          addButton1(" + ", action);
46          addButton1("4", action);
47          addButton1("5", action);
48          addButton1("6", action);
49          addButton1(" - ", action);
50          addButton1("1", action);
51          addButton1("2", action);
52          addButton1("3", action);
53          addButton1(" * ", action);
54          addButton1(".", action);
55          addButton1("0", action);
56          addButton1(" = ", action);
57          addButton1("/", action);
58          add(panel1, BorderLayout.CENTER);
59          panel2 = new JPanel();
60          panel2.setLayout(new GridLayout(1, 2));
61          addButton2("BACK", action);
62          addButton2("C", action);
63          add(panel2, BorderLayout.SOUTH);
64
65      }
66
67      //注册事件监听器方法
68      public void addButton1(String label ,ActionListener listener) {
```

```java
69        JButton button = new JButton(label);
70        button.addActionListener(listener);
71        panel1.add(button);
72    }
73
74    //注册监听器方法
75    private void addButton2(String label, ActionListener listener) {
76        JButton button = new JButton(label);
77        button.addActionListener(listener);
78        panel2.add(button);
79    }
80
81    //单击按钮执行命令的监听器
82    class actionAction implements ActionListener {
83        @Override
84        public void actionPerformed(ActionEvent event) {
85            nowButton = event.getActionCommand();
86            if (nowButton != "BACK" && nowButton != "=") {
87                display.setText(display.getText() + nowButton);
88            }
89            if (nowButton.equals("=")) {
90                display.setText(cal(display.getText()));
91            }
92            if (nowButton.equals("BACK")) {
93                StringBuffer sb = new StringBuffer(display.getText());
94                display.setText(sb.substring(0, sb.length() - 1));
95            }
96            if (nowButton.equals("C")) {
97                display.setText("");
98            }
99        }
100   }
101
102   //计算
103   public String cal(String string) {
104       StringBuffer sb = new StringBuffer(string);
105       int actionCount = 0;
106       int j = 0;
107
108       for (j = 0; j < sb.length(); j++) {
109           if (sb.charAt(j) <= '9' && sb.charAt(j) >= '0' || sb.charAt(j) ==
110               '.') {
111               continue;
112           }else {
113               actionCount++;
114           }
115       }
116       //符号
117       char[] action = new char[actionCount];
118       //数字
119       String[] num = new String[actionCount + 1];
120       for (j = 0; j < num.length; j++) {
121           num[j] = "";
122       }
123
124       int k = 0;
125       for (j = 0; j < sb.length(); j++) {
126           if (sb.charAt(j) <= '9' && sb.charAt(j) >= '0' || sb.charAt(j) =
```

```
127                     = '.') {
128                         num[k] += sb.charAt(j);
129                         continue;
130                     }else {
131                         action[k] = sb.charAt(j);
132                         k++;
133                     }
134                 }
135                 //计算结果
136                 double result = 0;
137                 for (int i = 0; i < actionCount; i++) {
138
139                     //取前两个数和第一个操作符运算
140                     double num1 = Double.parseDouble(num[i]);
141                     double num2 = Double.parseDouble(num[i + 1]);
142                     char cc = action[i];
143                     //计算
144                     switch (cc) {
145                         case '+':
146                             result = num1 + num2;
147                             break;
148                         case '-':
149                             result = num1 - num2;
150                             break;
151                         case '*':
152                             result = num1 * num2;
153                             break;
154                         case '/':
155                             result = num1 / num2;
156                             break;
157                         default:
158                             break;
159                     }
160                     num[i + 1] = String.valueOf(result);
161                 }
162                 return String.valueOf(result);
163     }
164 }
```

计算器的实现逻辑结构清楚,本例要求掌握 Swing 组件的布局及事件处理机制。例 11-2 运行结果如图 11-4 所示。

图 11-4　例 11-2 运行结果

11.6 本章小结

本章主要讲解了 Swing。首先介绍了 Swing 的顶级容器 JFrame 和 JDialog，然后详细讲解了如何使用 Swing 的中间容器 JPanel 和 JScrollPane 来创建面板。此外，还介绍了 Swing 的一些常用组件及其布局方法，最后探讨了事件处理机制。通过本章学习，读者应掌握基本组件的使用，了解事件处理机制，掌握事件监听器，学会为组件注册事件监听器。

习 题 11

一、填空题

1. 如果设置窗体为可见，则需要使用_____方法。
2. 窗体左上角的坐标是_____。
3. Swing 中的鼠标支持各种形状，它们是在_____类中定义的。
4. 事件监听方法的返回值是_____类型的。

二、选择题

1. 下列选项中属于 Swing 的中间容器的是(　　)。
   A. JFrame　　　　B. JPanel　　　　C. JLable　　　　D. JButton
2. 包含 Swing 包的核心包是(　　)。
   A. java.lang　　　B. java　　　　　C. System　　　　D. javax
3. Swing 组件的复选框组件类是(　　)。
   A. JButton　　　　B. JLable　　　　C. JPanel　　　　D. JCheckBox

三、编程题

1. 编写一个问卷调查的 Java 应用程序，问卷调查应包含学生姓名、学号、手机号、性别（单选）、籍贯、民族、年级（下拉框）、兴趣爱好（复选框：唱歌、跳舞、篮球、羽毛球），以及对课程的建议。

2. 编写一个 Java 应用程序，可以实现将人民币转换为等值的美元。界面要求可以输入人民币的金额并可以得到转换后的结果。

第 12 章 多 线 程

学习目标
- 了解进程与线程,以及二者的区别。
- 掌握多线程的创建方式。
- 了解线程的生命周期及状态转换。
- 掌握线程的相关方法,学会正确使用线程的优先级、休眠、让步、中断等操作。
- 掌握多线程的同步,能够正确地使用线程同步。

在 Java 中,多线程编程是一种重要的编程概念。多线程允许程序同时执行多个任务或流程。它能够提高程序的并发性和效率,可以在多核处理器上充分利用硬件资源,从而能够同时处理多个独立的任务。本章将针对 Java 中的多线程知识进行详细讲解。

12.1 线程概述

12.1.1 程序、进程、多任务与线程

在 Java 编程中,程序(Program)、进程(Process)、多任务(Multitasking)、线程(Thread)是基本而又关键的概念,在计算机系统中扮演着不同角色,理解它们的区别有助于深入掌握并发编程和系统运行原理。

1. 程序

程序是指一组有序的计算机指令和数据的集合,以某种编程语言编写,描述了计算机要执行的任务和操作。程序本身不执行,而是存储在硬盘或其他非易失性存储设备上。

2. 进程

进程是操作系统中一个重要的概念。进程可以被定义为程序的一次执行过程,其包含程序运行所需的各种资源,如内存空间、CPU 时间、打开的文件等。进程具有以下 4 个特点。

(1) 独立性:每个进程都有自己独立的运行环境和资源,与其他进程相互隔离。
(2) 动态性:进程从创建到消亡是一个动态的过程。
(3) 并发性:在多任务操作系统中,多个进程可以同时运行,宏观上表现为并发执行。
(4) 结构性:进程通常包含程序代码、数据、进程控制块(PCB)等部分。

例如,当在操作系统中打开一个应用程序如浏览器时,系统就会为这个浏览器程序创建一个进程,分配相应的资源供其运行。

进程的存在使得操作系统能够更好地管理和调度不同的程序,合理分配系统资源,提高系统的整体效率和稳定性。不同进程之间可以通过进程间通信机制进行信息交互和协作。

在 Java 运行环境中,当启动一个 Java 程序时,操作系统会为其创建一个进程。

3. 多任务

多任务是指计算机系统能够同时执行多个任务的能力。这可以是通过时间片轮转、抢占式调度等技术实现的伪并发,使得每个任务看起来都在同时运行,尽管实际上 CPU 在这些任务间快速切换执行。多任务系统提高了系统的效率和响应速度,使得用户可以同时进行多项操作。

4. 线程

为了进一步提高程序的执行效率,每个进程中还可以有多个执行单元同时运行,这些执行单元可以看作是程序执行的线程。每一个进程中都至少存在一个线程。例如,当一个 Java 程序启动时,就会产生一个进程,该进程默认创建一个线程,这个线程会运行 main() 方法中的代码。在 Java 中,线程可以被定义为程序执行的一条路径或流,其具有以下 5 个特点:

(1) 独立执行:可以按照自身的逻辑和指令序列进行执行。
(2) 共享资源:和同一进程中的其他线程共享进程的内存和其他资源。
(3) 任务承载:承担特定的任务或子任务,通过线程的执行来完成相应的工作。
(4) 轻量级:相比进程,创建和切换的成本较低。
(5) 状态变化:存在创建、就绪、运行、阻塞、终止等多种状态,在不同状态间切换。

线程的存在使得程序能够更好地利用多核处理器,实现并发处理,提高程序的执行效率和响应能力。例如,一个多线程的下载程序可以使用多个线程同时下载不同的部分,从而加快了整体下载速度。

综上所述,"程序""进程""多任务"与"线程"的区别是:程序是静态的代码和数据结构;进程是动态的执行实体,是程序的一次运行实例,拥有独立的内存空间;多任务是指系统同时处理多个任务的能力,通过时间分片或并发执行技术实现;线程是进程内的轻量级执行单元,共享进程资源,使得进程内可以同时执行多个任务,是现代操作系统中实现并发的关键机制之一。在 Java 编程中,通过合理设计和使用多线程,可以有效提升程序的性能和用户体验。

12.1.2 线程的状态和生命周期

Java 中线程的状态与生命周期涉及线程从创建到消亡的整个过程。线程的生命周期可以分为以下 6 个主要状态。

1. 新建

当使用 new 关键字创建一个 Thread 对象时,线程处于新建(New)状态。此时,线程尚未开始执行,仅作为一个对象存在于内存中。

2. 可运行

线程对象创建后,调用其 start() 方法,线程进入可运行(Runnable)状态。这个状态包括操作系统线程调度器尚未选择执行该线程,以及线程正在运行两种情况。在 Java 中,就绪(Ready)和运行(Running)通常合并描述为可运行状态。

3. 阻塞

当线程试图获取一个内部的对象锁(例如,通过 synchronized 关键字)而锁被其他线程持有,或者线程在等待 I/O 操作完成(如读写文件)时,线程进入阻塞(Blocked)状态。阻塞状态的线程不能执行,直到其等待的条件满足。

4. 等待

当线程调用了 Object.wait()方法,或者 Thread.join()方法,或者 LockSupport.park()方法,并且没有指定等待时间或者被其他线程中断时,线程进入等待(Waiting)状态。等待状态的线程需要被其他线程显式唤醒(如调用 notify()或 notifyAll()方法)或等待时间到期。

5. 超时等待

当线程调用了带有超时参数的方法,如 Thread.sleep(long millis)、Object.wait(long timeout)、Thread.join(long millis)或 LockSupport.parkNanos(long nanos)时,线程进入超时等待(Timed Waiting)状态。这种状态在指定的时间结束后自动结束,线程返回到可运行状态。

6. 终止

当线程的 run()方法正常执行完毕,或者因异常退出时,线程进入终止(Terminated)状态。一旦终止,线程就不能被再次调度。

需要注意的是,关于线程状态的分类和命名在不同的资料中可能略有差异,但核心概念是相通的。Java 1.5 之后引入了 java.lang.Thread.State 枚举,更精确地定义了线程的 6 个状态。

12.1.3 线程的优先级与调度

Java 中线程的优先级和调度是操作系统层面的概念,Java 通过 API 对这些概念进行了抽象,允许开发者在一定程度上影响线程的执行顺序,但最终的调度决策还是由底层操作系统决定。

1. 线程优先级

Java 线程的优先级用整数值表示,范围从 1 到 10,默认优先级是 5。较高的优先级并不代表线程会被绝对优先执行,它只是一个建议值,提示操作系统哪个线程更重要。优先级的设定是通过 Thread.setPriority(int pri)方法完成的,其中 1 代表最低优先级,10 代表最高优先级。语法格式如下所示:

```
Thread myThread = new Thread(runnable);
myThread.setPriority(Thread.MIN_PRIORITY);        //设置最低优先级
myThread.setPriority(Thread.MAX_PRIORITY);        //设置最高优先级
```

2. 调度

Java 线程的调度主要由操作系统控制,但 Java 提供了 API 允许开发者影响调度策略。Java 线程调度策略遵循以下 4 个原则。

(1) 抢占式调度:高优先级的线程在大多数情况下比低优先级的线程更可能获得执行机会。当一个高优先级线程变为可运行状态时,可能会中断正在运行的低优先级线程。

(2) 时间片轮转:即使在相同优先级的线程之间,操作系统也会分配 CPU 时间片,让线程轮流执行,以实现公平性。但具体实现细节依赖于操作系统。

(3) 线程的让步:通过 Thread.yield()方法,当前线程可以主动让出 CPU 给其他同优先级的线程。但这只是建议性的,实际是否让出执行权由操作系统决定。

(4) 线程的阻塞与唤醒:线程在等待 I/O 操作、等待锁或调用 wait()方法时会进入阻塞状态,此时不会参与调度。只有当等待条件满足(如锁被释放、被 notify()方法唤醒)后,线程才会重新变为可运行状态,等待调度。

尽管可以通过优先级和特定方法(如 yield()方法)影响线程调度,但实际效果很大程度上取决于操作系统的具体实现和当前系统的负载情况。因此,在设计多线程应用时,应谨慎使用这些机制,避免过度依赖线程优先级来控制执行顺序,以免引入不可预测的行为。正确使用同步、锁和其他并发工具来确保线程间的协调与数据一致性,是更为可靠的做法。

12.2 线程的创建

在 Java 中,主要有以下 3 种线程创建方式。
(1) 继承 Thread 类,重写 run()方法。
(2) 实现 Runnable 接口,在 run()方法中实现多线程代码。
(3) 实现 Callable 接口,重写 call()方法,并利用 Future 接口获取 call()方法返回的结果。

12.2.1 继承 Thread 类创建多线程

在 Java 中,可以通过继承 Thread 类来创建多线程。在例 12-1 中,定义一个名为 MyThread 的类,继承了 Thread 类,重写了 run()方法。然后,创建 MyThread 的实例并启动,实现创建多线程。下面通过例 12-1 展示继承 Thread 类来创建多线程的应用。

【例 12-1】 利用 Thread 类创建多线程。

```
1    class MyThread extends Thread {
2        //构造函数,如果需要的话,可以在这里添加参数
3        public MyThread(String name) {
4            super(name);                        //调用 Thread 的构造函数,设置线程名称
5        }
6        //重写 run 方法,这是线程执行时调用的方法
7        @Override
8        public void run() {
9            //在这里编写线程要执行的代码
10           for (int i = 0; i < 5; i++) {
11               System.out.println(Thread.currentThread().getName() + " is running. Count: " + i);
12               try {
13                   //为了让输出更明显,可以让线程稍微休眠一下
14                   Thread.sleep(100);
15               } catch (InterruptedException e) {
16                   e.printStackTrace();
17               }
18           }
19       }
20   }
21   public class Example01 {
22       public static void main(String[] args) {
23           //创建并启动两个线程
24           MyThread thread1 = new MyThread("Thread-1");
```

```
25              MyThread thread2 = new MyThread("Thread - 2");
26              //调用 start()方法来启动线程
27              //注意:不要直接调用 run()方法,这样会导致在主线程中顺序执行,而不是并行执行
28              thread1.start();
29              thread2.start();
30          }
31      }
```

在例 12-1 中,MyThread 类继承了 Thread 类,并重写了 run()方法。在 main()方法中,创建了两个 MyThread 的实例,并调用了它们的 start()方法来启动线程。由于 start()方法会调用 run()方法,所以这两个线程将并行执行它们的 run()方法中的代码。使用了 Thread.currentThread().getName()来获取当前线程的名称,并输出了它们各自的计数。同时,为了让输出更明显,在每次迭代后让线程休眠了 100 毫秒。

运行例 12-1,运行结果如下所示。

```
Thread - 2 is running. Count: 0
Thread - 1 is running. Count: 0
Thread - 1 is running. Count: 1
Thread - 2 is running. Count: 1
Thread - 1 is running. Count: 2
Thread - 2 is running. Count: 2
Thread - 2 is running. Count: 3
Thread - 1 is running. Count: 3
Thread - 2 is running. Count: 4
Thread - 1 is running. Count: 4
```

【小提示】 关于多线程程序的运行。

在多线程程序的运行过程中,每个线程的执行次序都是不确定的,其具体由系统来决定,因此运行结果不一样,例 12-1 中只要看到每个线程都按指定的次数运行就可以了。

Java 中的 Thread 类提供了丰富的 API 来管理和控制线程,Thread 类的常用方法及其主要功能如表 12-1 所示。

表 12-1　Thread 类的常用方法及其主要功能

方　法　名	主　要　功　能
start()	启动当前线程,调用此方法后,JVM 会为该线程分配资源,并执行其 run()方法
run()	定义线程执行的任务。通常需要重写此方法以定义线程的具体行为。直接调用 run()方法不会创建新线程,而是在当前线程中执行该方法
Thread.currentThread()	静态方法,返回当前正在执行的线程对象的引用

Thread 类还有其他的方法,将在以后的章节中进行介绍。

12.2.2　通过实现 Runnable 接口来创建多线程

在 Java 的设计中,类默认只能进行单继承,即一个类只能直接继承一个父类,如果一个类已经继承了另一个类,那么它就不能再继承 Thread 类,这种情况下可以通过实现 Runnable 接口来创建多线程。它的实现方式是创建一个类继承 Runnable 接口,并重写 run()方法。在测试类或 main()方法中创建 Runnable 实例,并将其传递给 Thread 构造函数,然后调用 start()方法。

下面通过例 12-2 展示通过实现 Runnable 接口来创建多线程的应用。

【例 12-2】 利用 Runnable 接口来创建多线程。

```
1   class MyRunnable implements Runnable {
2       @Override
3       public void run() {
4           for (int i = 0; i < 5; i++) {
5               System.out.println("Runnable running: " + Thread.currentThread().getName() +
                    " " + i);
6           }
7   
8       }
9   }
10  
11  public class Example02 {
12      public static void main(String[] args) {
13          Thread thread = new Thread(new MyRunnable());
14          thread.start();
15          for (int i = 0; i < 5; i++) {
16              System.out.println("Runnable running: " + Thread.currentThread().getName() +
                    " " + i);
17          }
18      }
19  }
```

在例 12-2 中，MyRunnable 类继承了 Runnable 接口，并重写了 run()方法。在 main()方法中，利用 new MyRunnable 对象作为参数创建了一个 Thread 的实例，并调用了它的 start()方法来启动线程。为了便于观察，在 main()方法中也放入了与 run()方法中相同的语句。

运行例 12-2，运行结果如下所示。

```
Runnable running: Thread-0 0
Runnable running: Thread-0 1
Runnable running: Thread-0 2
Runnable running: main 0
Runnable running: Thread-0 3
Runnable running: main 1
Runnable running: Thread-0 4
Runnable running: main 2
Runnable running: main 3
Runnable running: main 4
```

【小提示】 在 Java 编程中，多线程程序的运行结果可能因为线程调度的不确定性和并发访问共享资源时的竞争条件而有所不同。

12.2.3 通过实现 Callable 接口来实现多线程

在 Java 中，如果想得到线程中的值，可以通过实现 Callable 接口来实现多线程。它的实现方式是创建一个类实现 Callable 接口，并重写 call()方法。创建 FutureTask 对象，将 Callable 对象作为参数传入，然后使用 FutureTask 实例创建 Thread 并启动。

下面通过例 12-3 展示通过实现 Callable 接口来实现多线程的应用。

【例 12-3】 利用 Callable 接口来实现多线程。

```
1   import java.util.concurrent.Callable;
2   import java.util.concurrent.FutureTask;
3
4   class MyCallable implements Callable<String> {
5       @Override
6       public String call() throws Exception {
7           return "Callable running: " + Thread.currentThread().getName();
8       }
9   }
10
11  public class Example03 {
12      public static void main(String[] args) throws Exception {
13          FutureTask<String> futureTask = new FutureTask<>(new MyCallable());
14          Thread thread = new Thread(futureTask);
15          thread.start();
16          System.out.println(futureTask.get());          //获取结果
17      }
18  }
```

在例12-3中，MyCallable类继承了Callable接口，并重写了call()方法。在main()方法中，利用new MyRunnable()对象作为参数创建了一个FutureTask的实例，再用这个FutureTask实例作为参数创建Thread对象，然后调用它的start()方法来启动线程。其中，利用了FutureTask实例的get()方法来获得线程中的返回值。

运行例12-3，运行结果如下所示。

```
Callable running: Thread-0
```

12.2.4 线程的常用方法

在前边的示例中，已经介绍了线程的run()、start()等方法，下面再介绍线程中其他的一些常用方法。

1. sleep()方法

Java中的sleep()方法属于Thread类的一个静态方法，其主要作用是使当前正在执行的线程暂停执行指定的时间，以便让出CPU给其他线程执行。这个方法可以使程序更加有序地执行，特别是在需要控制执行流程或实现定时功能的场景下非常有用。sleep()方法有以下两种重载形式。

public static native void sleep(long millis)：使当前正在执行的线程暂停执行指定的毫秒数。参数millis是以毫秒为单位的时间长度。

public static native void sleep(long millis, int nanos)：除了指定的毫秒数外，还可以指定额外的纳秒数nanos(范围为0～999999)，以更精确地控制暂停时间。

sleep()方法可能会抛出InterruptedException异常，当其他线程中断了当前线程时会发生。因此，调用sleep()方法通常需要放在try-catch块中处理这个异常。

sleep()方法不会释放任何锁，如果当前线程持有某个对象的锁，即使在睡眠期间，其他等待该锁的线程也无法获得锁。

如果编写一个简单的程序，让主线程每隔一秒打印一次计数，共打印5次，并且在这期间不影响其他线程的执行，可以如例12-4所展示的进行实现。

【例12-4】 sleep()方法的应用示例。

```
1    public class Example04 {
2        public static void main(String[] args) {
3            for (int i = 1; i <= 5; i++) {
4                System.out.println("Count: " + i);
5                try {
6                    //使当前线程暂停1000毫秒,即1秒
7                    Thread.sleep(1000);
8                } catch (InterruptedException e) {
9                    e.printStackTrace();
10               }
11           }
12           System.out.println("Task completed.");
13       }
14   }
```

在例 12-4 中,Thread.sleep(1000)让主线程在每次打印完计数后暂停 1 秒,然后再继续执行下一次循环,这样既控制了输出的节奏,也体现了 sleep()方法的基本用法。

运行例 12-4,运行结果如下所示。

```
Count: 1
Count: 2
Count: 3
Count: 4
Count: 5
Task completed.
```

2. join()方法

Java 中的 join()方法是 Thread 类的一个实例方法,它的主要作用是让当前线程等待调用 join()方法的线程执行完成后再继续执行。简单来说,如果线程 A 调用了线程 B 的 join()方法,那么线程 A 将被阻塞,直到线程 B 执行完毕。这个特性常用于需要确保某些线程按照特定顺序执行的场景。

假设有两个线程,线程 A 负责初始化数据,线程 B 基于线程 A 的初始化结果进行进一步处理,在编程时需要确保线程 B 在 A 完成后才开始执行,代码如例 12-5 所示。

【例 12-5】 join()方法的应用示例。

```
1    class ThreadA extends Thread {
2        @Override
3        public void run() {
4            System.out.println("Thread A is running...");
5            //模拟数据初始化工作
6            try {
7                Thread.sleep(2000);
8            } catch (InterruptedException e) {
9                e.printStackTrace();
10           }
11           System.out.println("Thread A finished.");
12       }
13   }
14   
15   class ThreadB extends Thread {
16       @Override
17       public void run() {
18           System.out.println("Thread B is running...");
```

```
19              //进一步处理数据
20          }
21  }
22
23  public class Example05 {
24      public static void main(String[] args) {
25          ThreadA threadA = new ThreadA();
26          ThreadB threadB = new ThreadB();
27
28          threadA.start();              //启动线程 A
29          try {
30              //确保线程 A 执行完毕后再启动线程 B
31              threadA.join();
32          } catch (InterruptedException e) {
33              e.printStackTrace();
34          }
35
36          threadB.start();              //线程 A 结束后,启动线程 B
37      }
38  }
```

在例 12-5 中,主线程首先启动了线程 A,然后立即调用 threadA.join()方法。这意味着主线程会等待线程 A 执行完毕后,才继续执行启动线程 B。这样就确保了线程 B 总是在线程 A 之后执行,实现了线程间的顺序依赖控制。

运行例 12-5,运行结果如下所示。

```
Thread A is running...
Thread A finished.
Thread B is running...
```

3. yield()方法

Java 中的 yield()方法是 Thread 类的一个静态方法,其主要作用是建议当前正在执行的线程主动让出 CPU 的执行权,给其他线程一个执行的机会。这是一个礼让机制,目的在于促进相同优先级线程之间的公平性,实现线程之间的适当轮转执行。

调用 yield()方法并不保证一定会使当前线程立即停止执行,也不保证一定会使其他线程得到执行机会。是否真正让出 CPU,以及让给哪个线程,完全取决于操作系统的线程调度策略。

调用 yield()方法后,当前线程从运行状态转换到可运行状态(Runnable),而不是等待或阻塞状态,因此它随时可能再次被线程调度器选中继续执行。

例 12-6 展示了如何使用 yield()方法。虽然实际效果可能因系统调度策略而异,但这个例子可以帮助理解其基本用法。

【例 12-6】 yield()方法的应用示例。

```
1  class YieldDemo extends Thread {
2      public void run() {
3          for (int i = 0; i < 5; i++) {
4              if (i % 2 == 0) {                //偶数时尝试让出 CPU
5                  Thread.yield();
6              }
7              System.out.println(Thread.currentThread().getName() + ": " + i);
8          }
```

```
 9      }
10    }
11    public class Example06 {
12        public static void main(String[] args) {
13            YieldDemo thread1 = new YieldDemo();
14            YieldDemo thread2 = new YieldDemo();
15
16            thread1.setName("Thread 1");
17            thread2.setName("Thread 2");
18
19            thread1.start();
20            thread2.start();
21        }
22    }
```

在例 12-6 中,创建了两个 YieldDemo 线程,每个线程都会执行一个循环打印数字 0~4。每当打印偶数时,线程就会调用 yield()方法,尝试让出 CPU。理论上,这应该会导致线程间更频繁地切换,尤其是当两个线程几乎同时运行并都到达 yield()调用点时。但实际上,由于 yield()的效果不可预测,输出结果可能每次运行都有所差异,所以不一定能看到明显的交替执行效果。

运行例 12-6,运行结果如下所示。

```
Thread 2: 0
Thread 2: 1
Thread 1: 0
Thread 2: 2
Thread 1: 1
Thread 1: 2
Thread 2: 3
Thread 2: 4
Thread 1: 3
Thread 1: 4
```

此外,线程还有许多常用的方法,具体的方法及作用如下。

interrupt():中断线程,设置线程的中断状态。线程应该在适当的地方检查中断状态并做出响应。

isInterrupted():检查线程是否被中断,不会改变中断状态。

interrupted():检查当前线程是否被中断,并且会清除中断状态。

setPriority(int priority):设置线程的优先级,优先级范围为 1(最低)~10(最高),默认为 5。

getPriority():获取线程的优先级。

setName(String name):为线程设置名称。

getName():获取线程的名称。

getState():返回线程的状态,如 NEW(新建)、RUNNABLE(可运行)、BLOCKED(阻塞)、WAITING(等待)、TIMED_WAITING(超时等待)、TERMINATED(终止)。

setDaemon(boolean on):设置线程为守护线程(daemon thread)。守护线程会在所有非守护线程结束时自动结束。

isDaemon():判断线程是否为守护线程。

wait()、wait(long timeout)、wait(long timeout, int nanos)：使当前线程等待,直到其他线程调用该线程的 notify()或 notifyAll()方法,或等待时间到期。

notify()、notifyAll()：唤醒一个或所有正在等待某个对象监视器的线程。

以上方法是 Java 线程编程中经常使用的,能够帮助程序员管理线程的生命周期、控制线程执行、实现线程间的协作。

12.3 线程同步

Java 中线程同步的概念是指在多线程环境下,为了防止多个线程同时访问和修改共享数据而导致的数据不一致性或者脏读等问题,采取一系列机制确保在任一时刻只有一个线程能够访问共享资源的机制。这主要是通过控制对共享资源的访问顺序来实现的,确保线程安全,避免并发问题,如竞态条件、数据竞争等。

线程同步的核心目的是确保数据的一致性和完整性,通过相关机制以有效地控制并发访问,防止并发问题,确保程序的正确执行。在设计多线程应用时,合理选择同步机制是非常重要的,既要确保线程安全,也要考虑性能影响。

12.3.1 同步方法

Java 中的 synchronized 关键字是一种基本的线程同步手段,用于控制多线程对共享资源的访问,防止数据不一致性。它可以应用于方法或代码块级别,确保同一时刻只有一个线程可以执行被 synchronized 保护的代码段,以下是 synchronized 关键字的一些用法及其示例。

1. 同步方法

当 synchronized 应用于实例方法时,锁住的是当前实例对象,这意味着如果有多个线程试图访问该对象的同步方法,则每次仅有一个线程可以执行。具体示例如下。

```
1   public class BankAccount {
2       private double balance = 0.0;
3
4       //同步方法
5       public synchronized void deposit(double amount) {
6           balance += amount;
7       }
8
9       public synchronized void withdraw(double amount) {
10          if (amount <= balance) {
11              balance -= amount;
12          } else {
13              System.out.println("Insufficient balance");
14          }
15      }
16
17      public synchronized double getBalance() {
18          return balance;
19      }
20  }
```

2. 同步代码块

synchronized 还可以用于同步代码块,这种方式允许指定一个具体的对象作为锁。这为细粒度的同步提供了可能,因为这可以选择锁住不同的对象。具体示例如下。

```
1   public class PrintQueue {
2       private final Object queueLock = new Object();
3
4       public void printJob(Object document) {
5           synchronized (queueLock) {
6               //打印逻辑
7               System.out.println(Thread.currentThread().getName() + ": Printing document");
8               try {
9                   Thread.sleep(1000);              //模拟打印耗时
10              } catch (InterruptedException e) {
11                  e.printStackTrace();
12              }
13          }
14      }
15  }
```

例 12-7 是一个完整的示例,展示了使用 synchronized 关键字确保线程安全的应用过程。

【例 12-7】 用关键字 synchronized 确保线程安全操作。

```
1   public class Example07 {
2       public static void main(String[] args) {
3           SharedResource resource = new SharedResource();
4
5           Thread t1 = new Thread(() -> resource.increase(5));
6           Thread t2 = new Thread(() -> resource.increase(10));
7
8           t1.start();
9           t2.start();
10
11          try {
12              t1.join();
13              t2.join();
14          } catch (InterruptedException e) {
15              e.printStackTrace();
16          }
17
18          System.out.println("Final value: " + resource.getValue());
19      }
20  }
21
22  class SharedResource {
23      private int value = 0;
24
25      //同步方法确保线程安全
26      public synchronized void increase(int amount) {
27          int temp = value;
28          try {
29              Thread.sleep(100);              //模拟计算过程
30          } catch (InterruptedException e) {
31              e.printStackTrace();
32          }
33          value = temp + amount;
34      }
35
```

```
36      public synchronized int getValue() {
37          return value;
38      }
39  }
```

在例 12-7 中，SharedResource 类的 increase 方法被声明为 synchronized，以确保当一个线程正在调用此方法增加数值时，其他试图调用此方法的线程必须等待。main() 方法中创建了两个线程，分别调用 increase() 方法增加不同的数值，最后输出最终的累加结果，展现了 synchronized 关键字在多线程环境下的应用。

运行例 12-7，运行结果如下所示。

```
Final value: 15
```

12.3.2 重入锁

Java 中还有一种利用重入锁（ReentrantLock）机制来解决线程的同步问题。重入锁机制的核心在于通过内部计数器和线程标识来管理锁的状态，确保同一个线程可以多次获得锁而不会导致死锁，这种机制适用于需要多次进入临界区的场景。ReentrantLock 位于 java.util.concurrent.locks 包下，是 Lock 接口的实现类，提供了比 synchronized 更高级的锁操作。例 12-8 所示的代码，用重入锁来实现 4 个窗口同时卖 10 张票，以确保票的卖出过程是线程安全的。

【例 12-8】 利用重入锁来实现线程的同步问题。

```
1   import java.util.Random;
2   import java.util.concurrent.locks.ReentrantLock;
3
4   public class Example08 {
5       public static void main(String[] args) {
6           //创建 ReentrantLockTest 对象
7           ReentrantLockTest reentrantLockTest = new ReentrantLockTest();
8           //创建并开启 4 个线程
9           new Thread(reentrantLockTest,"窗口 1").start();
10          new Thread(reentrantLockTest,"窗口 2").start();
11          new Thread(reentrantLockTest,"窗口 3").start();
12          new Thread(reentrantLockTest,"窗口 4").start();
13      }
14  }
15
16  //定义 ReentrantLockTest 类实现 Runnable 接口
17  class ReentrantLockTest implements Runnable {
18      private int tickets = 10;
19      private final ReentrantLock reentrantLock = new ReentrantLock();
20      public void run() {
21          while (true) {
22              saleTicket();                                    //调用售票方法
23              try {
24                  Thread.sleep(new Random().nextInt(300,500)); //线程休眠 300~500ms
25              } catch (InterruptedException e) {
26                  System.out.println(e.getMessage());
27              }
28              if (tickets <= 0) {
29                  break;
```

```
30              }
31          }
32      }
33      //利用重入锁定义一个同步方法 saleTicket()
34      private void saleTicket() {
35          //调用 lock()方法为票数加锁
36          reentrantLock.lock();
37          if (tickets > 0) {
38              System.out.println(Thread.currentThread().getName() + "---卖出第" +
                    tickets--   + "张票");
39          }
40          //调用 unlock()方法为票数释放锁
41          reentrantLock.unlock();
42      }
43  }
```

在例 12-8 中,利用重入锁定义一个同步方法 saleTicket(),然后创建 4 个线程来模拟 4 个窗口售票。

运行例 12-8,运行结果如下所示。

```
窗口 1---卖出第 10 张票
窗口 2---卖出第 9 张票
窗口 4---卖出第 8 张票
窗口 3---卖出第 7 张票
窗口 1---卖出第 6 张票
窗口 4---卖出第 5 张票
窗口 3---卖出第 4 张票
窗口 2---卖出第 3 张票
窗口 1---卖出第 2 张票
窗口 4---卖出第 1 张票
```

12.4 示例学习:生产者/消费者

生产者与消费者问题(Producer-Consumer Problem)是经典的多线程编程问题之一,用于描述一组生产者线程生成数据,而另一组消费者线程消费这些数据的场景。在生产者与消费者问题中,有若干个生产者(Producer)和消费者(Consumer)共享一个缓冲区(Buffer)。生产者的任务是不断生成数据并将数据放入缓冲区中,而消费者的任务是从缓冲区中取出数据并进行处理。问题的核心是如何在多线程环境中正确地管理缓冲区,确保数据不被覆盖或丢失,并且生产者不会在缓冲区满时继续添加数据,消费者也不会在缓冲区空时尝试读取数据。下面,用多线程来实现生产者与消费者问题这个经典案例。这个案例通常使用 java.util.concurrent 包中的工具,如 BlockingQueue 或者自定义同步机制(如 wait()和 notify())。在例 12-9 中使用 ReentrantLock 和 Condition,因为它们提供了更灵活的线程同步方式。

【例 12-9】 生产者与消费者经典线程同步示例。

```
1   import java.util.concurrent.locks.Condition;
2   import java.util.concurrent.locks.ReentrantLock;
3
```

```java
4   class ProducerConsumerDemo {
5       private final ReentrantLock lock = new ReentrantLock();
6       private final Condition notFull = lock.newCondition();
7       private final Condition notEmpty = lock.newCondition();
8       private final int[] buffer;
9       private int putIndex, takeIndex, count;
10
11      public ProducerConsumerDemo(int size) {
12          this.buffer = new int[size];
13          this.putIndex = 0;
14          this.takeIndex = 0;
15          this.count = 0;
16      }
17
18      public void produce(int item) throws InterruptedException {
19          lock.lock();
20          try {
21              //缓冲区满时,生产者等待
22              while (count == buffer.length) {
23                  notFull.await();
24              }
25              buffer[putIndex] = item;
26              if (++putIndex == buffer.length) putIndex = 0;
27              ++count;
28              //唤醒消费者
29              notEmpty.signal();
30          } finally {
31              lock.unlock();
32          }
33      }
34
35      public int consume() throws InterruptedException {
36          lock.lock();
37          try {
38              //缓冲区空时,消费者等待
39              while (count == 0) {
40                  notEmpty.await();
41              }
42              int item = buffer[takeIndex];
43              if (++takeIndex == buffer.length) takeIndex = 0;
44              --count;
45              //唤醒生产者
46              notFull.signal();
47              return item;
48          } finally {
49              lock.unlock();
50          }
51      }
52  }
53
54  public class Example09 {
55      public static void main(String[] args) throws InterruptedException {
56          ProducerConsumerDemo demo = new ProducerConsumerDemo(5);
57
58          Thread producer = new Thread(() -> {
59              try {
60                  for (int i = 0; i < 10; i++) {
```

```
61                    System.out.println("Produced: " + i);
62                    demo.produce(i);
63                    Thread.sleep(300);
64                }
65            } catch (InterruptedException e) {
66                e.printStackTrace();
67            }
68        });
69
70        Thread consumer = new Thread(() -> {
71            try {
72                for (int i = 0; i < 10; i++) {
73                    System.out.println("Consumed: " + demo.consume());
74                    Thread.sleep(500);
75                }
76            } catch (InterruptedException e) {
77                e.printStackTrace();
78            }
79        });
80
81        producer.start();
82        consumer.start();
83        producer.join();
84        consumer.join();
85
86    }
87 }
```

通过上述代码,生产者和消费者可以高效且安全地共享有限的缓冲区,避免了资源竞争和死锁问题。

运行例 12-9,运行结果如下所示。

```
Produced: 0
Consumed: 0
Produced: 1
Consumed: 1
Produced: 2
Produced: 3
Consumed: 2
Produced: 4
Consumed: 3
Produced: 5
Produced: 6
Consumed: 4
Produced: 7
Produced: 8
Consumed: 5
Produced: 9
Consumed: 6
Consumed: 7
Consumed: 8
Consumed: 9
```

【思想启迪坊】 项目开发过程中,要注重团队协作与沟通。

生产者与消费者模型强调了不同角色之间的协调与合作,反映了现实世界中团队合作的重要性。在项目开发中,不同的团队成员扮演着类似生产者和消费者的角色,他们需要有效沟通、协同工作,才能保证项目的顺利进行。

团队成员在项目中主动沟通,明确自己的职责,同时尊重并理解相互的角色和工作,可促进团队内部的和谐,从而提高工作效率。

12.5　本章小结

本章主要讲解了Java中的多线程处理机制。介绍了Java中进程与线程的基本概念、创建多线程的几种方式、线程的生命周期、线程的常用方法,以及线程的同步机制。通过本章学习,读者应了解线程的基本概念,掌握线程的应用场景,并能够熟练地运用多线程技术编写程序以提高效率,同时能够熟练地使用同步机制以保证程序运行结果的正确性。

习　题　12

一、填空题

1. 在Java中,线程可以通过继承_____类或实现_____接口来创建。
2. Java中线程的状态包括新建、可运行、_____、_____、终止。
3. Thread类的_____方法用于使当前线程等待,直到被其他线程中断或指定的时间已过。
4. 在Java中,可以通过_____方法来检查一个线程是否已被中断。
5. 在Java中,可以通过_____方法来设置线程的优先级。

二、判断题

1. 在Java中,线程一旦启动就不能停止,只能等待其自然结束。　　　　　(　　)
2. Java中的synchronized关键字可以用于方法或代码块,以确保线程安全。(　　)
3. 使用Thread.yield()可以使当前线程放弃CPU使用权,让其他线程有机会执行。
　　　　　　　　　　　　　　　　　　　　　　　　　　　　　　　　(　　)
4. Thread.sleep()方法可以被中断。　　　　　　　　　　　　　　　　　(　　)

三、选择题

1. 下列选项中不是Java中实现多线程方式的是(　　)。
   A. 继承Thread类　　　　　　　　　　B. 实现Runnable接口
   C. 使用Callable和Future接口　　　　D. 使用forkJoinPool框架
2. 在Java中,Thread类的(　　)方法用于启动线程。
   A. start()　　　　B. run()　　　　C. join()　　　　D. interrupt()
3. 下列选项中不是Java中线程调度策略一部分的是(　　)。
   A. 时间片轮转　　B. 抢占式调度　　C. FIFO调度　　D. 优先级调度
4. Java中的Thread.sleep(long millis)方法的作用是(　　)。
   A. 暂停当前线程指定的毫秒数　　　　B. 唤醒当前线程
   C. 设置线程优先级　　　　　　　　　D. 中断当前线程

四、简答题

1. 简述Java中线程生命周期的各个状态及其含义。

2. 简述同步代码块的作用。

五、编程题

1. 编写一个 Java 程序,创建两个线程,一个线程用于打印数字 1~100 中的奇数,另一个线程用于打印数字 1~100 中的偶数。要求奇数和偶数交替打印。

2. 用多线程编程实现:由 4 位同学分发同一个班级的 60 本作业本。

第13章　网络编程

学习目标
- 了解 TCP/IP 的特点。
- 了解 UDP 与 TCP 的区别。
- 熟悉 IP 地址和端口号,理解 IP 地址和端口号的作用。
- 熟悉 InetAddress 类,能够正确使用 InetAddress 类的常用方法。
- 掌握 TCP 程序设计。
- 掌握 UDP 程序设计。

如今,人们通过网络购物、与朋友聊天等,计算机网络已深入人们生活的各个方面。计算机网络是指将地理位置分散的、具有独立功能的多台计算机系统通过通信设备和线路连接起来,遵循统一的网络协议,实现数据通信和资源共享的系统。计算机网络使得分布在不同地点的计算机可以互相通信、交换信息和协同工作,极大地扩展了计算机的功能和应用范围。本章将重点介绍网络通信的相关知识及网络程序的编写。

13.1　网络基础

在进行网络编程前,应先掌握与网络相关的基础知识。本节将对网络基础知识进行详细的讲解。

13.1.1　网络通信协议

通过计算机网络可以实现多台计算机的连接,但是不同计算机的操作系统和硬件体系结构不同,为了提供通信支持,位于同一个网络中的计算机在进行连接和通信时必须遵守相同的规则,这些规则就是网络通信协议。网络通信协议,是计算机网络中用于数据交换和通信的规则与标准集合。它们定义了数据在网络中传输的格式、编码、解码方式、错误检测与纠正机制及数据包的路由规则。网络通信协议确保不同计算机系统间能够有效地进行数据交换,即使这些系统可能运行着不同的操作系统,使用不同的硬件架构。

网络通信协议有很多种,例如网络层的 IP(Internet Protocol)协议,传输层的 TCP (Transmission Control Protocol)、UDP(User Datagram Protocol)协议,应用层的 FTP (File Transfer Protocol)、HTTP(HyperText Transfer Protocol)、SMTP(Simple Mail Transfer Protocol)协议等。其中,TCP 和 IP 是网络通信的主要协议,它们定义了计算机与外部设备进行通信时使用的规则。本章所学的网络编程主要基于 TCP/IP 协议。

TCP/IP(Transmission Control Protocol/Internet Protocol)协议是一组用于互联网和其他类似网络的数据通信协议。它实际上是一套协议族,由多个协议组成,用于在不同类型的计算机系统之间实现网络互联。TCP/IP 协议族被广泛认为是互联网的基础,它定义了数据在网络中的传输方式,包括数据的打包、寻址、传输、接收和错误检测等过程。

TCP/IP 模型通常被划分为 4 个主要层次。

1. 应用层

应用层(Application Layer)用于实现特定的网络应用程序和服务。例如,HTTP 用于 Web、FTP 用于文件传输、SMTP 用于电子邮件、DNS 用于域名解析等。

2. 传输层

传输层(Transport Layer)主要由两个协议构成。

(1) TCP(Transmission Control Protocol):提供面向连接、可靠的数据传输服务。TCP 确保数据按顺序送达,并且能够重传丢失的数据包。

(2) UDP(User Datagram Protocol):提供无连接、不可靠的数据传输服务。UDP 不保证数据包的顺序和完整性,但是传输效率较高。

3. 网络层

网络层(Internet Layer)的核心是 IP 协议,它负责数据包的路由和寻址。IP 协议不关心数据的完整性和顺序,它只是尽力而为地将数据包从源主机传输到目标主机。

4. 链路层

链路层(Link Layer)也被称为网络接口层或数据链路层,它处理与物理网络介质的接口,如以太网(Ethernet)、Wi-Fi 等。这一层的协议有 Ethernet、PPP(Point-to-Point Protocol)等。

此外,还有一些辅助协议,比如 ARP(Address Resolution Protocol)用于将 IP 地址转换为物理地址(如 MAC 地址),ICMP(Internet Control Message Protocol)用于传输错误信息和控制信息,以及 IGMP(Internet Group Management Protocol)用于多播组管理。

TCP/IP 模型和 ISO 的 OSI 七层模型在概念上有所不同,但两者在功能上有对应关系。TCP/IP 模型的网络层大致对应 OSI 模型的网络层,传输层大致对应 OSI 模型的传输层,应用层则涵盖了 OSI 模型的应用层、表示层和会话层的功能。而 TCP/IP 模型的链路层则涵盖了 OSI 模型的数据链路层和物理层的功能。

TCP/IP 协议族的设计理念是"端到端"的原则,即尽可能在通信的两端(即应用层)处理数据的可靠性,中间的网络层只负责数据包的转发。这种设计使得 TCP/IP 能够适应各种不同类型的网络环境和硬件设备,成为现代互联网的基石。

13.1.2　IP 地址和端口号

在互联网上的两台计算机要相互通信,必须要具有各自的 IP 地址。IP 地址(Internet Protocol Address)是互联网协议(Internet Protocol,IP)提供的一种统一的地址格式,用于标识互联网上的每一个网络和每一台主机。IP 地址使得互联网上的设备能够互相识别和通信。IP 地址有 IPv4 和 IPv6 两种类型。

IPv4 地址由 32 位二进制数组成,通常以点分十进制表示,即 4 个十进制数,每个数介于 0~255,用点分隔开,如 192.168.1.1。

IPv6 地址由 128 位二进制数组成,通常以十六进制表示,分为 8 组,每组包含 4 个十六进制数,用冒号分隔。例如,2001:0db8:85a3:0000:0000:8a2e:0370:7334。IPv6 的引入主要是应对 IPv4 地址的耗尽问题，提供了极大的地址空间，理论上可以支持的数量远远超过地球上的所有沙粒。

理解 IP 地址的分类对于网络规划、路由配置及网络安全等方面都至关重要。任何一台计算机只要接入了互联网，都会有自己的 IP 地址。例如，一台安装了 Windows 操作系统的计算机，可在命令行状态下运行 ipconfig/all 来查看本机的 TCP/IP 配置信息，如图 13-1 所示。

图 13-1　通过 ipconfig/all 来查看本机的 TCP/IP 配置信息

连在互联网上的计算机，可能会同时运行多个互联网应用程序，例如在使用浏览器上网的同时，又与朋友用 QQ 聊天等。这些应用程序与其他计算机进行通信时肯定用同一个 IP 地址，但是从其他计算机传过来的数据怎样传给不同的应用程序，这里就需要了解端口号的概念。

端口号是在计算机网络通信中用于区分同一台计算机上不同的服务或应用程序的一种标识。端口号是传输层协议（如 TCP 或 UDP）的一部分，它配合 IP 地址一起确定网络中的特定通信端点，即一个特定的进程或服务。端口号是一个 16 位的二进制数字，范围从 0～65535，具体如下。

（1）0～1023：这是"熟知端口"，由 IANA（Internet Assigned Numbers Authority）分配给常用的服务，如 HTTP(80)、HTTPS(443)、FTP(21)、SMTP(25)等。

（2）1024～49151：这是"注册端口"（Registered Ports），可以由组织或个人向 IANA 注册，用于特定的应用程序或服务。

（3）49152～65535：这是"动态或私有端口"（Dynamic or Private Ports），通常用于临时端口，由操作系统自动分配给需要网络连接的用户进程。

端口号的作用是当数据包到达目的地的 IP 地址时，操作系统可以根据端口号将数据包交付给正确的应用程序或服务。例如，当你访问一个网站时，你的浏览器会向服务器的 80 端口（如果是 HTTPS 则为 443 端口）发送请求，服务器接收到请求后，会将请求转交给运行在该端口上的 Web 服务器软件（如 Apache）进行处理。

在网络安全方面,端口号也很重要,因为网络管理员可以使用防火墙规则来开放或关闭特定的端口,从而控制哪些服务可以从外部访问,提高网络的安全性。例如,关闭不必要的端口可以减少潜在的攻击面。

端口号和IP地址结合使用,形成了完整的套接字(Socket)地址,这是网络通信中的一个基本概念,用于标识网络中的通信端点。

13.1.3 InetAddress 类

在Java中,通常用InetAddress类来封装IP地址。它位于java.net包中,其中包含了一系列与IP地址相关的方法。InetAddress类的常用方法及其主要功能如表13-1所示。

表13-1 InetAddress 类的常用方法及其主要功能

方 法 名	主 要 功 能
static InetAddress getByName(String host)	根据主机名或IP地址字符串获取InetAddress对象
static InetAddress getLocalHost()	返回表示本地主机的InetAddress对象
getHostName()	获取InetAddress对象的主机名
getHostAddress()	获取InetAddress对象的IP地址字符串表示
getAddress()	返回一个byte[]数组,表示IP地址的原始字节形式
isReachable(int timeout)	测试主机是否可达,使用指定的超时时间

下面通过例13-1来演示InetAddress类常用方法的使用。

【例13-1】 InetAddress类常用方法的使用示例。

```
1   import java.net.InetAddress;
2
3   public class Example01 {
4       public static void main(String[] args) throws Exception {
5           InetAddress localHost = InetAddress.getLocalHost();
6           InetAddress inetAddress = InetAddress.getByName("ncre.neea.edu.cn");
7           System.out.println(localHost);
8           System.out.println(inetAddress);
9           System.out.println(inetAddress.isReachable(1000));
10      }
11  }
```

第5行代码是显示本机IP相关信息;第6行代码是显示全国计算机等级考试网站ncre.neea.edu.cn所对应的IP地址相关信息;第9行代码是输出能否在1000ms内访问ncre.neea.edu.cn,如果可以就显示true,否则显示false。

运行例13-1,运行结果如下所示。

```
DESKTOP-P24VD4J/192.168.3.6
ncre.neea.edu.cn/36.156.173.42
true
```

【小技巧】 用ping命令来验证主机的IP地址。

例13-1的运行结果显示,网络主机ncre.neea.edu.cn对应的IP地址为36.156.173.42(注意:这个IP地址有可能变化。这是因为:为了提高性能,也为了增强系统的稳定性和安全性,大型网站的域名通常会对应多个IP地址),在Windows操作系统环境下,可在命令行状态下用ping ncre.neea.edu.cn来查看相关的网络信息,如图13-2所示。

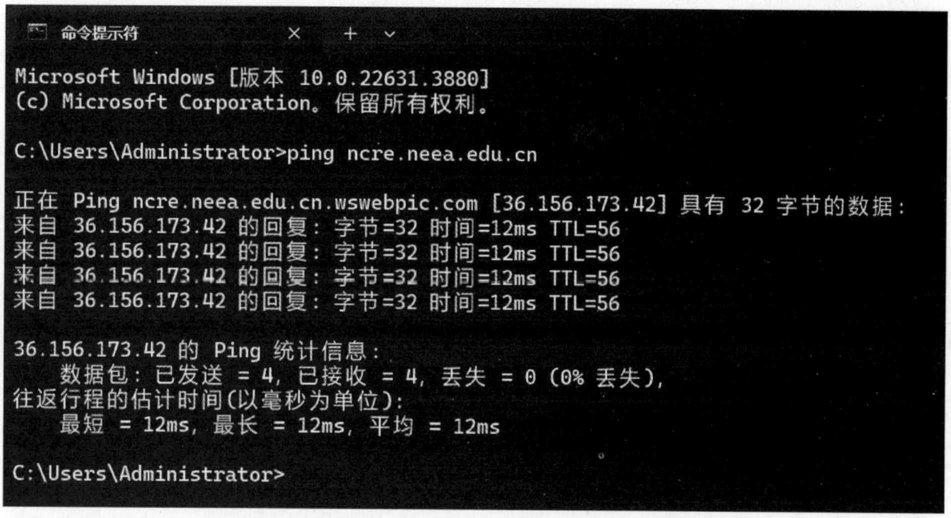

图 13-2　通过 ping 命令来查看网络主机的 IP 地址

13.2　URL 网络编程

URL(Uniform Resource Locator)通常被称为网址,它是用于标识互联网上资源位置的一种标准格式。URL 提供了一种在互联网上定位和检索信息的方法,它是浏览器和服务器之间通信的基础。URL 的结构包括以下 7 项内容。

(1) 网络协议:"//主机名[:端口号]/文件名[?请求参数][#引用]"。

(2) 网络协议:指明访问使用的网络协议,如 HTTP、HTTPS、FTP 等。

(3) 主机:指定访问的主机名或 IP 地址,通常是域名,如 www.example.com。

(4) 端口号:可选字段,指定服务器上的端口号,如果省略,则使用协议默认的端口,如 HTTP 的默认端口是 80、HTTPS 的默认端口是 443。

(5) 文件名:要访问的资源在服务器上的名称,要包含完整路径,如"/index.html"。

(6) 请求参数:可选字段,用于携带要访问的参数,多个参数之间用"&"符号分隔,如"?key1=value1&key2=value2"。

(7) 引用:可选字段,用于指向页面内的某个部分,如"#section1"。

一个完整的 URL 示例,具体如下:

https://www.example.com/index.html?category=technology#section1

在这个例子中,网络协议是 https,主机是 www.example.com,这个 URL 没有显式指定 port,所以使用默认的 443,文件名是"/index.html",请求参数是 category=technology,引用是"#section1"。

URL 在 Web 开发中扮演着核心角色,它不仅用于浏览器导航,也是 API 调用、文件下载、网页引用等多种网络活动的基础。

13.2.1　创建 URL 对象

在 Java 中,通常用 URL 类来封装 URL 地址,它是 java.lang.Object 类的直接子类。

URL 类的一些常用方法及其主要功能如表 13-2 所示。

表 13-2 URL 类的常用方法及其主要功能

方 法 名	主 要 功 能
URL(String spec)	使用给定的 spec 字符串创建新的 URL 对象
URL(URL context, String spec)	使用给定的上下文 URL 和 spec 字符串创建新的 URL 对象
URL(String protocol, String host, int port, String file)	使用给定的协议、主机、端口和文件路径创建新的 URL 对象
URL(String protocol, String host, String file)	使用给定的协议、主机和文件路径创建新的 URL 对象
openStream()	打开一个到此 URL 引用的资源的输入流
getHost()	返回 URL 的主机名部分
getDefaultPort()	返回 URL 协议的默认端口
getProtocol()	返回 URL 的协议部分,如"http"或"ftp"

下面通过例 13-2 来演示用 URL 类创建对象。

【例 13-2】 利用 URL 类来创建对象。

```
1    import java.net.URL;
2
3    public class Example02 {
4        public static void main(String[] args) throws Exception {
5            URL url1 = new URL("https://www.163.com");
6            System.out.println(url1.getDefaultPort());
7            System.out.println(url1.getProtocol());
8            URL url2 = new URL("https","ncre.neea.edu.cn",443,"/html1/category/1507/899-1.htm");
9            System.out.println(url2.getHost());
10       }
11   }
```

在例 13-2 中,第 5 行代码是用一个完整的字符串来创建一个 URL 对象,第 8 行代码是用给定的协议、主机、端口和文件路径创建新的 URL 对象,第 6 行、第 7 行及第 9 行是调用 URL 的方法来输出相对应的信息。

运行例 13-2,运行结果如下所示。

```
443
https
ncre.neea.edu.cn
```

【小提示】 现在大部分网站都采用的是 HTTPS 协议,采用 HTTP 协议的网站比较少。

13.2.2 使用 URL 类访问网络资源

在 Java 中,使用 URL 类的 openStream()方法可以直接获取 URL 资源的输入流,从而读取其内容。下面通过例 13-3 演示用 URL 类的 openStream()方法来读取并输出指定 URL 网页信息。

【例 13-3】 利用 URL 类访问网络资源。

```
1    import java.io.BufferedReader;
2    import java.io.InputStream;
```

```java
3       import java.io.InputStreamReader;
4       import java.net.URL;
5
6       public class Example03 {
7           public static void main(String[] args) {
8               try {
9                   //创建 URL 对象
10                  URL url = new URL("https://www.gutenberg.org/");
11                  //打开连接并获取输入流
12                  InputStream in = url.openStream();
13                  //创建缓冲字符输入流
14                  BufferedReader reader = new BufferedReader(new InputStreamReader(in));
15                  //读取并输出每一行
16                  String line;
17                  while ((line = reader.readLine()) != null) {
18                      System.out.println(line);
19                  }
20                  //关闭流
21                  reader.close();
22              } catch (Exception e) {
23                  e.printStackTrace();
24              }
25          }
26      }
```

上述代码中,URL 对象用于封装目标网页的地址,openStream()方法打开一个到该资源的连接并返回一个 InputStream。接着使用 InputStreamReader 和 BufferedReader 对输入流进行包装,以便逐行读取文本内容。每读取一行,就将其输出到控制台。

注意:openStream()方法可能会抛出 IOException 异常,这是因为网络连接或资源读取过程中可能出现各种错误。因此,在实际应用中,需要确保代码能妥善处理这些异常,防止程序因未捕获的异常而崩溃。此外,在完成读取后通过调用 reader.close()关闭输入流,这是良好的编程习惯。

运行例 13-3,运行结果如下所示。

```
<!DOCTYPE html>
<html class="client-nojs" lang="en" dir="ltr">
<head>
<meta charset="UTF-8"/>

<title>Free eBooks | Project Gutenberg</title>
<link rel="stylesheet" href="/gutenberg/style.css?v=1.1">
<link rel="stylesheet" href="/gutenberg/collapsible.css?1.1">
<link rel="stylesheet" href="/gutenberg/new_nav.css?v=1.321231">
<link rel="stylesheet" href="/gutenberg/pg-desktop-one.css">
<meta name="viewport" content="width=device-width, initial-scale=1">
<meta name="keywords" content="books, ebooks, free, kindle, android, iPhone, ipad"/>
<meta name="google-site-verification" content="wucOEvSnj5kP3Ts_36OfP64laakK-1mVTg-ptrGC9io"/>
<meta name="alexaVerifyID" content="4WNaCljsE-A82vP_ih2H_UqXZvM"/>
<link rel="copyright" href="https://www.gnu.org/copyleft/fdl.html"/>
<link rel="icon" type="image/png" href="/gutenberg/favicon.ico" sizes="16x16" />
……
<a href="https://www.ibiblio.org/" title="Project Gutenberg is hosted by ibiblio">
    <img src="/gutenberg/ibiblio-logo.png" alt="iBiblio">
```

```
    </a>
  </div><!-- footer ending -->

  </body>
</html>
```

【小提示】 在运行网络程序前,要确保Java环境已经设置好,并且有足够的权限访问网络。此外,根据网络状况和服务器响应,下载大型网页或频繁请求可能会受到限制或影响性能。在具体的编程环境下,可能还需要处理各种异常情况,比如重定向、身份验证、SSL/TLS证书问题等。

13.3 TCP 网络编程

TCP是一种面向连接的协议,它提供了一个全双工的、有序的、无损的数据流服务,这对于需要高可靠性的应用来说是非常重要的。下面讲述利用TCP传输协议进行网络编程的相关知识。

13.3.1 Socket 通信

Socket通信是计算机网络中一种常见的通信方式,用于在网络上的两个进程之间建立双向通信通道。Socket是网络编程中的基础概念,几乎所有的网络通信都可以基于Socket实现,无论是在同一台计算机上,还是跨网络的不同计算机之间。

Socket可以理解为网络通信的一个端点,它将复杂的网络通信细节封装起来,提供了一种抽象的、统一的接口供程序员使用。一个Socket由一个IP地址和一个端口号组成,用于唯一标识网络上的一个通信实体。

Socket主要有两种类型,一种是基于TCP协议的流式Socket(SOCK_STREAM),另一种是基于UDP协议的数据报Socket(SOCK_DGRAM)。这两种Socket类型的通信步骤不同,以下将介绍基于TCP协议的流式Socket(SOCK_STREAM)通信步骤,而基于UDP协议的数据报Socket(SOCK_DGRAM)通信步骤将在13.4节中介绍。基于TCP协议的流式Socket在编程时要在服务端和客户端分别进行编程。

13.3.2 服务端程序设计

在服务端编程进行Socket通信需按照以下5个步骤进行。
(1) 创建一个ServerSocket,绑定到一个端口号上。
(2) 调用accept()方法等待客户端连接。
(3) accept()方法返回一个Socket实例,代表客户端的连接。
(4) 使用Socket的I/O流进行数据的读写。
(5) 当数据交换完成,关闭Socket。

下面通过例13-4来简单演示在服务端编程进行Socket通信的步骤。

【例13-4】 进行Socket通信的服务端程序。

```
1    import java.io.*;
2    import java.net.*;
3
```

```
4   public class TCPServer {
5       public static void main(String[] args) {
6           try (ServerSocket serverSocket = new ServerSocket(12456)) {
7               System.out.println("服务端正在监听端口 12456...");
8               Socket clientSocket = serverSocket.accept();
9               System.out.println("客户端已连接");
10
11              try (DataOutputStream outToClient = new DataOutputStream(clientSocket.
                    getOutputStream())) {
12                  outToClient.writeUTF("你好!");
13                  System.out.println("已向客户端发送 '你好!'");
14              } catch (IOException e) {
15                  System.err.println("发送数据时发生错误：" + e.getMessage());
16              }
17          } catch (IOException e) {
18              System.err.println("服务端启动时发生错误：" + e.getMessage());
19          }
20      }
21  }
```

在例 13-4 中，服务端监听 12456 端口，当客户端连接时，服务端会向客户端发送"你好!"的消息。客户端接收消息后，将结束程序运行。同时，服务端在发送消息后也会输出确认信息。此程序不能立即运行，因为客户端程序还没有完成全部代码的编写。

13.3.3 客户端程序设计

在客户端编程进行 Socket 通信需要按照以下 4 个步骤进行。

(1) 创建一个 Socket，指定服务器的 IP 地址和端口号。
(2) 连接到服务器。
(3) 使用 Socket 的 I/O 流进行数据的读写。
(4) 当数据交换完成，关闭 Socket。

与例 13-4 相对应的客户端程序代码如例 13-5 所示。

【例 13-5】 进行 Socket 通信的客户端程序。

```
1   import java.io.*;
2   import java.net.*;
3
4   public class TCPClient {
5       public static void main(String[] args) {
6           try (Socket socket = new Socket("localhost", 12456);
7                DataInputStream inFromServer = new DataInputStream(socket.getInputStream())) {
8               String message = inFromServer.readUTF();
9               System.out.println("从服务器收到消息：" + message);
10          } catch (IOException e) {
11              System.err.println("客户端连接或接收数据时发生错误：" + e.getMessage());
12          }
13      }
14  }
```

上述代码中，假设服务端和客户端运行在同一台计算机上，因此客户端连接的主机地址是 localhost。如果服务端和客户端在不同的计算机上，应该将 localhost 替换为目标计算机的 IP 地址。此外，这个示例中没有处理异常的重新连接逻辑，也没有多线程处理多个客户端的能力，这在实际应用中需要进一步扩展。

服务端与客户端代码都写好后,运行时要先运行服务端,然后再运行客户端。运行例13-4,运行结果如下所示。

```
服务端正在监听端口 12456…
```

然后再运行例13-5,运行结果如下所示。

```
从服务器收到消息:你好!
```

当收到此信息后,再将运行结果窗口切换到例13-4的运行结果界面,运行界面如下所示。完成服务端与客户端程序的运行。

```
服务端正在监听端口 12456…
客户端已连接
已向客户端发送 '你好!'
```

【小提示】 服务端与客户端程序也可以写在同一个程序文件中,利用多线程技术来实现。

13.4 UDP 网络编程

用户数据报协议(User Datagram Protocol,UDP)是一种无连接的、不可靠的传输层协议,它不提供数据传输的确认和恢复机制,但相比 TCP,UDP 的开销小、延迟低,适用于对实时性要求高而对数据准确性要求相对较低的应用场景,如实时音视频传输、游戏、DNS 查询等。下面介绍利用 UDP 传输协议进行网络编程的相关知识。

13.4.1 数据报通信

数据报通信是基于 UDP 的网络通信模式,它是 TCP/IP 协议簇中的一种无连接的传输层协议。数据报通信的主要特点是它不保证数据包的可靠传输,也不保证数据包的顺序,但它的传输速度快、延迟低,适用于对实时性要求较高的应用场景。

在 Java 中,数据报通信主要通过 java.net.DatagramSocket 和 java.net.DatagramPacket 类实现。其中,DatagramSocket 用于发送和接收数据报,它代表一个端点,可以绑定到特定的端口号上;而 DatagramPacket 用于封装数据报,它包含数据、数据长度、目标地址和目标端口号。数据报通信遵守以下 5 个流程。

1. 创建 DatagramSocket

在发送方和接收方都创建一个 DatagramSocket 实例,可以绑定到特定的端口。

2. 发送数据

发送方创建一个 DatagramPacket,填充数据并指定目标地址和端口号,然后使用 DatagramSocket 的 send()方法发送数据包。

3. 接收数据

接收方创建一个 DatagramPacket,用于接收数据。使用 DatagramSocket 的 receive()方法阻塞等待数据包的到来。

4. 处理数据

接收到数据后,可以从 DatagramPacket 中读取数据并进行相应的处理。

5. 关闭 DatagramSocket

数据交换完成后,关闭 DatagramSocket 以释放资源。

13.4.2 UDP 网络实例

下面列举一个利用 UDP 协议进行网络编程的实例,同样有一个如例 13-6 所示的发送端程序 UDPSender.java 和例 13-7 所示的接收端程序 UDPReceiver.java。

【例 13-6】 利用 UDP 协议进行网络编程的发送端程序。

```
1    import java.io.IOException;
2    import java.net.*;
3
4    public class UDPSender {
5        public static void main(String[] args) {
6            try {
7                DatagramSocket socket = new DatagramSocket();
8                String sentence = "你好,这是利用 UDP 协议传输的字符。";
9                byte[] data = sentence.getBytes();
10               InetAddress address = InetAddress.getByName("localhost");
11               DatagramPacket packet = new DatagramPacket(data, data.length, address, 9898);
12               socket.send(packet);
13               socket.close();
14               System.out.println("发送信息结束。");
15           } catch (IOException e) {
16               e.printStackTrace();
17           }
18       }
19   }
```

这是发送端程序,不能先运行,必须在接收端程序运行后才能运行。

【例 13-7】 利用 UDP 协议进行网络编程的接收端程序。

```
1    import java.io.IOException;
2    import java.net.*;
3
4    public class UDPReceiver {
5        public static void main(String[] args) {
6            try {
7                DatagramSocket socket = new DatagramSocket(9898);
8                byte[] buffer = new byte[1024];
9                DatagramPacket packet = new DatagramPacket(buffer, buffer.length);
10               socket.receive(packet);
11               String received = new String(packet.getData(), 0, packet.getLength());
12               System.out.println("接收的信息是:" + received);
13               socket.close();
14           } catch (IOException e) {
15               e.printStackTrace();
16           }
17       }
18   }
```

程序运行时先运行例 13-7,这时运行结果窗口为处理等待状态,没有信息输出,然后再运行例 13-6,运行结果如下所示。

发送信息结束。

此时切换到接收端的运行结果界面,输出如下信息。

接收的信息是:你好,这是利用 UDP 协议传输的字符。

至此利用 UDP 编写的发送端及接收端程序运行结束。

13.5 本章小结

本章主要讲解了 Java 的网络编程知识。介绍了网络的基本概念,TCP/IP 模型的 4 个主要层次、IP 地址和端口号等基本概念,以及用 Java 中的 InetAddress 类来封装 IP 地址,进行 TCP 网络编程及 UDP 网络编程。通过本章的学习,读者应了解网络的相关概念,能够正确使用 InetAddress 类的常用方法,掌握 TCP 及 UDP 进行网络编程的基本步骤。

习 题 13

一、填空题

1. 在 Java 中,InetAddress 类的_____方法用于获取主机名。
2. 使用 URL 类的_____方法打开连接。
3. ServerSocket 类的_____方法用于接收客户端的连接请求。
4. DatagramSocket 类的_____方法用于接收数据报。
5. DatagramSocket 类的_____方法用于发送数据报。

二、判断题

1. InetAddress 类可以用来解析主机名和 IP 地址。 (　　)
2. URL 类主要用于解析 URL 地址。 (　　)
3. Socket 类用于实现服务端的 TCP 通信。 (　　)
4. ServerSocket 类用于实现客户端的 TCP 通信。 (　　)
5. DatagramSocket 类既可以用于发送也可以用于接收数据报。 (　　)

三、选择题

1. 下列类中用于表示互联网协议地址的是(　　)。
   A. Socket　　　　　　　　　　　B. ServerSocket
   C. InetAddress　　　　　　　　D. DatagramSocket
2. 在 Java 中,下列类中用于表示统一资源定位符的是(　　)。
   A. URL　　　　　　　　　　　　B. URLConnection
   C. InetAddress　　　　　　　　D. DatagramPacket
3. 下列方法中用于获取本地主机 IP 地址的是(　　)。
   A. InetAddress.getLocalHost()
   B. InetAddress.getHostAddress()
   C. InetAddress.getByName()
   D. InetAddress.getCanonicalHostName()
4. 在 Java 中,下列接口中用于实现 TCP 通信客户端的是(　　)。

A. Socket   B. ServerSocket
C. DatagramSocket   D. DatagramPacket

5. 下列类中用于实现 UDP 通信客户端和服务器的是（　　）。

A. Socket   B. ServerSocket
C. DatagramSocket   D. DatagramPacket

四、简答题

1. 简述 InetAddress 类的主要用途。
2. 解释 URL 类的作用。
3. 简述 TCP 和 UDP 的主要区别。

五、编程题

1. 编写一个 Java 程序，使用 InetAddress 类获取本地主机的 IP 地址和主机名，并打印出来。

2. 编写一个简单的 TCP 服务端程序，监听 123458 端口，接收客户端连接，并向客户端发送一条消息，同时编写一个简单的 TCP 客户端程序，连接到服务器并接收消息。

第 14 章 综合案例——人事管理系统

学习目标
- 掌握需求分析、设计、编码、测试和部署等开发过程中的关键步骤。
- 掌握 Java 编程中的最佳实践,包括代码组织、模块化、异常处理等。
- 了解数据库集成和数据持久化的基本原理和技术。
- 掌握使用图形用户界面(GUI)库创建用户友好的界面。

本书前面的内容已经深入研究了 Java 编程的各个方面,包括语法、面向对象编程、数据结构、多线程等。本章通过一个综合案例——人事管理系统来将这些知识融会贯通,展示如何将它们应用到一个实际的 Java 开发项目中。

本章将引导读者完成一个人事管理系统的设计和开发,这个项目将涉及多个方面的知识和技能,掌握 Java 基础,包括数据类型、控制结构、面向对象编程(OOP)概念(如封装、继承、多态)、异常处理、集合框架等,学会 Java Swing 技术和 MySQL 数据库跨平台技术。通过这个案例,读者将学会把各种 Java 编程概念和技术无缝地整合在一起,创建一个真实世界中有用的应用程序。

请读者注意,本章中只有 JDBC 数据库编程案例部分,其余案例代码及解析都已被放置在电子资源中,详见前言二维码。

14.1 系统分析

14.1.1 需求分析

对于企业管理而言,信息化自动化的员工人事管理系统至关重要。在遵循系统开发设计的基本原则,即确保系统的可操作性、实用性、可靠性、安全性及可维护性的基础上,本章详细介绍了一个企业员工人事管理系统的开发过程。该系统主要针对企业管理员工的关键数据和功能需求而设计,采用了 MySQL 数据库作为后端支持,并利用 Java Swing 技术构建了直观易用的 Windows 前端界面。通过这一系统,企业能够高效地管理员工信息,实现人事管理的自动化和智能化。该系统需要满足以下 4 个条件。

(1) 提供友好的操作界面,提高用户体验。
(2) 提供登录功能。
(3) 提供员工管理功能、员工调动功能、员工工资记录功能、员工操作记录功能。
(4) 提供部门管理功能、部门操作记录功能。

14.1.2 可行性分析

根据《计算机软件文档编制规范》(GB/T 8567—2006)中可行性分析的要求,制定可行性分析报告如下。

1. 引言

为了给软件开发企业的决策层提供是否进行项目实施的参考依据,现以文件的形式分析项目的风险、项目需要的投资与效益。随着数字化、信息化的不断发展,企业对于高效、科学的人力资源管理系统的需求越发强烈,现需开发一个人事管理系统。从技术发展、市场需求和用户体验三个主要角度详细分析人事管理系统开发的可行性。

2. 可行性研究

(1) 从技术发展的角度看,当前人事管理系统的开发已具备成熟的技术基础。随着移动互联网、云计算、大数据和人工智能等新兴技术的广泛应用,人事管理系统能够实现更加智能化、自动化的管理功能。

(2) 从市场需求的角度来看,人事管理系统的开发具有广阔的市场前景。随着企业规模的不断扩大及市场竞争的日益激烈,企业对于提高管理效率、降低运营成本的需求越来越迫切。人事管理系统能有效整合和管理员工的招聘、考核及离职等各个环节,实现数据的集中管理和自动化处理,显著提高人力资源管理的效率和效果,进一步促进企业的可持续发展。

(3) 从用户体验和服务的角度来看,现代人事管理系统强调以用户为中心,提供定制化和个性化的服务。系统可以根据不同企业的具体需求和特点进行灵活配置和优化,满足多样化的管理需求。同时,许多系统还提供了移动端的访问方式,使管理人员和员工能够随时随地进行信息查询和业务处理,极大提升了使用的便捷性和满意度。

3. 总结

根据以上分析,人事管理系统凭借其强大的技术支持、广泛的应用场景和良好的用户体验,已经成为现代企业提升人力资源管理水平的重要选择。面对日益激烈的市场竞争和不断变化的管理需求,不断优化和完善人事管理系统,将有助于企业实现高效、科学的人力资源管理,推动企业持续健康发展。

14.1.3 编写项目计划书

根据《计算机软件文档编制规范》(GB/T 8567—2006)中可行性分析的要求,制定项目计划书。

1. 背景

为了保证项目开发者能更好地了解项目实际情况,按照合理的顺序开展工作,按时保质地完成预定目标,现以书面的形式将项目开发生命周期中的项目任务范围、项目团队组织结构、团队成员的工作责任、团队内外沟通协作方式、开发进度、检查项目工作等内容描述出来,作为项目的行动基础。

人事管理系统为用户提供友好的操作界面,提供登录功能,提供员工管理功能、员工调动功能、员工工资记录功能、员工操作记录功能,提供部门管理功能、部门操作记录功能。

2. 概述

(1) 项目目标。

项目应当符合SMART原则,把项目要完成的工作用清晰的语言描述出来。人事管理系统主要是为企业提供一个智能化和自动化的员工人事管理软件。

(2) 应交付成果。

项目开发完成后,应交付人事管理系统源程序、系统数据库文件、系统打包文件和系统使用说明书,并且在系统发布后,进行无偿维护和服务6个月,6个月后进行系统有偿维护和服务。

(3) 项目开发环境。

开发本系统所用的操作系统可以是Windows、Linux的各个版本、macOS等平台,开发工具为IntelliJ IDEA 2023,数据库采用MySQL 9.0。

(4) 项目验收方式与依据。

开发完成后,需要先进行内部验收,此阶段由测试人员根据用户需求和项目目标进行验收。完成后,再由客户进行外部验收,验收主要依据为需求规格说明书。

3. 项目团队

本系统由项目经理、软件开发工程师、数据库管理员和测试工程师组成。其中,项目经理负责项目的审批和决策;软件开发工程师负责系统功能分析、系统框架的设计、软件设计与编码及软件的界面设计;数据库管理员负责系统数据流业务,如数据表的创建、SQL的编写、数据库的备份与运维;测试工程师负责对软件进行测试、编写测试文档。

14.2 系统设计

14.2.1 系统目标

根据项目要求,制定的项目目标有以下5个方面。

(1) 灵活的人机交互界面,操作简单方便,界面简洁美观。

(2) 键盘操作,快速响应。

(3) 员工和部门的操作及管理功能。

(4) 系统最大限度地实现易安装性、易维护性和易操作性。

(5) 系统运行稳定,安全可靠。

14.2.2 系统功能结构

本系统主要分为登录模块、员工管理模块、部门管理模块、员工调动模块、员工工资记录模块、部门表操作记录模块、员工表操作记录模块。系统流程图如图14-1所示。

(1) 登录模块:为管理员分配一个超级管理员账户,拥有所有操作权限。

(2) 员工工资查询模块,记录每个员工的工资详情。

(3) 员工调动模块:可以对员工信息增删改查。保存了员工的信息,可以进行增加一条员工记录,删除一条员工记录,修改一条员工记录。

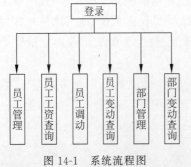

图14-1 系统流程图

(4) 部门管理模块：包含部门信息。可以对部门信息进行增删改查。实现部门的改名，删除取消了的部门，创建新成立的部门。

(5) 部门变动查询和员工变动查询：当部门或员工信息修改后储存修改记录到对应表中，实现数据追踪的功能。

14.3 开发环境

本项目的开发环境如下。
- 操作系统：Windows 11。
- JDK 环境：Java version—21.0.1。
- 开发工具：IntelliJ IDEA 2023。
- 数据库管理软件：MySQL 9.0。
- 运行平台：Windows、Linux 各个版本、macOS 等系统。

14.4 数据库与数据库表设计

14.4.1 数据字典

用户账号表（accounts）如表 14-1 所示。

表 14-1 账号表

中　　文	列　　名	数据类型	约　　束	描　　述
账号	username	Varchar(20)	Not null	用户登录时的用户名
密码	userPassword	Varchar(20)	Not null	用户登录时的密码

员工信息表（employee）如表 14-2 所示。

表 14-2 员工信息表

中　　文	列　　名	数据类型	约　　束	描　　述
员工号	ENO	Char(10)	Not null,PK	员工的独立编号
姓名	ENAME	Char(10)		员工姓名
性别	SEX	Enum('male','female')	Not null	性别
学历	Education_background	Char(10)		学历背景
所属部门	Dno	Char(10)	Not null,FK	员工所在的部门
职务	Duty	Char(10)		员工担任的职务

部门信息表（departmentinfo）如表 14-3 所示。

表 14-3 部门信息表

中　　文	列　　名	数据类型	约　　束	描　　述
部门编号	DNO	Char(10)	Not null,PK	部门独立编号
部门名称	DNAME	Char(10)	Not null	部门的名称
部门经理	Manager	Char(10)	Not null	部门经理

员工调动表(changeemp)如表 14-4 所示。

表 14-4 员工调动表

中文	列名	数据类型	约束	描述
调动编号	TransferNO	Char(10)	Not null,PK	员工调动编号
员工号	ENO	Char(10)	Not null	员工编号
现部门	NowDEP	Char(10)		现部门编号
调动原因	Reason	Char(20)		调动的原因

员工工资信息表(salaryinfo)如表 14-5 所示。

表 14-5 员工工资信息表

中文	列名	数据类型	约束	描述
工资编号	SNO	Char(10)	Not null,PK	工资发放编号
员工号	ENO	Char(10)	Not null,FK,cascade	员工编号
基本工资	BasicSalary	Int	Not null	发放基本工资
发放时间	GiveTime	Date	Not null	发放的时间

员工变更表(operate_emp)如表 14-6 所示。

表 14-6 员工变更表

中文	列名	数据类型	约束	描述
变更编号	Changeid	Int	Not null,PK,auto_increment	变更具体操作的独立编号
员工号	ENO	Char(10)	Not null,FK,cascade	员工的独立编号
变更操作类型	Operate	Char(10)	Not null	变更具体操作的类型
变更时间	Operatetime	datetime		变更的时间

部门变更表(operate_dep)如表 14-7 所示。

表 14-7 部门变更表

中文	列名	数据类型	约束	描述
变更编号	Changeid	Int	Not null,PK,auto_increment	变更具体操作的独立编号
部门号	DNO	Char(10)	Not null,FK,cascade	部门的独立编号
变更具体操作类型	Operate	Char(10)	Not null	变更具体操作的类型
变更时间	Operatetime	datetime		变更操作的时间

14.4.2 E-R 关系图

本项目的 E-R 关系图如图 14-2 所示。

14.4.3 关系模型

本项目的关系模型如下所示。

(1) 员工信息表(员工号,姓名,性别,年龄,学历,所属部门,职务);
(2) 部门信息表(部门编号,部门名称,部门经理);
(3) 部门变更表(变更编号,部门编号,部门变更具体操作,变更时间);
(4) 员工变更表(变更编号,员工号,员工变更具体操作,变更时间);

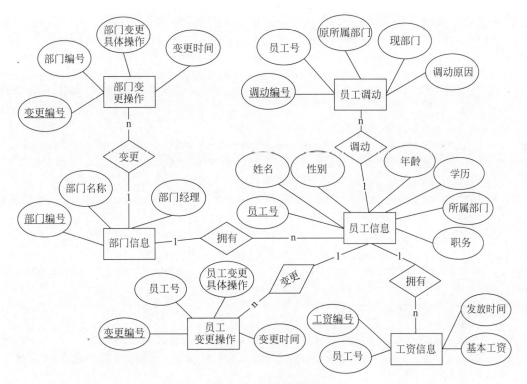

图 14-2 E-R 关系图

(5) 员工调动表(调动编号,员工号,现部门,调动原因);
(6) 工资信息表(工资编号,员工号,基本工资,发放时间)。

14.4.4 关系实现

人事管理系统需要使用数据库存储和管理人员、部门操作过程中的所有信息。MySQL 数据库系统具有安全、易用、性能优越、安装和操作简便等优点。本章采用 MySQL 数据库系统作为人事管理系统的后台数据,数据库名称 HRDb,包括 7 张数据表。连接 MySQL 的 3 个步骤如下所示。

(1) 启动 MySQL 服务。
(2) 启动任务管理器,查看已注册的所有服务,找到 MySQL 9.0 并启动。
(3) 登录 MySQL 数据库。

使用 cmd 命令启动命令行窗口,然后使用 cd 命令打开安装 MySQL 的 bin 文件路径。使用命令 mysql -h hostname -u username-p password 登录数据库,其中 hostname 是安装数据库的 IP 地址,username 是登录数据库的用户名,password 是用户名对应的密码。登录成功后,利用例 14-1 的 SQL 文件,实现系统所需数据表的链接。

【例 14-1】 实现系统所需数据表。

```
1    # 创建数据库
2    CREATE DATABASE HRDb;
3    # 创建用户表
4    create table accounts(userName varchar(20) PRIMARY KEY,userPassword varchar(20) NOT NULL);
5
6    # 创建部门信息表
```

```
7       CREATE TABLE DepartmentInfo(DNO CHAR(10) PRIMARY KEY,DNAME CHAR(10) NOT NULL,manager
        char(10))
8
9       #创建员工信息表
10      CREATE TABLE Employee(ENO CHAR(10) PRIMARY KEY,ENAME CHAR(10),SEX ENUM('male','female') NOT
        NULL DEFAULT 'male',education_background CHAR(10),DNO char(10)NOT NULL,Duty CHAR
        (10),FOREIGN KEY (DNO) REFERENCES DepartmentInfo(DNO));
11
12      #创建部门变更表
        CREATE TABLE Operate_dep(changed int primary key auto_increment,DNO CHAR(10),Operate
        CHAR(10),operatetime DATETIME);
13
14      #创建员工变更表
15      CREATE TABLE Operate_emp(changed int primary key auto_increment,ENO CHAR(10),Operate CHAR
        (10),operatetime DATETIME);
16
17      #员工调动表
18      CREATE TABLE ChangeEmp(TransferNO CHAR(10) PRIMARY KEY, ENO CHAR(10) NOT NULL,
        OriginalDEP CHAR(10),NowDEP CHAR(10),Reason CHAR(20),FOREIGN KEY (ENO) REFERENCES
        Employee(ENO));
19
20      #工资信息表
21      CREATE TABLE SalaryInfo(SNO CHAR(10) PRIMARY KEY,ENO CHAR(10),BasicSalary INT,
        GiveTime DATE,FOREIGN KEY (ENO) REFERENCES Employee(ENO));
                     //对员工号级联,当员工调动表有操作时级联操作员工号
```

14.5　JDBC

在软件开发过程中,经常要使用数据库存储管理数据。Java 对数据库的支持主要通过 Java Database Connectivity(JDBC) API 实现,它提供了一套标准的 API,允许 Java 程序连接各种数据库,执行 SQL 语句,处理结果集等。本节将详细介绍利用 JDBC 来访问数据库。

JDBC(Java Database Connectivity)是 Java 中用于连接和操作数据库的标准 API (Application Programming Interface)。它提供了一套用于与各种关系数据库管理系统 (RDBMS)进行交互的接口和类,允许 Java 应用程序能够跨平台地访问和管理数据库。它具有下列特点。

1. JDBC 的关键特性

JDBC 的关键特性包括以下 7 个方面,具体如下。

(1) 平台独立性:JDBC 是 Java 的一部分,因此它可以在任何支持 Java 的平台上运行,无须依赖于特定的操作系统或硬件。

(2) 数据库无关性:JDBC 允许 Java 程序以统一的方式访问不同的数据库,只要该数据库提供了符合 JDBC 标准的驱动程序。

(3) 广泛的数据库支持:JDBC 支持各种类型的数据库,包括 Oracle、MySQL、SQL Server、PostgreSQL、SQLite 等。

(4) 事务处理:JDBC 支持事务处理,可以确保数据操作的原子性、一致性、隔离性和持久性(ACID 特性)。

(5) SQL 执行和结果集处理:JDBC 提供了执行 SQL 语句的接口,并能获取和处理结果集,包括对查询结果的遍历、更新、插入和删除操作。

（6）元数据支持：JDBC 可以获取数据库的元数据，如表结构、列信息、索引信息等，这有助于应用程序动态地生成 SQL 语句或展示数据库信息。

（7）批处理和存储过程调用：JDBC 支持批处理 SQL 语句以提高性能，并可以调用数据库的存储过程。

2. JDBC 架构

JDBC 架构主要包括以下 6 种组件。具体如下。

（1）JDBC 驱动程序管理器（Driver Manager）：负责加载 JDBC 驱动程序，并根据 URL 创建数据库连接。

（2）JDBC 驱动程序：这是一个数据库供应商提供的软件，它实现了 JDBC API 并知道如何与特定的数据库通信。JDBC 驱动程序分为：JDBC-ODBC 桥接驱动、部分 Java 本地 API 驱动、纯 Java 网络协议驱动和纯 Java 本地协议驱动四类。

（3）数据库连接（Connection）：表示到数据库的实际连接，通过它可以创建 Statement 对象来执行 SQL 语句。

（4）Statement 和 PreparedStatement：用于执行 SQL 语句，PreparedStatement 允许预编译 SQL 语句，从而提高性能。

（5）CallableStatement：用于执行数据库的存储过程。

（6）ResultSet：表示执行查询后返回的结果集，可以逐行访问数据。

3. JDBC 驱动

为了能用 JDBC 访问 MySQL 数据库，必须下载相应驱动程序，例如下载 mysql-connector-j-9.0.0.zip 文件，解压出其中的 mysql-connector-j-9.0.0.jar 文件。

在 Idea 项目文件夹上右击，在弹出的快捷菜单中选择 New→Directory 选项，如图 14-3 所示。

图 14-3　新建 Directory 菜单

单击 Directory 选项后输入 lib，按 Enter 键，然后将解压后的 mysql-connector-j-9.0.0.jar 复制粘贴到 lib 目录下，如图 14-4 所示。

接着在 lib 目录上右击，在弹出的快捷菜单中选择 Add as Library... 选项，将驱动程序添加到 Library 中的过程如图 14-5 所示。

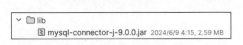

图 14-4　将驱动放到 lib 目录下

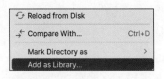

图 14-5　将驱动程序添加到 Library 中的过程

在出现的界面中单击 OK 按钮,将驱动程序添加到系统库中。单击驱动程序左侧的箭头符号,可看到已经添加成功。驱动程序成功添加到 Library 中,如图 14-6 所示。

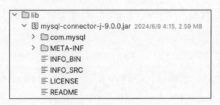

图 14-6　驱动程序成功添加到 Library 中

接下来利用 JDBC 来实现对 MySQL 的数据库的操作。利用上述步骤来创建数据库,代码如例 14-2 所示。

【例 14-2】　连接 MySQL 数据库服务的程序。

```
1   import java.sql.Connection;
2   import java.sql.DriverManager;
3   import java.sql.Statement;
4   import java.sql.SQLException;
5
6   public class Example01 {
7
8       public static void main(String[] args) {
9           String url = "jdbc:mysql://localhost:3306/?serverTimezone = Asia/Shanghai&useSSL = false";
10          String user = "root";              //替换为你的 MySQL 用户名
11          String password = "root";          //替换为你的 MySQL 密码
12
13          try {
14              //加载 JDBC 驱动
15              Class.forName("com.mysql.cj.jdbc.Driver");
16
17              //建立连接
18              Connection connection = DriverManager.getConnection(url, user, password);
19
20              //创建 Statement 对象
21              Statement stmt = connection.createStatement();
22
23              //执行创建数据库的 SQL 语句
24              String sqlCreateDatabase = "CREATE DATABASE IF NOT EXISTS MyDb";
25              stmt.executeUpdate(sqlCreateDatabase);
26
27              System.out.println("数据库创建成功!");
28
29              //关闭资源
30              stmt.close();
31              connection.close();
32          } catch (ClassNotFoundException | SQLException e) {
33              e.printStackTrace();
34          }
35      }
36  }
```

【小提示】　关于指定时区。

在前面已经介绍过,指定时区为中国时,代码为 serverTimezone＝Asia/Shanghai,还有一种写法为 serverTimezone＝GMT%2B8,这两种写法的运行结果是一样的。

在例 14-2 中,使用 CREATE DATABASE IF NOT EXISTS 语句来确保如果数据库已经存在,就不会再次创建,从而避免了 SQL 异常。这在测试和开发环境中是非常有用的,因为没有人会希望在每次运行程序时都重新创建数据库。

特别需要注意的是,记得将用户名 root 和登录密码 root 替换为自己的 MySQL 服务器的实际用户名和密码。此外,还须确保有权限在 MySQL 服务器上创建数据库,否则将收到权限错误提示。

最后,使用 try-with-resources 语句可以帮助自动关闭资源。但在上述示例中,手动关闭了 Statement 和 Connection 对象,以保持示例的清晰性和兼容性。在实际应用中,推荐使用 try-with-resources 语句来确保所有资源都被适当地关闭。

运行例 14-2,运行结果如下所示。

```
数据库创建成功!
```

14.6 本 章 小 结

本章通过设计和开发一个完整的人事管理系统,深入探讨了需求分析、系统设计、编码、测试、数据库集成、用户界面等方面的关键问题。这个案例不仅帮助读者将理论知识转化为实际应用,还强调了项目管理和最佳编程实践的重要性。通过本章的学习,读者现在具备了更自信、更全面的 Java 开发能力,可以更好地应对未来的编程挑战和项目需求。

习 题 14

一、填空题

1. 在 Java 中,加载 MySQL 驱动程序的方法是调用 DriverManager.registerDriver(new _____ ());。
2. 使用 PreparedStatement 的好处之一是可以_____。
3. JDBC 中的 ResultSet 对象用于表示_____。
4. 在 Java 中,Statement 对象的_____方法用于执行任意 SQL 语句。
5. 要在 Java 中执行更新操作(如 INSERT、UPDATE、DELETE),应该使用 Statement 对象的_____方法。

二、判断题

1. 在 Java 中,PreparedStatement 比 Statement 更高效,因为它可以预编译 SQL 语句。
(　　)
2. 使用 ResultSet 对象的 next()方法可以遍历结果集中的每一行。(　　)
3. Connection 对象的 commit()方法用于提交事务。(　　)
4. 在 Java 中,ResultSet 对象的 getString(int columnIndex)方法用于获取指定列索引处的字符串值。(　　)
5. DriverManager.getConnection()方法需要数据库 URL 作为参数。(　　)

三、选择题

1. 在 Java 中,使用( )接口来执行 SQL 语句。
   A. Connection
   B. Statement
   C. ResultSet
   D. PreparedStatement
2. 在 Java 中,使用( )接口来处理结果集。
   A. Connection
   B. Statement
   C. ResultSet
   D. PreparedStatement
3. 下列方法中用于关闭 Connection 对象的是( )。
   A. close()
   B. commit()
   C. rollback()
   D. prepareStatement()

四、简答题

1. 简述在 Java 中使用 JDBC 连接 MySQL 数据库的步骤。
2. 解释 PreparedStatement 与 Statement 的主要区别。

五、编程题

编写一个 Java 程序,使用 JDBC 连接 MySQL 数据库,并执行以下操作:

(1) 插入一条记录到名为 students 的表中;

(2) 查询表中所有的记录,并打印出来;

(3) 更新其中一条记录;

(4) 删除一条记录。

参考文献

[1] 耿祥义,张跃平.Java面向对象程序设计[M].3版.北京:清华大学出版社,2020.
[2] 黑马程序员.Java基础案例教程[M].北京:人民邮电出版社,2021.
[3] 黑马程序员.Java基础入门[M].3版.北京:清华大学出版社,2022.
[4] 周清平,钟键,黄云,等.Java 8基础应用与开发[M].2版.北京:清华大学出版社,2018.
[5] 陈国君,陈磊,李梅生等.Java面向对象程序设计基础[M].8版.北京:清华大学出版社,2023.
[6] ECKEL B.Java编程思想[M].陈昊鹏,译.4版.北京:机械工业出版社,2007.
[7] 沈泽刚.Java基础入门:项目案例[M].北京:清华大学出版社,2021.
[8] 李松阳.Java程序设计基础与实战.北京:清华大学出版社,2022.
[9] 耿祥义.Java程序设计精编教程[M].3版.北京:清华大学出版社,2017.
[10] 徐传运.Java高级程序设计[M].北京:清华大学出版社,2014.
[11] 肖睿.Java面向对象程序开发及实战[M].2版.北京:人民邮电出版社,2022.
[12] 王养廷,李永飞,郭慧.Java基础与应用[M].北京:清华大学出版社,2017.
[13] 明日科技.Java从入门到精通[M].4版.北京:清华大学出版社,2018.

图书资源支持

感谢您一直以来对清华版图书的支持和爱护。为了配合本书的使用,本书提供配套的资源,有需求的读者请扫描下方的"书圈"微信公众号二维码,在图书专区下载,也可以拨打电话或发送电子邮件咨询。

如果您在使用本书的过程中遇到了什么问题,或者有相关图书出版计划,也请您发邮件告诉我们,以便我们更好地为您服务。

我们的联系方式:

清华大学出版社计算机与信息分社网站:https://www.shuimushuhui.com/

地　　址:北京市海淀区双清路学研大厦 A 座 714

邮　　编:100084

电　　话:010-83470236　010-83470237

客服邮箱:2301891038@qq.com

QQ:2301891038(请写明您的单位和姓名)

资源下载:关注公众号"书圈"下载配套资源。

书圈

清华计算机学堂

观看课程直播